FORMATION SPACECRAFT:

DYNAMIC MODELING AND FAST COOPERATIVE CONTROL

编队航天器：

动力学建模与快速协同控制

梁海朝　王永海　王剑颖　刘佳琪　水涌涛 ◎ 编著

中山大學出版社
SUN YAT-SEN UNIVERSITY PRESS
· 广州 ·

图书在版编目（CIP）数据

编队航天器：动力学建模与快速协同控制/梁海朝等编著. —广州：中山大学出版社，2022.12

ISBN 978-7-306-07599-4

Ⅰ.①编…　Ⅱ.①梁…　Ⅲ.①航天器—动力系统　Ⅳ.①V412.4

中国版本图书馆 CIP 数据核字（2022）第 146648 号

BIANDUI HANGTIANQI：DONGLIXUE JIANMO YU KUAISU XIETONG KONGZHI

出 版 人：王天琪
策划编辑：李　文
责任编辑：李　文
封面设计：曾　斌
责任校对：姜星宇
责任技编：靳晓虹
出版发行：中山大学出版社
电　　话：编辑部 020-84110776，84113349，84111997，84110779，84110283
　　　　　发行部 020-84111998，84111981，84111160
地　　址：广州市新港西路 135 号
邮　　编：510275　　传　　真：020-84036565
网　　址：http：//www.zsup.com.cn　E-mail：zdcbs@mail.sysu.edu.cn
印 刷 者：广州市友盛彩印有限公司
规　　格：787mm×1092mm　1/16　9.5 印张　175 千字
版次印次：2022 年 12 月第 1 版　2022 年 12 月第 1 次印刷
定　　价：45.00 元

前　言

航天器编队在空间利用及空间任务执行中拥有巨大的潜在优势。近年来，随着航天器编队技术的不断发展，姿态协同控制由于其在合成孔径成像和空基干涉测量等编队任务中的重要作用而备受关注。如何在模型参数不确定、外界干扰及星间通信延迟等不利因素下快速而有效地实现航天器编队的姿态协同，成为亟待解决的难点之一。

航天器的姿态协同控制问题一般可以分为两类：有指向要求（存在参考姿态信息）和无指向要求（不存在参考姿态信息）的姿态协同控制。本书对这两类航天器编队姿态协同控制问题进行了研究，分别基于修正罗德里格参数和四元数等数学表达形式，构建了刚体航天器编队以及挠性航天器编队的运动学与动力学模型。充分利用 Lyapunov 方法和有限时间控制理论，在滑模控制的基础上进行设计与改进，设计了基于快速滑模的有限时间姿态协同控制方法，实现了模型参数不确定性、外干扰力矩、通信拓扑切换以及通信时延等多种实际影响因素下的姿态协同控制，以期为未来航天任务和航天器编队飞行提供理论和技术基础。

全书共分 5 章。第 1 章“绪论”，介绍航天器编队系统、姿态协同策略的研究发展现状。第 2 章“基础理论与数学模型”，介绍本书涉及的一些非线性控制领域的理论与结果，并建立航天器的运动学和动力学模型。第 3 章“有指向要求的刚体航天器编队姿态协同控制”，针对刚体航天器编队飞行的姿态协同问题，利用有限时间控制理论提出刚体航天器编队的快速协同控制方法。第 4 章“刚体航天器自主编队姿态协同控制”，对于没有参考姿态的自主航天器编队开展姿态协同控制的研究。第 5 章“挠性航天器编队姿态协同控制”，考虑带有挠性附件的航天器编队，研究其姿态协同控制方法。

本书是作者在前人研究成果的基础上，进一步考虑航天器实际飞行过程中可能存在的多种干扰因素，对编队航天器进行动力学建模，并对编队的姿态快速协同控制方法进行研究与探讨，书中包含多位青年研究人员的研究成果和辛勤劳动，其中特别向靳尔东、吴国强、吴限德、邬树楠、叶东、仲惟超、邓泓、李由等对本书作出贡献的同志表示感谢。

本书可供航天、航空、兵器等航空航天部门从事卫星、火箭、导弹、飞行力学、飞行控制、编队控制、协同控制等专业领域的科研人员使用，也可作为高等院校有关专业的研究生教材和参考书。

限于作者水平，书中难免有错误和疏漏之处，敬请读者指正。

编著者

2022 年 7 月

目　录

第 1 章　绪　　论

1.1　引　　言

随着航天技术的不断发展，航天器编队飞行技术在空间利用及空间任务执行方面逐渐显现出巨大的潜在优势。近年来，在合成孔径成像和空基干涉测量等编队任务中，编队飞行航天器的姿态协同控制起到了重要作用，因而受到相关研究人员的广泛关注。然而，编队飞行航天器在工作过程中常常受到外界干扰、模型参数不确定性及星间通信延迟等不利因素的影响。因此，如何快速高效地实现航天器编队的姿态协同成为亟待解决的难点之一。

随着空间探索与空间利用技术的不断蓬勃发展和航天技术的不断创新，传统的大型航天器体积大、质量重、结构复杂、制造和维护成本高、研究耗资多、研制周期长及可靠性较低等问题逐渐凸显出来。因此，传统的大型航天器的应用与发展受到一定的制约。相比之下，由于航天器逐渐向小型化和集成化发展，而现代小型航天器具有质量轻、体积小、成本低、周期短、可靠性高和发射形式灵活等特点，可与大型航天器优势互补。小型航天器由于体积质量限制而存在一些明显的不足，例如，功能更加单一、执行机构能力不足、抗干扰能力较差、控制精度较低等。单颗小型航天器只能辅助而无法代替大型航天器实施复杂的航天任务，其空间应用受到这些不足的限制。随着航天科技的发展，研究人员发现采用多个小型航天器协同工作的方式可以弥补单颗小型航天器的不足。若采用多个小型航天器编队飞行组成一个“虚拟大型航天器”，其应用效果与传统大型航天器相同，甚至更好。这也成为当前航天技术发展中的一个研究热点。

进行编队飞行的航天器系统与传统的单个大型航天器相比较，显示出巨大的潜在优势，主要体现在以下 4 个方面。

（1）系统性能强。当编队飞行航天器处在不同的航天环境或执行不同的任务时，可根据需要调整编队构型，从而增加系统灵活性以适应不同任务的要求。例如，在天基测量中，编队可以使测量基线不受限制，提高测量精度。由于小型航天器的研制周期短，编队飞行航天器系统可应用最前沿的先进技术，使其综合性能优于传统的大型航天器，并能完成大型单体航天器所不能完成的任务。

（2）费用低。编队中的航天器多为质量轻、体积小的小卫星，因此一枚运载火箭可发射多枚航天器，减少发射费用。由于编队飞行航天器中大部分编队成员结构相似或相同，可使用标准化流程批量生产，缩短研发周期，降低研发费用。编队中多为功能单一的小型航天器，因此操作维护相对简单，与大型单体航天器相比，降低维修保养成本。

（3）适应性强。相比单个大型航天器，编队飞行航天器可以通过改变编队构型或者加入新的小型航天器来实现更多样、更复杂的空间任务。因此，编队系统具有更强的适应性。

（4）可靠性高。对于编队飞行航天器系统，其编队成员多为功能结构简单的标准化小型卫星，因此其可靠性高于传统大型航天器。此外，当编队飞行航天器系统中某部分损坏且无法修复或维修成本较高时，可随时补充新的航天器或改变编队构型，使系统整体性能恢复到原来的状态。因此航天器编队具有较高的可靠性。

由于编队飞行航天器在执行空间任务方面有以上多种优势，故其具有广阔的应用前景，主要可应用于以下 4 个方面。

（1）空间干涉仪。编队飞行航天器可用作空间干涉仪来获取目标信息。选择编队成员中的某部分作为收集器，其余若干部分作为观测器。通过收集器成员收集观测器成员发射的观测光并进行干涉，从而得到目标的信息。

（2）分布式雷达。带有雷达天线且构型稳定的编队航天器，编队雷达系统可利用干涉成像原理组合成孔径雷达（synthetic aperture radar，SAR），从而提高观测精度，并可对空中及地面运动目标进行观测和识别。

（3）电子侦察。利用航天器上携带的无线电探测设备，探测敌人目标的信息，然后将信息发送到地面站或直接在航天器上进行各种相关数据处理，根据时差定位原理和定位系统，确定敌人目标的位置；当目标运动时，还能确定目标移动的速度和方向。

（4）三维立体成像。可利用编队中多个航天器从多个角度观测同一目标，通过对观测结果进行数据处理，可得到目标的三维图像。

航天器系统在编队飞行过程中需要形成特定的编队构型，但互相之间没有物理约束。编队成员之间通过星间通信和信息耦合紧密协作，是保证航天器编队任务顺利完成的必要条件。在某些编队任务中，编队中各航天器的姿态需要满足一定的约束条件才能实现协同工作。因此，有必要对编队中的每个航天器施加控制力矩。控制信号由编队的姿态期望、航天器自身的姿态和相邻航天器的姿态决定。基于姿态状态信息，如何通过一定的控制律计算控制信号使系统满足任务姿态要求，是编队飞行航天器的姿态协同问题。姿态协同控制在航天器编队飞行中起着重要作用。大多数编队任务对航天器在编队中的相对姿态都有严格的要求。例如，欧洲航天局的 Darwin 项目要求航天器具有较高的指向精度，这就需要航天器编队的姿态协同控制。由于空间环境的复杂性，编队航天器系统各成员受到不同的干扰力和力矩，从而形成相对位置偏差，需要对航天器施加控制力和控制力矩来恢复原有构型，因此需要协同控制航天器的姿态。

本书旨在探索航天器编队姿态协同控制的新理论和新方法，重点研究刚/挠性航天器编队姿态跟踪协同控制算法和自主编队航天器姿态协同控制算法。本书的研究能为解决我国航天器编队飞行的姿态协同控制问题提供可借鉴的理论和方法，亦可为分布式卫星系统整体技术的分析和设计提供必要的理论基础。

1.2 国内外研究现状

1.2.1 航天器编队系统

20 世纪 90 年代后期，随着计算机控制技术以及微型电子器件技术发展成熟，编队飞行的多航天器系统的潜在优势和应用价值得以显现，它为航天技术的发展提供了新的思路，拓展了新的方向，世界各主要航天大国对航天器编队飞行产生了极大的兴趣，并且有多个航天机构都投入了大量的精力进行相关研究。下面介绍 8 个主要的编队飞行研究项目。

（1）NMP（new milennium program）计划。这是关于多航天器编队方面最早的计划，也是首个关于分布式航天器技术的研究，由美国国家航空航天局（National Aeronautics and Space Administration，NASA）最先提出。NASA 于 1999 年将该计划的首颗卫星 LandSat -7 送入太空，并于次年 11 月将该计划的另一颗卫星 Earth Observing -1（EO -1）送入太空，两颗卫星有着相同的轨道，只是 EO -1 落后于 LandSat -7 大约 1 分钟的时间，经过轨道保持控制，两者构成了最早的飞行编队，如图 1 -1 所示。其通过对地面上同一目标的测量对比验证了 EO -1 卫星上所携带的测量设备。此后该计划中的

ST－3 和 ST－5 任务也相继完成。

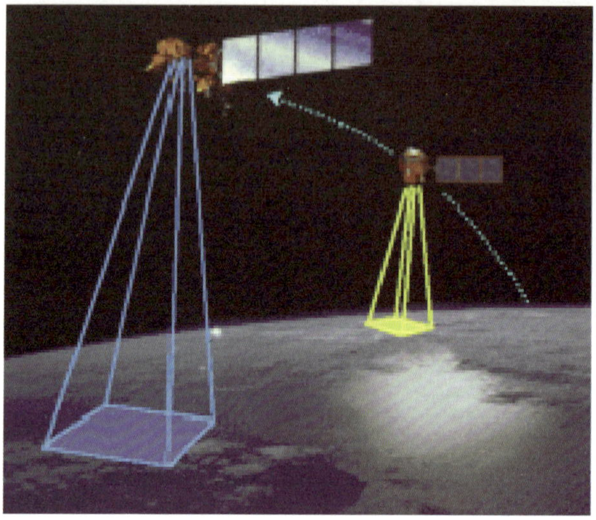

图 1－1　EO－1 与 LandSat－7 空间编队

（2）TechSat－21 计划。TechSat－21 计划是由美国空军实验室（Air Force Research Laboratory，AFRL）于 2001 年提出的一个关于建立分布式天基雷达的项目。AFRL 给出的计划中包括三个小型航天器及其相对位置、轨道要求，以此构成一个虚拟雷达系统，也是一个分布式星载雷达系统。美国军方希望借助这一分布式雷达系统来实现全天候的全球覆盖。其雷达使用 X 波段，卫星在位于 800 km 高处的轨道，对于地面目标的分辨率能够达到 1～2 m。相比于 NMP 计划的粗糙编队，TechSat－21 计划对于飞行中的各个小型航天器提出了更高的要求：不仅需要各小型航天器间保持一个较为精确的编队构型，从而使得该编队构型能够组成一个可变的虚拟大孔径雷达，而且各航天器在飞行过程中还需要各自维持某一个相对姿态，从而达到对于目标区域的较高覆盖率，如图 1－2 所示。

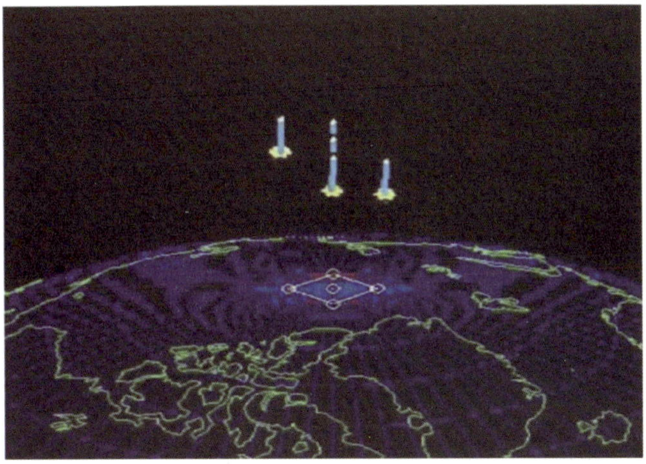

图1-2 TechSat-21 航天器编队飞行

(3) CLUSTER Ⅱ计划。CLUSTER Ⅱ计划是由欧洲空间局(European Space Agency, ESA)提出的四面体卫星编队飞行计划,如图1-3所示。该计划于2000年成功将四颗卫星送到了椭圆轨道中,该椭圆轨道近地点距地19000 km,远地点距地119000 km。这四颗卫星在轨道中构成一个四面体编队,该编队的运行轨道覆盖了北部从磁顶到磁尾区域。这一计划成功执行后能够提供地球磁环境和太阳风交互的三维信息,并且能很好地展现地球的整体三维磁环境。

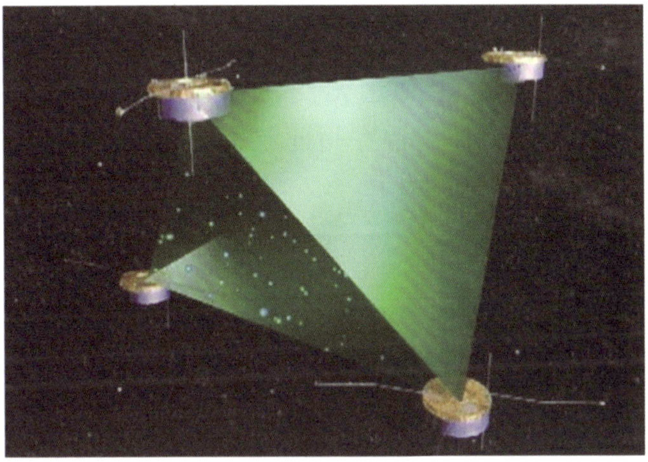

图1-3 CLUSTER Ⅱ四面体卫星编队

(4) Proba-3计划。在Proba-3计划之前,ESA相应完成了Proba-1和Proba-2计划,其核心都是关于小型、低成本卫星的研发和试验。ESA此后又提出了Proba-3计划,该计划于2017年发射两颗质量分别是200 kg和300 kg的卫星,其编队卫星组位于近地点800 km,远地点60524 km的大偏心率椭圆轨道上，椭圆轨道倾角为59°，如图1－4所示。编队中的两个卫星都是采用电推进和冷推进技术作为空间推力来源，且各自是三轴稳定卫星，有精确的姿态控制能力并且能够保持相互之间的距离。为了降低任务难度，编队组在近地点自由飞行，而在远地点进行飞行试验，比如通过其中一颗卫星对太阳的遮盖进行日冕观测。

图1－4 Proba－3计划日冕观测试验

（5）Prisma计划。Prisma计划由瑞典航空局提出，该计划于2010年6月15日通过俄罗斯的“第聂伯”火箭发射了两颗卫星，卫星轨道处于700 km高度、倾角为98.2°的太阳同步轨道上，如图1－5所示。其中一颗卫星为140 kg的具有变轨能力的主航天器，其大小为80 cm×83 cm×130 cm。另一颗卫星为40 kg的简化无变轨能力的目标航天器，其大小为80 cm×80 cm×31 cm。该计划旨在验证航天器的编队飞行技术、先进空间推进技术以及高精度交会对接技术。

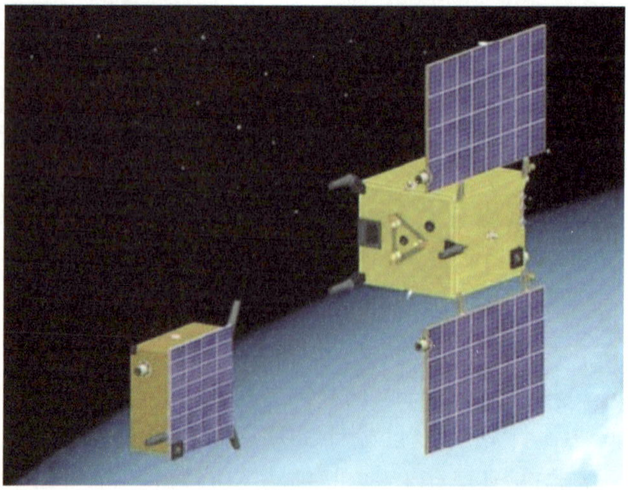

图1－5 Prisma计划卫星编队

（6）Darwin 计划。Darwin 计划也称为红外空间干涉仪计划，该计划旨在搜寻围绕恒星运行的类地行星，并分析该行星上是否有生命存在的迹象。该计划本来由欧洲航天局提出并实施，后期美国参与其中。编队系统运行于 L2 附近，由 8 颗航天器组成空间干涉仪，其中 6 颗带有直径 3 ～4 m 天文望远镜的航天器分别位于正六边形的六个顶点上负责空间探测。其余两颗航天器，其中之一作为中心航天器处于正六边形中心，负责收集 6 颗带有空间望远镜的航天器的光束信号，并将其传送至位于中心航天器之后几百米处的第 8 颗航天器，即主航天器或通信航天器。在该计划中，中心航天器与 6 颗观测航天器位于同一平面，并保持高精度的编队构型。通信航天器负责与地球上的地面站进行信息交换，观察望远镜及中心航天器的位置和姿态，并发出控制指令。

（7）TPF 计划。TPF 计划由美国航空航天局提出，旨在探测 45 光年之外的恒星上是否存在生命迹象。编队系统由 4 颗航天器组成，其中主航天器载有光线集中装置，其他航天器则配有直径 3.5 m 的天文望远镜。该编队系统位于 L2 附近协同工作，根据编队中各航天器之间距离的不同，编队系统可用作不同的用途，如观察寻找类地行星或天体物理探测等。传统集中式天文望远镜的灵敏度受到望远镜的光通量和受光面积的影响。TPF 计划中的空间望远镜基线长度可通过控制各编队航天器间的距离进行改变，从而达到与大直径望远镜相同的效果，但同时也需要各成员之间高度协同，以保证足够的位置精度。

（8）CNES 计划。1998 年法国空间局（National centre for space studies，CNES）提出了一个名为“干涉车轮”的低成本卫星编队概念。在“干涉车轮”中，使用普通 SAR 卫星作为地球表面的照射源，另外三颗卫星作为信号的采集者构成编队。编队系统可以获得高度相干的图像，大大降低图像采集的成本。同时，CNES 还详细分析了“干涉车轮”的时间关系、轨道的几何特征、空间指向与目标位置确定等各种技术指标，并设计了“干涉车轮”中航天器搭载的有效载荷，包括计算机系统、雷达天线和数据流控制系统等。CNES 还提出了一些可以应用该编队系统的其他场景，例如用干涉测量法来绘制洋流和地面高程等。

1.2.2 姿态协同策略

航天器编队飞行按照是否有中心飞行器分为集中式和分布式两大类。所谓中心飞行器，即作为中央控制器的飞行器，其余所有飞行器的相应控制指令都由中心飞行器来下达、分发。与之相对的，当不存在中心飞行器时，即为分布式编队，此时控制指令是由各飞行器通过信息共享、交互而确定的。显然，对于集中式的飞行编队，其控制器较容易实现，但是当飞行器数目增多时，中心飞行器的通讯量和计算量会急剧增加，这对中心飞行器提出了较高的要求，同时，一旦中心飞行器出现故障，会使整个系统陷入瘫痪。相比之下，分布式飞行编队中所有飞行器都将参与控制决策过程，每个飞行器通过与周围的飞行器交互、交流，获取周围飞行器的状态信息并以此为基础产生控制信号，由于不存在中心飞行器，某个飞行器的故障并不会对全局产生影响，所以具有较高的稳定性。编队飞行航天器的姿态协同策略分为主从方式、虚拟结构方式、行为方式、多输入多输出方式和循环方式等。除了这些协同策略，当前的协同控制研究中还有一些其他方式，如无源分解方式及参考轨迹规划方式，还有基于一致性理论的协同策略。下面只介绍 3 种姿态协同策略。

（1）主从方式。这是一种典型的集中式编队飞行结构，该协同策略下的编队，指定一个或多个编队航天器作为主航天器（称为“主星”），其他航天器为跟随者（称为“从星”）。主星一般采用单星控制方法进行机动以达到期望姿态，而从星通过对主星进行姿态跟踪控制，进而实现姿态协同。在该控制策略中，一般只有主星与从星之间的通信，从星相互之间没有信息传递。这种策略的优点是编队系统的控制结构简单，可以使用单星姿态控制方法实现编队系统的姿态协同控制，且稳定性分析相对容易；缺点是，由于其本质为单个航天器的跟踪控制问题，因此编队中不仅从星间缺乏通信链接和相互作用，而且从星到主星也没有状态反馈，所以一旦主星失效，那么从星将无法进行正确的轨道机动进而难以形成相应的编队构型。因此，该策略的鲁棒性较差。

（2）虚拟结构方式。不同于主从式编队协同带有明显的集中式特点，虚拟结构方式的编队协同既可以应用在集中式控制也可以应用在分布式控制中。虚拟结构方式的核心思想就是将整个系统看成一个整体，即所谓的虚拟结构，然后通过控制飞行器，使其各自按照所需的位置进行排列，构成编队。目前，虚拟结构的控制通常分为三个步骤：①根据整体情况，设计对应的虚拟结构；②根据所设计的虚拟结构进行每个飞行器的运动轨迹设计，使其满足虚拟结构要求；③按照对应的轨迹要求设计相应的跟踪控制律。基于虚拟结构的协同控制策略，将航天器编队整体构型看成一个虚拟的几何结构，通过所设计的虚拟结构的整体期望姿态，可求解编队中各航天器的期望参考状态，并依此设计控制器，使得每个航天器达到其期望状态。编队系统中可以有一个或多个虚拟结构，较为简单的情况是该策略中仅有单个虚拟结构。首先控制虚拟结构对整体的期望参考状态进行跟踪设计，然后求解编队中各成员为实现整体效果而需要达到的参考状态信息，最后控制各编队成员对其参考状态进行跟踪。该协同控制在某种角度上可以看作是将主从协同策略中的主航天器虚拟化。这种方式的特点与主从协同策略类似，是一种集中控制的方法。基于虚拟结构的协同控制策略最初是被引入机器人编队控制中用于队形保持，后来被广泛地应用于航天器的编队控制中。

（3）行为方式。在实际编队飞行任务中，编队系统可能要实现相对状态保持、规避星间碰撞和到达期望状态等多个控制目标，这时可以采用行为方式协同策略。作为来源于生活中鱼群和鸟群行为的行为方式协同策略，其采用对应的控制信号对每个期望的控制目标进行跟踪控制，通过对这些控制信号加权迭加得出编队的协同控制，这是一种折中的控制策略。执行多个控制期望的飞行任务时可采用这种控制策略。相比于集中式协同策略，由于行为方式协同策略的控制为分布式，系统中不存在单一失败点，故而提高了系统的可靠性，但其理论分析有较大的困难。

1.3　本书主要研究内容

本书在前人研究成果的基础上，进一步考虑航天器实际飞行过程中可能存在的多种干扰因素，对编队航天器进行动力学建模，并对编队的姿态快速协同控制方法进行研究与探讨。本书主要包括以下 3 方面的内容。

（1）考虑到编队航天器多为小型航天器，可以视为刚体，因此第三章针对刚体航天器编队飞行的姿态协同问题，利用有限时间控制理论提出刚体航天器编队的快速协同控制方法。针对实际飞行过程中存在外干扰力矩和模型不确定性，设计了基于 Lyapunov 方法的姿态协同控制器。进一步考虑快速机动和快速协同的需求，提出一种基于快速滑模的有限时间姿态协同控制方法。航天器编队成员间的通信存在时延，并且信息流图会随着构型变换而产生切换，针对该问题，提出一种改进的协同控制器，使航天器编队在该情况下仍然能够实现有限时间姿态协同。基于滑模控制理论的控制方法中一般存在符号函数项，其不连续性会导致控制指令出现“抖颤”现象，因此提出一种无符号函数项的连续有限时间姿态协同控制方法，并同时考虑模型参数不确定、外界干扰力矩、通信延迟和流图变换的情况，利用 Lyapunov 方法进行分析。将上述成果拓展到一般形式，采用拉格朗日方程来描述编队系统动力学，并提出基于多拉格朗日系统编队的姿态协同控制方法以及有限时间姿态快速协同控制方法，并在通信延迟和编队通信拓扑变化的条件下，提出一种有效的姿态协同控制器。

（2）第四章对没有参考姿态的自主航天器编队开展研究。首先考虑到外干扰力矩的影响，设计了带有切换变量的非连续的姿态协同控制器，并考虑一种干扰力矩为常值的特殊情况，设计了一个积分项代替切换变量，提出指令连续的协同控制器，使得控制输出得以连续，避免了控制指令的"抖颤"问题，并进一步利用 Lyapunov 理论分析验证在姿态测量存在误差、星间通信存在延迟的情况下编队系统的稳定性。进一步考虑树状通信拓扑结构，仅利用相对姿态信息，设计了不需要绝对姿态信息的自主编队的姿态协同控制器。针对拉格朗日动力学自主编队系统，首先设计基于平衡双向通信拓扑的姿态协同控制器。对于有快速机动要求的编队，利用齐次函数性质设计有限时间姿态协同控制器。

（3）第五章考虑带有挠性附件的航天器编队，研究其姿态协同控制方法。首先针对期望参考姿态为常值的情况，在外界干扰力矩的影响下，考虑星间通信拓扑结构存在变化以及星间通信存在延迟的情况，基于 Lyapunov 方法提出了具有较强鲁棒性的协同控制方法。然后考虑期望参考姿态为更加一般的时变信号，提出了形式简洁的姿态协同控制方法，并分析了航天器挠性附件振动模态的终值有界性。针对挠性编队系统的快速机动要求，设计了终端滑模面，基于此提出有限时间姿态协同控制方法，并从理论上分析了该闭环系统的稳定性。

第 2 章　基础理论与数学模型

2.1 引　　言

在编队动力学建模和快速协同控制中，会用到一些非线性控制领域的理论与结果，因此，本章将详细地阐述这些协同控制的基础理论知识，并建立航天器的运动学和动力学模型。

2.2 非线性控制基础理论知识

2.2.1 稳定性理论

考察式（2－1）所描述的非线性系统：

$$\dot{\boldsymbol{x}} = \boldsymbol{f}(\boldsymbol{x}, t) \tag{2-1}$$

其中，$\boldsymbol{f}$ 为 $n \times 1$ 维向量函数，$\boldsymbol{x}$ 为 $n \times 1$ 维状态向量，初始条件满足 $\boldsymbol{x}(t_0) = \boldsymbol{x}_0$。虽然式（2－1）中并不显含控制变量，但因为其可以表示反馈控制系统的闭环动态，所以仍可用于系统的反馈控制。

下面将介绍稳定性理论中的一些定义、定理与引理。

定义 2－1　如果 $\boldsymbol{f}$ 不显含时间 t，即系统方程式（2－1）可以写成

$$\dot{\boldsymbol{x}} = \boldsymbol{f}(\boldsymbol{x}) \tag{2-2}$$

则称式（2－2）的系统为自治系统；否则，称该系统为非自治系统。

定义 2－2　向量 $\boldsymbol{\varphi} \in \mathbf{R}^n$ 的范数定义为

$$\begin{gathered} \|\boldsymbol{\varphi}\|_p = (|\varphi_1|^p + \cdots + |\varphi_n|^p)^{\frac{1}{p}}, 1 \leqslant p < \infty \\ \|\boldsymbol{\varphi}\|_\infty = \max_i |\varphi_i| \end{gathered} \tag{2-3}$$

矩阵 $\boldsymbol{\Lambda} = (a_{ij})_{m\times n}$ 的范数定义为

$$\begin{aligned}
\|\boldsymbol{\Lambda}\|_p &= \sup_{\boldsymbol{\varphi}\neq 0}\frac{\|\boldsymbol{\Lambda}\boldsymbol{\varphi}\|_p}{\|\boldsymbol{\varphi}\|_p} = \max_{\|\boldsymbol{\varphi}\|_p=1}\|\boldsymbol{\Lambda}\boldsymbol{\varphi}\|_p \\
\|\boldsymbol{\Lambda}\|_\infty &= \max_i\sum_{j=1}^{n}|a_{ij}| \\
\|\boldsymbol{\Lambda}\|_1 &= \max_j\sum_{i=1}^{m}|a_{ij}| \\
\|\boldsymbol{\Lambda}\|_2 &= [\alpha(\boldsymbol{\Lambda}^{\mathrm{T}}\boldsymbol{\Lambda})]^{\frac{1}{2}}
\end{aligned} \tag{2-4}$$

其中，$\alpha(\boldsymbol{\Lambda}^{\mathrm{T}}\boldsymbol{\Lambda})$ 表示矩阵 $\boldsymbol{\Lambda}^{\mathrm{T}}\boldsymbol{\Lambda}$ 的最大特征值。

定义 2-3　如果系统状态满足 $\boldsymbol{x}(t) = \boldsymbol{x}^*$，且在 $\boldsymbol{x}^*$ 处保持不变，则称状态 $\boldsymbol{x}^*$ 为系统的一个平衡点。

定义 2-4　对于 $\forall R > 0$，存在 $r > 0$，使得当 $\|\boldsymbol{x}(t_0)\| < r$，有 $\|\boldsymbol{x}(t)\| < R,\ t > t_0$，则称平衡点 $\boldsymbol{x} = 0$ 是稳定的。

定义 2-5　对于一个稳定的系统，如果 $\exists r > 0$ 使得当 $\|\boldsymbol{x}(t_0)\| < r$ 时，满足 $\boldsymbol{x}(t)\to 0$，$t\to\infty$，则称平衡点 $\boldsymbol{x} = 0$ 是渐近稳定的。

定义 2-6　如果 $\exists\alpha > 0$，$\lambda > 0$ 使下式

$$\|\boldsymbol{x}(t)\| \leqslant \alpha\|\boldsymbol{x}(t_0)\|\mathrm{e}^{-\lambda t}, \forall t > t_0 \tag{2-5}$$

在平衡点的邻域内成立，则称平衡点 $\boldsymbol{x} = 0$ 是指数稳定的。

定义 2-7　如果定义 2-5 中的 r 是整个状态空间且系统满足渐近（指数）稳定，则称平衡点 $\boldsymbol{x} = 0$ 是全局渐近（指数）稳定的。

定义 2-8　如果标量函数满足 $V(0) = 0$，且 $\boldsymbol{x}\neq 0\Rightarrow V(\boldsymbol{x}) > 0$，则称 $V(\boldsymbol{x})$ 是局部正定的。如果 $V(\boldsymbol{x}) > 0$ 在整个状态空间成立，则称 $V(\boldsymbol{x})$ 为全局正定的。如果 $V(\boldsymbol{x})$ 满足 $V(0) = 0$，且 $\boldsymbol{x}\neq 0\Rightarrow V(\boldsymbol{x}) \geqslant 0$，则称 $V(\boldsymbol{x})$ 是半正定的。负定以及半负定的定义可以类似得到。

定义 2-9　如果当 $\|\boldsymbol{x}\|\to\infty$ 时，满足 $V(\boldsymbol{x})\to\infty$，则称 $V(\boldsymbol{x})$ 是径向无界的。

定义 2-10　如果一个动态系统从集合 $\boldsymbol{G}$ 中出发的每一条轨线会永远留在 $\boldsymbol{G}$ 中，则称 $\boldsymbol{G}$ 为这个动态系统的不变集。

定义 2-11　如果一个方阵 $\boldsymbol{M}$ 满足 $\boldsymbol{M} = \boldsymbol{M}^{\mathrm{T}}$，即 $(\boldsymbol{M})_{ij} = (\boldsymbol{M})_{ji}$，则称 $\boldsymbol{M}$ 为对称的；如果满足 $\boldsymbol{M} = -\boldsymbol{M}^{\mathrm{T}}$，即 $(\boldsymbol{M})_{ij} = -(\boldsymbol{M})_{ji}$，则称 $\boldsymbol{M}$ 是反对称的。

定义 2-12　如果方阵 $\boldsymbol{M}$ 满足 $\boldsymbol{x}\neq 0\Rightarrow\boldsymbol{x}^{\mathrm{T}}\boldsymbol{M}\boldsymbol{x} > 0$，则称其为正定的。

定义 2-13　如果一个方阵 $\boldsymbol{M} = (m_{ij})_{n\times n}$，对于任意 i, j 都满足 $m_{ij} =$

$\overline{m_{ji}}$，其中 $\overline{(\cdot)}$ 为共轭算子，则称 $\boldsymbol{M}$ 为 Hermitian 矩阵。

定义 2－14　若实数矩阵 $\boldsymbol{M} = (m_{ij})_{n\times n}$，$i, j = 1, 2, 3, \cdots, n$，仅有负实部的特征值，则称 $\boldsymbol{M}$ 是稳定的。

定义 2－15　对于 $(r_1, r_2, \cdots, r_n) \in \mathbf{R}^n$，$r_i > 0$。如果 $V: \mathbf{R}^n \to \mathbf{R}$ 为一个连续函数，且对于 $\forall \varepsilon > 0$，有 $V(\varepsilon^{r_1}x_1, \cdots, \varepsilon^{r_n}x_n) = \varepsilon^{\sigma}V$，那么称 V 相对于扩张向量 $(r_1, r_2, \cdots, r_n)$ 是 σ 阶齐次的。

定义 2－16　对于 $(r_1, r_2, \cdots, r_n) \in \mathbf{R}^n$，$r_i > 0$。如果 $\boldsymbol{f}(\boldsymbol{x}) = (f_1(\boldsymbol{x}), \cdots, f_n(\boldsymbol{x}))$ 是一个连续的向量场，且对于 $\forall \varepsilon > 0$，有 $f_i(\varepsilon^{r_1}x_1, \cdots, \varepsilon^{r_n}x_n) = \varepsilon^{k+r_i}f_i$，$i = 1, 2, \cdots, n$，那么称 $\boldsymbol{f}(\boldsymbol{x})$ 相对于扩张向量 $(r_1, r_2, \cdots, r_n)$ 是 k 阶齐次的。

定理 2－1（Schur 补定理）　对于如下 Hermitian 矩阵 $\boldsymbol{M}$，

$$\boldsymbol{M} = \begin{bmatrix} \boldsymbol{A} & \boldsymbol{B} \\ \boldsymbol{B}^{\mathrm{T}} & \boldsymbol{C} \end{bmatrix} \tag{2-6}$$

其中，$\boldsymbol{A}$ 和 $\boldsymbol{C}$ 为方阵，当满足如下条件之一时

$$\begin{aligned} \boldsymbol{A} - \boldsymbol{B}\boldsymbol{C}^{-1}\boldsymbol{B}^{\mathrm{T}} > 0, \boldsymbol{C} > 0 \\ \boldsymbol{C} - \boldsymbol{B}^{\mathrm{T}}A^{-1}\boldsymbol{B} > 0, \boldsymbol{A} > 0 \end{aligned} \tag{2-7}$$

矩阵 $\boldsymbol{M}$ 是正定的，其中 $\boldsymbol{B}^{\mathrm{T}}$ 为 $\boldsymbol{B}$ 的共轭转置矩阵。

定理 2－2（Lyapunov 稳定性定理）　针对式（2－2）的系统，如果定义在原点邻域 $U_0 \subset U$ 内的正定标量函数 $V(\boldsymbol{x})$ 具有一阶连续导数 $\dot{V}(\boldsymbol{x})$：①$\dot{V}(\boldsymbol{x})$ 在 U_0 内半负定，那么系统原点 $x = 0$ 是 Lyapunov 稳定的；②如果 $\dot{V}(\boldsymbol{x})$ 在 U_0 内负定，那么系统原点 $x = 0$ 是渐近稳定的；③如果将原点邻域扩充到整个状态空间即 $U_0 = U$，且满足 $V(\boldsymbol{x})$ 在 U_0 内正定，$\dot{V}(\boldsymbol{x})$ 在 U_0 内负定，则系统原点 $x = 0$ 是全局渐近稳定的。

定理 2－3（LaSalle 不变集原理）　若式（2－2）的非线性系统中 $\boldsymbol{f}$ 连续，令标量函数 $V(\boldsymbol{x})$ 具有一阶连续偏导数且径向无界，其导数 $\dot{V}(\boldsymbol{x})$ 半负定，记 $\boldsymbol{G}$ 为所有满足 $\dot{V}(\boldsymbol{x}) = 0$ 的点的集合，$\overline{\boldsymbol{G}}$ 是 $\boldsymbol{G}$ 中的最大不变集，那么当 $t \to \infty$ 时，系统所有的解将全局渐近收敛于 $\overline{\boldsymbol{G}}$。

推论 2－1　若非线性系统式（2－2）中 $\boldsymbol{f}$ 连续，标量函数 $V(\boldsymbol{x})$ 具有一阶连续偏导数，且在原点的某个邻域 U_0 内有：①$V(\boldsymbol{x})$ 正定；②$\dot{V}(\boldsymbol{x})$ 半负定；③由 $\dot{V}(\boldsymbol{x}) = 0$ 确定的集 $\boldsymbol{G}$ 中除 $\boldsymbol{x} = 0$ 之外不包括其他任何轨线，那么系统原点是渐近稳定的。特别地指出，如果邻域 U_0 扩充到整个状态空间，那

么系统原点是全局渐进稳定的。

引理2-1 对于任意向量$\boldsymbol{\zeta} = [\zeta_1, \zeta_2, \zeta_3, \cdots, \zeta_n]^{\mathrm{T}}$，$\exists 0 < q < 2$，使得下列不等式成立

$$\|\boldsymbol{\zeta}\|^q \leqslant \sum_{i=1}^{n} |(\zeta)_i|^q \tag{2-8}$$

引理2-2（Barbalat 引理） 假设函数$f(t)$在$[0,\infty)$上是一阶连续可导的，且当$t \to \infty$时极限存在，若$\dot{f}(t)$，$t \in [0,\infty)$一致连续，那么$\lim\limits_{t\to\infty}\dot{f}(t) = 0$。

引理2-3 设$f(t)$在$[0,\infty)$上是一致连续的，且存在$p \in [1,\infty)$，使得$f(t), \dot{f}(t) \in L_\infty$且$\dot{f}(t) \in L_p$，那么有$\lim\limits_{t\to\infty} f(t) = 0$，其中

$$L_p = \left\{ x \,\middle|\, x:[0,\infty), \left(\int_0^\infty |x(t)|^p \mathrm{d}t\right)^{1/p} < \infty \right\}$$

引理2-4 对于式（2-2）描述的非线性系统，设区间$\Theta \in \mathbf{R}^n$包含原点，且存在$t \geqslant 0$和$x \in \Theta$，使得连续可微函数V满足

$$\begin{aligned} &\alpha_1(\|\boldsymbol{x}\|) \leqslant V(t,\boldsymbol{x}) \leqslant \alpha_2(\|\boldsymbol{x}\|) \\ &\frac{\partial V}{\partial t} + \frac{\partial V}{\partial \boldsymbol{x}} \boldsymbol{f}(\boldsymbol{x}) \leqslant -W(\boldsymbol{x}), \quad \forall \|\boldsymbol{x}\| > \mu > 0 \end{aligned} \tag{2-9}$$

其中，$W(\boldsymbol{x}) > 0$是连续的。对于$r > 0$，作如下假设

$$\mu < \alpha_2^{-1}(\alpha_1(r)) \tag{2-10}$$

那么，存在函数β和时间$T \geqslant 0$，对于每个满足$\|\boldsymbol{x}(t_0)\| \leqslant \alpha_2^{-1}(\alpha_1(r))$的$\boldsymbol{x}(t_0)$，式（2-2）的解有

$$\|\boldsymbol{x}(t)\| \leqslant \beta(\|\boldsymbol{x}(t_0)\|, t - t_0), \quad \forall t_0 \leqslant t \leqslant t_0 + T$$

$$\|\boldsymbol{x}(t)\| \leqslant \alpha_1^{-1}(\alpha_2(\mu)), \quad \forall t \geqslant t_0 + T$$

如果Θ为整个状态空间，则对于任意初始状态$\boldsymbol{x}(t_0)$，上式都成立，且μ的大小没有限制。

引理2-5 考虑下式描述的非线性系统

$$\dot{\boldsymbol{x}} = \boldsymbol{f}(\boldsymbol{x}) + \hat{\boldsymbol{f}}(\boldsymbol{x}), \boldsymbol{f}(0) = 0, \boldsymbol{x} \in \mathbf{R}^p \tag{2-11}$$

其中，$\boldsymbol{f}(\boldsymbol{x})$是一个连续齐次的向量场且相对于扩张向量$(r_1, r_2, \cdots, r_p)$是$\kappa < 0$次齐次的，且$\hat{f}(\boldsymbol{x})$满足$\hat{f}(0) = 0$。如果$x = 0$是系统$\dot{\boldsymbol{x}} = \boldsymbol{f}(\boldsymbol{x})$和式(2-11)的系统的一个渐进稳定平衡点，且对于$\forall x \neq 0$有下式成立

$$\lim_{\varepsilon\to 0} \frac{\hat{f}(\varepsilon^{r1} x_1, \cdots, \varepsilon^{rp} x_p)}{\varepsilon^{\kappa + rg}} = 0, \; g = 1, \cdots, p$$

则称$x = 0$是式（2-11）的非线性系统的一个全局有限时间稳定平衡点。

引理 2－6　考虑一个连续正定的函数 $V(\boldsymbol{x})$，且 $V(\boldsymbol{x})$ 相对于扩张向量 $(r_1, r_2, \cdots, r_p)$ 是 κ 次齐次的。如果一个连续函数 $\widehat{V}(\boldsymbol{x})$ 对于任意 $x \neq 0$ 都有下式成立

$$\lim_{\varepsilon \to 0} \frac{\widehat{V}(\varepsilon^{r1} x_1, \cdots, \varepsilon^{rp} x_p)}{\varepsilon^{\kappa}} = 0$$

那么函数 $V(\boldsymbol{x}) + \widehat{V}(\boldsymbol{x})$ 是局部正定的。

2.2.2　滑模控制

针对下式所描述的非线性系统

$$\dot{\boldsymbol{x}} = \boldsymbol{h}(\boldsymbol{x}), \quad \boldsymbol{x} \in \mathbf{R}^n \tag{2-12}$$

在其系统状态空间中，存在曲面函数 $\boldsymbol{s}(\boldsymbol{x})$，将系统的状态空间分成 $\boldsymbol{s} > 0$ 和 $\boldsymbol{s} < 0$ 两部分，因此，对于下式描述的闭环系统

$$\dot{\boldsymbol{x}} = \boldsymbol{h}(\boldsymbol{x}, \boldsymbol{u}, t) \tag{2-13}$$

需要设计滑动模态 $\boldsymbol{s}(\boldsymbol{x})$ 及相关的控制器

$$\boldsymbol{u} = \begin{cases} u^+(\boldsymbol{x}), & \boldsymbol{s} > 0 \\ u^-(\boldsymbol{x}), & \boldsymbol{s} < 0 \end{cases} \tag{2-14}$$

使得系统状态运动到 $\boldsymbol{s} = 0$ 附近时有

$$\lim_{s \to 0^+} \boldsymbol{s} \leqslant 0 \quad 及 \quad \lim_{s \to 0^-} \boldsymbol{s} \geqslant 0 \tag{2-15}$$

即

$$\lim_{s \to 0} \boldsymbol{s}\dot{\boldsymbol{s}} \leqslant 0 \tag{2-16}$$

且满足闭环系统的稳定性要求。这样的控制被称为滑模变结构控制。

针对如下 n 阶系统

$$\dot{\boldsymbol{x}}(t) = \boldsymbol{A}\boldsymbol{x}(t) + \boldsymbol{B}\boldsymbol{u}(t) + \boldsymbol{D}\boldsymbol{d}(\boldsymbol{x}, t) \tag{2-17}$$

其中，$\boldsymbol{x}$ 为系统状态向量，$\boldsymbol{u}$ 为控制输入向量，$\boldsymbol{d}$ 为干扰信号向量，$\boldsymbol{A}$、$\boldsymbol{B}$ 与 $\boldsymbol{D}$ 为增益矩阵。可设计切换函数 $\boldsymbol{s}(\boldsymbol{x})$ 为

$$\boldsymbol{s} = \boldsymbol{P}\boldsymbol{x} \tag{2-18}$$

则得到滑模变结构控制的以下三个性质。

性质 2－1　当系统状态到达滑模面 $\boldsymbol{s} = \boldsymbol{P}\boldsymbol{x} = 0$ 时，设计控制器 $\boldsymbol{u}$ 为

$$\boldsymbol{u} = -(\boldsymbol{P}\boldsymbol{B})^{-1}\boldsymbol{P}(\boldsymbol{A}\boldsymbol{x} + \boldsymbol{D}\boldsymbol{d}) \tag{2-19}$$

则系统状态将停留在滑模面上并沿着 $\boldsymbol{s} = 0$ 运动，其中要求矩阵 $\boldsymbol{P}\boldsymbol{B}$ 非奇异。

性质 2－2　当外界干扰向量 $\boldsymbol{d}$ 满足

$$[\boldsymbol{I} - \boldsymbol{B}(\boldsymbol{P}\boldsymbol{B})^{-1}\boldsymbol{P}]\boldsymbol{D}\boldsymbol{d} = 0 \tag{2-20}$$

$$\mathrm{rank}[\boldsymbol{B},\boldsymbol{D}] = \mathrm{rank}[\boldsymbol{B}] \tag{2-21}$$

系统方程可写成

$$\begin{aligned}\boldsymbol{x} &= [\boldsymbol{I} - \boldsymbol{B}(\boldsymbol{PB})^{-1}\boldsymbol{P}]\boldsymbol{Ax}\\ \boldsymbol{s} &= 0\end{aligned} \tag{2-22}$$

此时系统中不再含有干扰向量，因此，可认为闭环系统对外界干扰具有不变性。

性质 2－3 假设增益矩阵 $\boldsymbol{A}$ 由标称量 $\boldsymbol{A}_0$ 与不确定量 $\Delta\boldsymbol{A}$ 两部分构成，即

$$\boldsymbol{A} = \boldsymbol{A}_0 + \Delta\boldsymbol{A} \tag{2-23}$$

当满足

$$\mathrm{rank}[\boldsymbol{B},\Delta\boldsymbol{A}] = \mathrm{rank}[\boldsymbol{B}] \tag{2-24}$$

时，闭环系统对不确定量 $\Delta\boldsymbol{A}$ 的变化具有不变性。

由上述性质可以看出，滑模控制可以等效地将 n 阶系统控制问题转化成一阶系统控制问题，且使转化后的系统能够在系统参数不确定的情况下保持良好的性能。此外，滑模控制为提升系统鲁棒性提供了一个重要的手段，采用滑模控制的非线性系统具有抗干扰性、期望状态可达性，以及对模型参数不确定的鲁棒性。

2.2.3 有限时间控制

有限时间控制理论是在渐近稳定理论基础上的进一步发展，其不仅保证了系统状态在有限时间内达到控制目标，还具有较好的控制精度和更强的鲁棒性。

首先考虑下式描述的非线性系统

$$\dot{\boldsymbol{x}} = \boldsymbol{f}(\boldsymbol{x},t) \quad \boldsymbol{f}(0,t) = 0, \quad \boldsymbol{x} \in \mathbf{R}^n \tag{2-25}$$

其中，$\boldsymbol{f}: \boldsymbol{U}_0 \times \mathbf{R} \rightarrow \mathbf{R}^*$ 在 $\boldsymbol{U}_0 \times \mathbf{R}$ 上连续，$\boldsymbol{U}_0$ 是系统原点 $\boldsymbol{x} = 0$ 的一个开邻域。称系统在有限时间内收敛于平衡点，如果存在有限的时间 T，对于初始时刻 t_0 所对应的初始状态 $\boldsymbol{x}(t_0) = x_0$，微分方程（2－25）以 x_0 为初值的解 $\boldsymbol{x}(t) = \xi(t;t_0,x_0) \in \boldsymbol{U}_0/\{0\}$ 有定义且满足

$$\begin{cases}\lim\limits_{t\rightarrow T}\xi(t;t_0,x_0) = 0, & t_0 \leqslant t \leqslant T\\ \xi(t;t_0,x_0) = 0, & t > T\end{cases} \tag{2-26}$$

如果闭环系统是 Lyapunov 稳定的且系统状态在有限时间收敛到平衡点处的一个区间 $\boldsymbol{U}_1 \subset \boldsymbol{U}_0$ 内，称系统在平衡点 $\boldsymbol{x} = 0$ 处有限时间稳定。

针对下式描述的非线性系统

$$\dot{\boldsymbol{x}} = \boldsymbol{f}(\boldsymbol{x}) + \boldsymbol{g}(\boldsymbol{x})\boldsymbol{u}, \quad \boldsymbol{x} \in \mathbf{R}^n, \quad \boldsymbol{u} \in \mathbf{R}^m \tag{2-27}$$

其中，$\boldsymbol{f}$ 和 $\boldsymbol{g}$ 光滑，并且 $\boldsymbol{f}(0) = 0$。系统的有限时间稳定问题是指设计一个反馈控制器 $\boldsymbol{u} = \boldsymbol{v}(\boldsymbol{x})$，使得闭环系统的平衡点 $\boldsymbol{x} = 0$ 是 Lyapunov 稳定的，且对于任意初始值，系统状态 $\boldsymbol{x}$ 能够在有限的时间内收敛到 0。

2.3　姿态运动学与动力学

航天器在空间中的姿态运动是用动力学和运动学模型来描述的。本节首先对航天器常用坐标系进行定义，然后分别采用方向余弦阵、欧拉角、四元数与修正罗德里格参数对航天器姿态进行描述，接着给出刚体航天器和挠性航天器的动力学模型，最后描述拉格朗日系统的动力学模型。

2.3.1　相对运动坐标系

为了描述航天器的姿态，定义几个常用坐标系。

2.3.1.1　地心惯性坐标系 $O_iX_iY_iZ_i$

地心惯性坐标系的原点位于地球质心 O_i；X 轴指向春分点；Z 轴指向地球北极；Y 轴与 X、Z 轴构成右旋正交坐标系。该坐标系常作为描述航天器轨道与姿态信息的参考坐标系。

2.3.1.2　航天器轨道坐标系 $O_oX_oY_oZ_o$

轨道坐标系的原点位于航天器质心 O_o；Z 轴位于地球质心与航天器质心连线上，指向地球质心 O_i；X 轴位于轨道平面内，垂直于 Z 轴并指向航天器速度方向；Y 轴与 X、Z 轴构成右旋正交坐标系。该坐标系常被用于描述不同航天器之间的相对位置运动。

2.3.1.3　航天器本体坐标系 $O_bX_bY_bZ_b$

本体坐标系与航天器固连，原点 O_b 位于航天器的某特征点，常取在质心。通常情况下，卫星有纵轴及纵对称面，X 轴沿坐标系原点与纵轴重合指向速度方向，称之为滚动轴；Z 轴位于纵对称面内指向地心，称之为偏航轴；Y 轴与 X、Z 轴构成右旋正交坐标系，称之为俯仰轴。该坐标系常用于描述不同航天器之间的相对姿态运动。

2.3.1.4 期望参考坐标系 $O_dX_dY_dZ_d$

期望参考坐标系定义与航天器本体坐标系定义相仿。其原点 O_d 与本体坐标系原点 O_b 重合，三个轴构成右旋正交坐标系并固连在航天器上，分别指向期望的方向。该坐标系常作为参考坐标系描述航天器与期望状态之间的姿态误差。

2.3.2 姿态运动学

航天器姿态有多种描述方式，下面介绍其中四种描述方式。

2.3.2.1 方向余弦矩阵表示法

当用方向余弦矩阵描述航天器姿态时，其表示的是航天器本体坐标系与参考坐标系间的转换矩阵，这里的参考坐标系可以是上文中提到的惯性坐标系、轨道坐标系或期望参考坐标系。假设参考坐标系 $O_dX_dY_dZ_d$ 矩阵为 $\boldsymbol{f}_d$，本体坐标系 $O_bX_bY_bZ_b$ 矩阵为 $\boldsymbol{f}_b$，可以得到 $O_dX_dY_dZ_d$ 到 $O_bX_bY_bZ_b$ 的转换矩阵 $\boldsymbol{C}_{bd}=\boldsymbol{f}_b\cdot\boldsymbol{f}_d^{\mathrm{T}}$。$\boldsymbol{C}_{bd}$ 是正交矩阵，满足

$$\boldsymbol{C}_{bd}^{-1}=\boldsymbol{C}_{bd}^{-\mathrm{T}} \tag{2-28}$$

$$\boldsymbol{C}_{bd}^{\mathrm{T}}=\boldsymbol{C}_{db} \tag{2-29}$$

$$\boldsymbol{C}_{bd}=\boldsymbol{C}_{ba}\boldsymbol{C}_{ad} \tag{2-30}$$

用方向余弦矩阵描述的姿态运动学方程可以写成

$$\dot{\boldsymbol{C}}_{bd}=-\boldsymbol{\omega}_{bd}^{\times}\boldsymbol{C}_{bd} \tag{2-31}$$

其中，$\boldsymbol{\omega}_{bd}$ 表示误差角速度，为本体坐标系相对于期望参考坐标系的角速度矢量在本体坐标系下的分量列阵。当两坐标系间没有姿态偏差时，或两个坐标系完全重合时，方向余弦矩阵为单位矩阵；当两坐标系不重合时，方向余弦矩阵主对角线元素不全为 1，非主对角元素不全为 0，因此方向余弦矩阵又被称为姿态矩阵。需要说明的是，方向余弦矩阵包含 9 个参数，其中 3 个是独立的，因此在使用过程中需要处理 6 个约束方程条件下的 9 个参数求解问题。

2.3.2.2 欧拉角表示法

欧拉角表示法包含 3 个参数，它可以更加直观地描述坐标系的旋转与姿

态的变化。坐标系绕其某个轴进行旋转，称为基元旋转。用欧拉角表示的姿态矩阵需要通过若干次基元旋转得到，最典型的是通过 3 次基元旋转实现。若 3 次旋转过程中每次转动都是围绕坐标系的某一坐标轴，则每次转过的角称为欧拉角（Euler angle）。用欧拉角确定的方向余弦矩阵是 3 次基元旋转的次序乘积。3 次基元旋转的转动顺序共 12 种。显然，姿态矩阵不仅与这 3 次转动角度大小有关，也与转动顺序有关。本文给出以 $z(\psi) \rightarrow y(\theta) \rightarrow x(\varphi)$ 顺序变换的姿态矩阵 $\boldsymbol{C}_{zyx}$，其他常用的转动顺序可见相关文献。

$$\boldsymbol{C}_{zyx} = \begin{bmatrix} \cos\theta\cos\psi & \cos\theta\sin\psi & -\sin\theta \\ -\cos\varphi\sin\psi + \sin\varphi\sin\theta\cos\psi & \cos\varphi\cos\psi + \sin\varphi\sin\theta\sin\psi & \sin\varphi\cos\theta \\ \sin\varphi\sin\psi + \cos\varphi\sin\theta\cos\psi & -\sin\varphi\cos\psi + \cos\varphi\sin\theta\sin\psi & \cos\varphi\cos\theta \end{bmatrix} \tag{2-32}$$

其对应的矩阵为

$$\boldsymbol{\eta} = \begin{bmatrix} \varphi \\ \theta \\ \psi \end{bmatrix} = \boldsymbol{M}(\boldsymbol{\eta}) \cdot \boldsymbol{\omega} = \begin{bmatrix} 1 & \tan\theta\sin\varphi & \tan\theta\cos\varphi \\ 0 & \cos\varphi & -\sin\varphi \\ 0 & \sin\varphi\sec\theta & \cos\varphi\sec\theta \end{bmatrix} \begin{bmatrix} \omega_x \\ \omega_y \\ \omega_z \end{bmatrix} \tag{2-33}$$

其中，$\boldsymbol{\eta} = [\varphi \quad \theta \quad \psi]^{\mathrm{T}}$ 表示 3 次基元旋转对应的欧拉角，可分为偏航角 ψ、俯仰角 θ 与滚动角 φ；$\boldsymbol{\omega} = [\omega_x \quad \omega_y \quad \omega_z]^{\mathrm{T}}$ 表示航天器本体坐标系相对于惯性坐标系的转动角速度在本体坐标系下的分量列阵；且

$$\boldsymbol{M}(\boldsymbol{\eta}) = \begin{bmatrix} 1 & \tan\theta\sin\varphi & \tan\theta\cos\varphi \\ 0 & \cos\varphi & -\sin\varphi \\ 0 & \sin\varphi\sec\theta & \cos\varphi\sec\theta \end{bmatrix}$$

可以看出，如何选择相应的旋转顺序不仅是一个理论问题，更是一个工程问题。应当遵循的原则有：①欧拉角有明显的物理意义，有时需要先定义有明显物理意义的角，如迎角、侧滑角等，然后再寻找坐标系间的旋转顺序；②欧拉角是可测量的或是可计算的；③遵循工程界的传统习惯。需要指出的是，选择欧拉角描述航天器姿态运动时会有奇异点存在，对于 $z(\psi) \rightarrow y(\theta) \rightarrow x(\varphi)$ 旋转顺序来说，奇异点发生在 $\theta = 90°$ 的情况下。

欧拉角表示法虽然直观，但由于其存在奇异点，因此不适合描述大幅度的姿态运动。

2.3.2.3　四元数表示法

四元数的定义为

$$\bar{\boldsymbol{q}} = \begin{bmatrix} q_0 \\ \boldsymbol{q} \end{bmatrix} = \begin{bmatrix} \cos\dfrac{\theta}{2} \\ \boldsymbol{e} \cdot \sin\dfrac{\theta}{2} \end{bmatrix} \tag{2-34}$$

其中，q_0 和 $\boldsymbol{q}$ 分别表示四元数 $\bar{\boldsymbol{q}}$ 的标量部分与矢量部分，θ 和 $\boldsymbol{e}$ 分别表示欧拉转角以及欧拉轴的方向，$\boldsymbol{q} = [q_1 \quad q_2 \quad q_3]^{\mathrm{T}}$。四元数的 4 个元素并不是相互独立的，它们满足如下约束条件

$$\boldsymbol{q}^{\mathrm{T}}\boldsymbol{q} + q_0^{\ 2} = q_1^{\ 2} + q_2^{\ 2} + q_3^{\ 2} + q_0^{\ 2} = 1 \tag{2-35}$$

采用四元数表示法的姿态运动学方程可写为

$$\dot{\bar{\boldsymbol{q}}} = \frac{1}{2}\bar{\boldsymbol{q}} \otimes \bar{\boldsymbol{\omega}} \tag{2-36}$$

其中，$\bar{\boldsymbol{\omega}} = [0 \quad \boldsymbol{\omega}^{\mathrm{T}}]^{\mathrm{T}} = [0 \quad \omega_1 \quad \omega_2 \quad \omega_3]^{\mathrm{T}}$，符号 $\otimes$ 表示四元数乘法，定义为

$$\bar{\boldsymbol{q}}_a \otimes \bar{\boldsymbol{q}}_b = \begin{pmatrix} q_{0a}\boldsymbol{q}_b + q_{0b}\boldsymbol{q}_a + \boldsymbol{q}_a^{\times}\boldsymbol{q}_b \\ q_{0a}q_{0b} - \boldsymbol{q}_a^{\mathrm{T}}\boldsymbol{q}_b \end{pmatrix} \tag{2-37}$$

其中，$\boldsymbol{q}^{\times}$ 为 $\boldsymbol{q}$ 的叉乘矩阵，定义如下

$$\boldsymbol{q}^{\times} = \begin{bmatrix} 0 & -q_3 & q_2 \\ q_3 & 0 & -q_1 \\ -q_2 & q_1 & 0 \end{bmatrix} \tag{2-38}$$

为了使姿态运动学方程更加直观，式（2-36）可改写为如下形式

$$\begin{aligned} \dot{\boldsymbol{q}} &= \frac{1}{2}(q_0\boldsymbol{I} + \boldsymbol{q}^{\times}) \cdot \boldsymbol{\omega} \\ \dot{q}_0 &= -\frac{1}{2}\boldsymbol{q}^{\mathrm{T}} \cdot \boldsymbol{\omega} \end{aligned} \tag{2-39}$$

其中，$\boldsymbol{I}$ 表示一个 3×3 的单位矩阵。

航天器本体坐标系相对于期望参考坐标系的姿态四元数称为误差姿态四元数，可由下式计算得到

$$\bar{\boldsymbol{q}}_e = [q_{0e} \quad \boldsymbol{q}_e^{\mathrm{T}}]^{\mathrm{T}} = \bar{\boldsymbol{q}}_d^{*} \otimes \bar{\boldsymbol{q}} \tag{2-40}$$

其中，$\bar{\boldsymbol{q}}_e$ 表示误差姿态四元数；$\bar{\boldsymbol{q}}_d$ 为期望姿态四元数；$\bar{\boldsymbol{q}}$ 是航天器姿态四元数；$\bar{\boldsymbol{q}}_d^{*}$ 表示期望姿态的共轭四元数，$\bar{\boldsymbol{q}}_d^{*} = [q_{0d} \quad -\boldsymbol{q}_d^{\mathrm{T}}]^{\mathrm{T}}$。根据式（2-36）或式（2-39），运动学方程可写成如下形式

$$\dot{\bar{\boldsymbol{q}}}_e = \frac{1}{2}\bar{\boldsymbol{q}}_e \otimes \bar{\boldsymbol{\omega}}_e = \begin{bmatrix} -\dfrac{1}{2}\boldsymbol{q}_e^{\mathrm{T}} \cdot \boldsymbol{\omega}_e \\ \dfrac{1}{2}(q_{0e}\boldsymbol{I} + \boldsymbol{q}_e^{\times}) \cdot \boldsymbol{\omega}_e \end{bmatrix} \tag{2-41}$$

其中，$\boldsymbol{\omega}_e$ 为角速度误差，表示航天器本体相对于期望姿态的角速度矢量在航天器本体坐标系下的分量。单位四元数能够避免采用欧拉角描述姿态时的奇异问题。

2.3.2.4　修正罗德里格参数表示法

下面介绍一种姿态描述方法，即修正罗德里格参数表示法，其在 360°内无奇异，其定义如下

$$\boldsymbol{\sigma} = \boldsymbol{e} \cdot \tan\left(\frac{\theta}{4}\right) \tag{2-42}$$

其中，$\boldsymbol{\sigma} = [\boldsymbol{\sigma}_1 \quad \boldsymbol{\sigma}_2 \quad \boldsymbol{\sigma}_3]$，$\theta$ 和 $\boldsymbol{e}$ 分别表示欧拉转角以及欧拉轴的方向。根据定义（2－42）可以看出，奇异点发生在 $\theta = \pm 2\pi$ 处。

采用修正罗德里格参数描述的姿态运动学方程为

$$\dot{\boldsymbol{\sigma}} = \boldsymbol{G}(\boldsymbol{\sigma}) \cdot \boldsymbol{\omega} \tag{2-43}$$

其中

$$\boldsymbol{G}(\boldsymbol{\sigma}) = \frac{1}{4}\{(1-\boldsymbol{\sigma}^{\mathrm{T}}\boldsymbol{\sigma})\boldsymbol{I} + 2[\boldsymbol{\sigma}^{\times}] + 2\boldsymbol{\sigma}\boldsymbol{\sigma}^{\mathrm{T}}\} \tag{2-44}$$

$\boldsymbol{\sigma}^{\times}$ 为 $\boldsymbol{\sigma}$ 的叉乘矩阵。

性质 2－4　矩阵 $\boldsymbol{G}(\boldsymbol{\sigma})$ 满足关系式

$$\boldsymbol{G}^{-1}(\boldsymbol{\sigma}) = \frac{4}{(1+\boldsymbol{\sigma}^{\mathrm{T}}\boldsymbol{\sigma})^2}\boldsymbol{G}^{\mathrm{T}}(\boldsymbol{\sigma}) \tag{2-45}$$

$$\boldsymbol{\sigma}^{\mathrm{T}}\boldsymbol{G}(\boldsymbol{\sigma}) = \left(\frac{1+\boldsymbol{\sigma}^{\mathrm{T}}\boldsymbol{\sigma}}{4}\right)\boldsymbol{\sigma} \tag{2-46}$$

修正罗德里格参数的乘法定义为

$$\boldsymbol{\sigma}_e = \boldsymbol{\sigma} \overline{\otimes} (-\boldsymbol{\sigma}_d) = \frac{\boldsymbol{\sigma}_d(\boldsymbol{\sigma}^{\mathrm{T}}\boldsymbol{\sigma}-1) + \boldsymbol{\sigma}(1-\boldsymbol{\sigma}_d^{\mathrm{T}}\boldsymbol{\sigma}_d) - 2\boldsymbol{\sigma}_d^{\times}\boldsymbol{\sigma}}{1+\boldsymbol{\sigma}_d^{\mathrm{T}}\boldsymbol{\sigma}_d\boldsymbol{\sigma}^{\mathrm{T}}\boldsymbol{\sigma} + 2\boldsymbol{\sigma}_d^{\mathrm{T}}\boldsymbol{\sigma}_d} \tag{2-47}$$

其中，$\boldsymbol{\sigma}_e$ 表示航天器本体坐标系相对于期望参考坐标系的误差姿态；$\boldsymbol{\sigma}$ 表示航天器本体坐标系相对惯性坐标系的姿态；$\boldsymbol{\sigma}_d$ 表示期望参考坐标系相对惯性坐标系的姿态；符号 $\overline{\otimes}$ 表示修正罗德里格参数乘法。用修正罗德里格参数表示的误差姿态运动学方程为

$$\dot{\boldsymbol{\sigma}}_e = \boldsymbol{G}(\boldsymbol{\sigma}_e) \cdot \boldsymbol{\omega}_e \tag{2-48}$$

其中，$\boldsymbol{\omega}_e$ 表示航天器本体坐标系相对于期望坐标系的角速度矢量在航天器本体坐标系下的分量。

另外，修正罗德里格参数与方向余弦矩阵之间满足下面的关系式

$$C(\boldsymbol{\sigma}_e) = \boldsymbol{I}_3 - \frac{4(1-\boldsymbol{\sigma}_e^2)}{(1+\boldsymbol{\sigma}_e{}^2)^2}[\boldsymbol{\sigma}_e^{\times}] + \frac{8}{(1+\boldsymbol{\sigma}_e{}^2)^2}[\boldsymbol{\sigma}_e^{\times}]^2 \tag{2-49}$$

2.3.3 姿态动力学

当航天器规模较小且不带有大型挠性附件时，可将航天器视为刚体，其姿态动力学方程为

$$\boldsymbol{J}\dot{\boldsymbol{\omega}} = -\boldsymbol{\omega} \times \boldsymbol{J}\boldsymbol{\omega} + \boldsymbol{u} \tag{2-50}$$

其中，$\boldsymbol{J}$ 为对称正定矩阵，表示在航天器本体坐标系下的转动惯量矩阵；$\boldsymbol{\omega}$ 表示航天器本体坐标系相对于惯性坐标系的角速度矢量在本体坐标系下的投影分量；$\boldsymbol{u}$ 表示控制力矩矢量在航天器本体坐标系下的投影分量。

如果考虑呈簇状拓扑结构的挠性航天器，即航天器以中心刚体为核心，并附有若干挠性附件的一类构型，即可认为航天器动力学模型分为中心刚体与挠性附件两部分。这类航天器的动力学模型可由下面的微分方程给出

$$\boldsymbol{J}\dot{\boldsymbol{\omega}} + \boldsymbol{\delta}^{\mathrm{T}}\ddot{\boldsymbol{\eta}} = -\boldsymbol{\omega} \times (\boldsymbol{J}\boldsymbol{\omega} + \boldsymbol{\delta}^{\mathrm{T}}\dot{\boldsymbol{\eta}}) + \boldsymbol{u} \tag{2-51}$$

$$\ddot{\boldsymbol{\eta}} + \boldsymbol{C}\dot{\boldsymbol{\eta}} + \boldsymbol{K}\boldsymbol{\eta} = -\boldsymbol{\delta}^{\mathrm{T}}\dot{\boldsymbol{\omega}} \tag{2-52}$$

其中，$\boldsymbol{J}$ 为整个航天器结构在本体坐标系下的转动惯量矩阵；$\boldsymbol{\delta}$ 表示中心刚体与其上挠性附件的耦合矩阵；$\boldsymbol{\eta}$ 表示模态坐标；$\boldsymbol{u}$ 为控制力矩向量在本体坐标系下的分量列阵；$\boldsymbol{C}$ 与 $\boldsymbol{K}$ 分别表示阻尼矩阵和刚度矩阵，有

$$\boldsymbol{C} = \mathrm{diag}(2\boldsymbol{\vartheta}_i\boldsymbol{\omega}_{ni},\ i = 1,\cdots,N) \tag{2-53}$$

$$\boldsymbol{K} = \mathrm{diag}(\boldsymbol{\omega}_{ni}{}^2,\ i = 1,\cdots,N) \tag{2-54}$$

其中，$\boldsymbol{\vartheta}_i$ 为相应挠性附件的阻尼系数，$\boldsymbol{\omega}_{ni}$ 为固有频率，N 为挠性附件模态的阶数。

在实际应用中，式（2-51）和式（2-52）给出的形式并不方便，因此，首先令

$$\boldsymbol{\zeta} = \begin{pmatrix} \boldsymbol{\eta}^{\mathrm{T}} \\ (\dot{\boldsymbol{\eta}} + \boldsymbol{\delta}^{\mathrm{T}}\boldsymbol{\omega})^{\mathrm{T}} \end{pmatrix} \tag{2-55}$$

结合式（2-51）和式（2-52）即可得到下面的动力学模型

$$\boldsymbol{J}^*\dot{\boldsymbol{\omega}} = -\boldsymbol{\omega}^{\times}(\boldsymbol{J}^*\boldsymbol{\omega} + \boldsymbol{H}\boldsymbol{\zeta}) + \boldsymbol{L}\boldsymbol{\zeta} - \boldsymbol{M}\boldsymbol{\omega} + \boldsymbol{u} \tag{2-56}$$

$$\dot{\boldsymbol{\zeta}} = \boldsymbol{A}\boldsymbol{\zeta} + \boldsymbol{B}\boldsymbol{\omega} \tag{2-57}$$

其中

$$
\begin{gathered}
\boldsymbol{J}^{*}=\boldsymbol{J}-\boldsymbol{\delta}^{\mathrm{T}}\boldsymbol{\delta},\ \boldsymbol{H}=(0\quad \boldsymbol{\delta}^{\mathrm{T}}),\\
\boldsymbol{M}=\boldsymbol{M}^{\mathrm{T}}=\boldsymbol{\delta}^{\mathrm{T}}\boldsymbol{C}\boldsymbol{\delta},\ \boldsymbol{B}=(-\boldsymbol{\delta}^{\mathrm{T}}\quad \boldsymbol{C}\boldsymbol{\delta}^{\mathrm{T}})^{\mathrm{T}}\\
\boldsymbol{A}=\begin{pmatrix}0 & \boldsymbol{I}\\ -\boldsymbol{K} & -\boldsymbol{C}\end{pmatrix}
\end{gathered}
\tag{2-58}
$$

2.3.4 拉格朗日系统

由于大多数的力学系统都可以直接用拉格朗日方程描述或间接转化成拉格朗日形式，下面给出拉格朗日系统的动力学模型。对于一个 n 自由度系统的动力学方程，根据分析力学知识，其拉格朗日形式可以写成

$$
\frac{\mathrm{d}}{\mathrm{d}t}\left(\frac{\partial L(\boldsymbol{q},\dot{\boldsymbol{q}})}{\partial \dot{\boldsymbol{q}}}\right)-\frac{\partial L(\boldsymbol{q},\dot{\boldsymbol{q}})}{\partial \boldsymbol{q}}=\boldsymbol{Q}
\tag{2-59}
$$

其中，$\boldsymbol{q}$ 表示系统的广义坐标，$\dot{\boldsymbol{q}}$ 表示系统的广义速度，$\boldsymbol{Q}$ 表示作用于系统的非有势力。$L(\boldsymbol{q},\dot{\boldsymbol{q}})$ 是系统的拉格朗日函数，由下式描述

$$
L(\boldsymbol{q},\dot{\boldsymbol{q}})=T(\boldsymbol{q},\dot{\boldsymbol{q}})-U(\boldsymbol{q})=\frac{1}{2}\dot{\boldsymbol{q}}^{\mathrm{T}}M(\boldsymbol{q})\dot{\boldsymbol{q}}-U(\boldsymbol{q})
\tag{2-60}
$$

其中，T 表示系统动能，U 表示系统势能。

结合式（2－59）和式（2－60），得到如下常用的拉格朗日系统模型

$$
\boldsymbol{M}(\boldsymbol{q})\ddot{\boldsymbol{q}}+\boldsymbol{C}(\boldsymbol{q},\dot{\boldsymbol{q}})+\boldsymbol{E}(\boldsymbol{q})=\boldsymbol{Q}
\tag{2-61}
$$

其中

$$
\boldsymbol{E}(\boldsymbol{q})=\frac{\partial U(\boldsymbol{q})}{\partial \boldsymbol{q}}
\tag{2-62}
$$

性质 2－5　对于所有的广义坐标 $\boldsymbol{q}$，矩阵 $\boldsymbol{M}(\boldsymbol{q})$ 都是正定的。

性质 2－6　矩阵 $\frac{1}{2}\boldsymbol{M}(\boldsymbol{q})-\boldsymbol{C}(\boldsymbol{q},\dot{\boldsymbol{q}})$ 是反对称阵，即 $\forall \boldsymbol{x}\in\mathbf{R}^{n}$，满足

$$
\boldsymbol{x}^{\mathrm{T}}\left(\frac{1}{2}\boldsymbol{M}(\boldsymbol{q})-\boldsymbol{C}(\boldsymbol{q},\dot{\boldsymbol{q}})\right)\boldsymbol{x}=0
\tag{2-63}
$$

性质 2－7　存在常数 m，M，C，$E>0$，使得

$$
\begin{gathered}
m\leqslant\|\boldsymbol{M}(\boldsymbol{q})\|\leqslant M\\
\|\boldsymbol{C}(\boldsymbol{q},\dot{\boldsymbol{q}})\|\leqslant C\\
\|\boldsymbol{E}(\boldsymbol{q})\|\leqslant E
\end{gathered}
\tag{2-64}
$$

第3章　有指向要求的刚体航天器编队姿态协同控制

3.1　引　言

航天器的姿态协同控制问题一般可以分为两类：有指向要求（存在参考姿态信息）和无指向要求（不存在参考姿态信息）的姿态协同控制。本章将研究有指向要求的航天器编队姿态协同控制问题。当编队系统存在指向要求时，控制律是由期望参考姿态和其他成员的姿态状态共同决定的。相比于单星姿态跟踪控制，协同控制能够在实现跟踪期望状态的同时保证编队各成员姿态机动的同步性，同时，协同控制也提高了编队系统的可靠性和行为的整体性。这对三维立体成像及空间干涉测量等对姿态同步要求较高的飞行任务有重要的实际意义。

当控制指向要求为动态信号时，可以采用基于行为方式的姿态协同策略协调绝对运动控制要求和相对运动控制要求。基于行为方式的协同控制一般分为两部分策略，一部分用于完成编队的绝对运动控制，另一部分用于完成编队的相对运动控制。在实际空间飞行中，由于测量偏差和加工偏差，以及复杂空间环境的影响，航天器的模型参数存在不确定性，并会受到外界干扰力矩的影响，采用滑模控制方式能够提高系统的鲁棒性。随着飞行任务对航天器机动响应快速性要求的不断提高，有限时间控制方法提供了一条有效的实现途径。有限时间控制方法具备传统滑模控制较强的鲁棒性和较高的控制精度，并能够保证系统状态在有限的时间收敛到期望状态。另外，编队飞行航天器的通信链路存在一定延迟，且由于空间电磁环境的复杂性，通信拓扑很难保持不变，会对航天器编队系统性能产生影响，这可以在协同控制中通过引入合适的反馈变量加以解决。

3.2　一般姿态协同控制方法

3.2.1　问题描述与控制目标

考虑由 n 个刚体航天器构成的编队系统，如果期望参考姿态 $(\boldsymbol{\omega}_d(t),\boldsymbol{\sigma}_d(t))$ 随时间而变化，那么编队系统的协同控制目标为跟踪期望参考姿态的同时实现编队中各航天器间的姿态同步。可以采用基于行为方式的协同控制策略解决这个问题。当采用修正罗德里格参数描述航天器的姿态运动时，编队中第 i 个航天器的姿态运动学与动力学方程可由下式给出

$$\dot{\boldsymbol{\sigma}}_{ei} = \boldsymbol{G}(\boldsymbol{\sigma}_{ei}) \cdot \boldsymbol{\omega}_{ei} \tag{3-1}$$

$$\boldsymbol{J}_i \dot{\boldsymbol{\omega}}_{ei} = -\boldsymbol{\omega}_i^{\times} \boldsymbol{J}_i \boldsymbol{\omega}_i + \boldsymbol{u}_i - \boldsymbol{J}_i [\boldsymbol{C}(\boldsymbol{\sigma}_{ei}) \dot{\boldsymbol{\omega}}_d - \boldsymbol{\omega}_{ei}^{\times} \boldsymbol{C}(\boldsymbol{\sigma}_{ei}) \boldsymbol{\omega}_d] \tag{3-2}$$

其中，$i = 1,2,\cdots,n$ 。考虑到航天器在轨运行过程中，由于燃料的消耗、测量误差以及星上活动部件等因素，航天器的转动惯量无法精确测量得到，且由于外太空环境的复杂性，航天器还会受到如气动力矩、太阳光压力矩、剩磁力矩和重力梯度力矩等干扰力矩的影响。考虑模型参数不确定性的因素，航天器的转动惯量可以表示为

$$\boldsymbol{J}_i = \boldsymbol{J}_{0i} + \Delta \boldsymbol{J}_i$$

其中，$\boldsymbol{J}_i$ 为航天器的实际转动惯量，$\boldsymbol{J}_{0i}$ 为航天器的标称转动惯量，$\Delta \boldsymbol{J}_i$ 为误差转动惯量。航天器所受的外干扰力矩可以表示为 $\boldsymbol{d}_i$，这时，系统的动力学模型可以写成

$$\boldsymbol{J}_i \dot{\boldsymbol{\omega}}_{ei} = -\boldsymbol{\omega}_i^{\times} \boldsymbol{J}_i \boldsymbol{\omega}_i + \boldsymbol{u}_i + \boldsymbol{d}_i - \boldsymbol{J}_i [\boldsymbol{C}(\boldsymbol{\sigma}_{ei}) \dot{\boldsymbol{\omega}}_d - \boldsymbol{\omega}_{ei}^{\times} \boldsymbol{C}(\boldsymbol{\sigma}_{ei}) \boldsymbol{\omega}_d] \tag{3-3}$$

为方便问题的分析，假设误差转动惯量和干扰力矩都是有界的，满足 $\Delta \boldsymbol{J}_i \leqslant \Delta \bar{\boldsymbol{J}}_i$ 和 $\boldsymbol{d}_i \leqslant \boldsymbol{v}_i$ 。那么编队飞行航天器的鲁棒姿态协同控制问题可以表述为：当存在模型不确定性及外干扰力矩时，为编队中的每个航天器设计合适的协同控制律 $\boldsymbol{u}_i$ ，使得编队中航天器的姿态能够渐近地收敛于期望姿态 $(\boldsymbol{\omega}_d(t),\boldsymbol{\sigma}_d(t))$ 并保持一定的相对姿态控制精度，即当 $t \to \infty$ 时，$\{\boldsymbol{\sigma}_1 \to \boldsymbol{\sigma}_2 \to \cdots \to \boldsymbol{\sigma}_n \to \boldsymbol{\sigma}_d,\boldsymbol{\omega}_1 \to \boldsymbol{\omega}_2 \to \cdots \to \boldsymbol{\omega}_n \to \boldsymbol{\omega}_d\}$ 。

3.2.2　滑模变结构协同控制器

为了解决上述姿态协同控制问题，提出协同控制器如式（3－1）所示：

$$\boldsymbol{u}_i = -\Theta_i - \boldsymbol{\lambda}_i \mathrm{sgn}(\boldsymbol{s}_i) - \sum_{j=1}^{n} p_{ij}(\boldsymbol{\omega}_{ij} + \boldsymbol{c}\,\hat{\boldsymbol{\sigma}}_{ij}),\ i,j = 1,2,\cdots,n \quad (3-4)$$

其中，$\boldsymbol{s}_i$ 为切换平面，表达式为 $\boldsymbol{s}_i = \boldsymbol{\omega}_{ei} + \boldsymbol{c}\,\boldsymbol{\sigma}_{ei}$，$c > 0$ 为常值；$\boldsymbol{\sigma}_{ei}$ 为第 i 个航天器的误差姿态；$\boldsymbol{\omega}_{ei}$ 为第 i 个航天器的误差角速度；$\hat{\boldsymbol{\sigma}}_{ij}$ 为星间姿态，定义为 $\hat{\boldsymbol{\sigma}}_{ij} = \boldsymbol{\sigma}_{ei} - C(\boldsymbol{\sigma}_{ij})\boldsymbol{\sigma}_{ej}$；$\boldsymbol{\omega}_{ij}$ 为第 i 个与第 j 个航天器的相对角速度；$p_{ij} > 0$ 为权重系数；假设编队系统中的通信流图是连通且无向的，权重系数 p_{ij} 满足 $p_{ij} = p_{ji}$，那么每两个航天器间都有一条通信链路，即如果 i 航天器能够得到 j 航天器的姿态信息，那么 j 航天器也能得到 i 航天器的姿态信息；sgn(*) 为符号函数；

$$\Theta_i = -\boldsymbol{\omega}_{ei}^{\times}\boldsymbol{J}_{0i}\,\boldsymbol{\omega}_{ei} + \boldsymbol{J}_{0i}[\boldsymbol{\omega}_{ei}^{\times}\boldsymbol{C}(\boldsymbol{\sigma}_{ei})\,\boldsymbol{\omega}_d - \boldsymbol{C}(\boldsymbol{\sigma}_{ei})\,\dot{\boldsymbol{\omega}}_d] + c\,\boldsymbol{J}_{0i}\boldsymbol{G}(\boldsymbol{\sigma}_{ei})\,\boldsymbol{\omega}_{ei} \quad (3-5)$$

$\boldsymbol{\lambda}_i$ 满足

$$\boldsymbol{\lambda}_i \geqslant |\Delta\Theta_i(\boldsymbol{\sigma}_{ei}, \boldsymbol{\omega}_{ei}, \dot{\boldsymbol{\omega}}_d)| + \boldsymbol{v}_i,\ i = 1,2,\cdots,n \quad (3-6)$$

其中，$\boldsymbol{v}_i$ 满足 $(\boldsymbol{v}_i)_k \geqslant (\boldsymbol{d}_i)_k$，$k = 1,2,3$；

$$\Delta\Theta_i = -\boldsymbol{\omega}_{ei}^{\times}\Delta\boldsymbol{J}_i\,\boldsymbol{\omega}_{ei} + \Delta\boldsymbol{J}_i[\boldsymbol{\omega}_{ei}^{\times}\mathbf{R}(\boldsymbol{\sigma}_{ei})\,\boldsymbol{\omega}_d - \mathbf{R}(\boldsymbol{\sigma}_{ei})\,\dot{\boldsymbol{\omega}}_d] + c\Delta\boldsymbol{J}_i\boldsymbol{G}(\boldsymbol{\sigma}_{ei})\,\boldsymbol{\omega}_{ei} \quad (3-7)$$

定理 3－1 对于式（3－1）和式（3－3）描述的系统，式（3－4）可以使编队航天器协同至期望状态，即 $t \to \infty$ 时，$\{\boldsymbol{\sigma}_1 \to \boldsymbol{\sigma}_2 \to \cdots \to \boldsymbol{\sigma}_n \to \boldsymbol{\sigma}_d,\ \boldsymbol{\omega}_1 \to \boldsymbol{\omega}_2 \to \cdots \to \boldsymbol{\omega}_n \to \boldsymbol{\omega}_d\}$。

证明 分析过程可以分为两个步骤：第一步，系统状态在有限时间内收敛到滑模平面 $\boldsymbol{s} = 0$；第二步，在 $\boldsymbol{s} = 0$ 的情况下，系统状态渐近地收敛到平衡位置。

选择 Lyapunov 函数如下

$$V = \sum_{i=1}^{n} V_i \quad (3-8)$$

其中

$$V_i = \frac{1}{2}\boldsymbol{s}_i^{\mathrm{T}}\boldsymbol{J}_i\,\boldsymbol{s}_i \quad (3-9)$$

计算 V_i 相对时间的一阶导数有

$$\begin{aligned}\dot{V}_i &= \boldsymbol{s}_i^{\mathrm{T}}\boldsymbol{J}_i\,\dot{\boldsymbol{s}}_i \\ &= \boldsymbol{s}_i^{\mathrm{T}}(\boldsymbol{J}_i\,\dot{\boldsymbol{\omega}}_{ei} + c\,\boldsymbol{J}_i\,\dot{\boldsymbol{\sigma}}_{ei}) \\ &= \boldsymbol{s}_i^{\mathrm{T}}\{-\boldsymbol{\omega}_{ei}^{\times}\boldsymbol{J}_i\,\boldsymbol{\omega}_{ei} + \boldsymbol{J}_i[\boldsymbol{\omega}_{ei}^{\times}\boldsymbol{C}(\boldsymbol{\sigma}_{ei})\,\boldsymbol{\omega}_d - \boldsymbol{C}(\boldsymbol{\sigma}_{ei})\,\dot{\boldsymbol{\omega}}_d] + \boldsymbol{u}_i + \boldsymbol{d}_i + c\,\boldsymbol{J}_i\,\dot{\boldsymbol{\sigma}}_{ei}\}\end{aligned} \quad (3-10)$$

将式（3－4）代入式（3－10）可得

$$
\begin{aligned}
\dot{V}_i &= \boldsymbol{s}_i^{\mathrm{T}}[\Delta\Theta_i + \boldsymbol{d}_i - \boldsymbol{\lambda}_i \mathrm{sgn}(\boldsymbol{s}_i) - \sum_{j\neq i}^{n} p_{ij}(\boldsymbol{\omega}_{ij} + c\hat{\boldsymbol{\sigma}}_{ij})] \\
&\leqslant -\sum_{k=1}^{3}[(\boldsymbol{\lambda}_i)_k - (\boldsymbol{d}_i)_k - (\Delta\Theta_i)_k]\,|(\boldsymbol{s}_i)_k| - \boldsymbol{s}_i^{\mathrm{T}}\sum_{j\neq i}^{n} p_{ij}(\boldsymbol{\omega}_{ij} + c\hat{\boldsymbol{\sigma}}_{ij}) \\
&\leqslant -\underline{\varepsilon}_i \|\boldsymbol{s}_i\| - \boldsymbol{s}_i^{\mathrm{T}}\sum_{j\neq i}^{n} p_{ij}(\boldsymbol{\omega}_{ij} + c\hat{\boldsymbol{\sigma}}_{ij}) \\
&\leqslant -\underline{\varepsilon}_i\sqrt{2/\alpha_{\max}(\boldsymbol{J}_i)}\,V_i^{\frac{1}{2}} - \boldsymbol{s}_i^{\mathrm{T}}\sum_{j\neq i}^{n} p_{ij}(\boldsymbol{\omega}_{ij} + c\hat{\boldsymbol{\sigma}}_{ij})
\end{aligned}
\tag{3-11}
$$

其中，$\underline{\varepsilon}_i = \sum_{k=1}^{3}[(\boldsymbol{\lambda}_i)_k - (\boldsymbol{d}_i)_k - (\Delta\Theta_i)_k]$。由于式（3－11）中 $\boldsymbol{s}_i^{\mathrm{T}}\sum_{j\neq i}^{n} p_{ij}(\boldsymbol{\omega}_{ij} + c\hat{\boldsymbol{\sigma}}_{ij})$ 项的符号无法判断，因此根据式（3－11）不能得到有关稳定性的具体结论。进一步考虑编队中任意两个航天器 m 和 n，有下式成立

$$
\begin{aligned}
&\sum_{\substack{i=m,n\\ j=m,n}}[-\boldsymbol{s}_i^{\mathrm{T}} p_{ij}(\boldsymbol{\omega}_{ij} + c\hat{\boldsymbol{\sigma}}_{ij}) - \boldsymbol{s}_j^{\mathrm{T}} p_{ji}(\boldsymbol{\omega}_{ji} + c\hat{\boldsymbol{\sigma}}_{ji})] \\
&= -p_{ij}[\boldsymbol{s}_i^{\mathrm{T}}(\boldsymbol{\omega}_{ij} + c\hat{\boldsymbol{\sigma}}_{ij}) + \boldsymbol{s}_j^{\mathrm{T}}(\boldsymbol{\omega}_{ji} + c\hat{\boldsymbol{\sigma}}_{ji})]
\end{aligned}
\tag{3-12}
$$

根据星间姿态 $\hat{\boldsymbol{\sigma}}_{ij}$ 和 $\boldsymbol{\omega}_{ij}$ 的定义及其之间的关系，有

$$
\begin{aligned}
\boldsymbol{\omega}_{ij} &= -\boldsymbol{C}(\boldsymbol{\sigma}_{ij})\boldsymbol{\omega}_{ji} \\
\boldsymbol{\omega}_{ij} &= \boldsymbol{\omega}_i - \boldsymbol{C}(\boldsymbol{\sigma}_{ij})\boldsymbol{\omega}_j = \boldsymbol{\omega}_{ei} - \boldsymbol{C}(\boldsymbol{\sigma}_{ij})\boldsymbol{\omega}_{ej} \\
\hat{\boldsymbol{\sigma}}_{ij} &= -\boldsymbol{C}(\boldsymbol{\sigma}_{ij})\hat{\boldsymbol{\sigma}}_{ji} \\
\hat{\boldsymbol{\sigma}}_{ij} &= \boldsymbol{\sigma}_{ei} - \boldsymbol{C}(\boldsymbol{\sigma}_{ij})\boldsymbol{\sigma}_{ej}
\end{aligned}
\tag{3-13}
$$

式（3－12）可以进一步推导为

$$
\begin{aligned}
&\sum_{\substack{i=m,n\\ j=m,n}}[-\boldsymbol{s}_i^{\mathrm{T}} p_{ij}(\boldsymbol{\omega}_{ij} + c\hat{\boldsymbol{\sigma}}_{ij}) - \boldsymbol{s}_j^{\mathrm{T}} p_{ji}(\boldsymbol{\omega}_{ji} + c\hat{\boldsymbol{\sigma}}_{ji})] \\
&= -p_{ij}[\boldsymbol{s}_i^{\mathrm{T}}(\boldsymbol{\omega}_{ij} + c\hat{\boldsymbol{\sigma}}_{ij}) + \boldsymbol{s}_j^{\mathrm{T}}(\boldsymbol{\omega}_{ji} + c\hat{\boldsymbol{\sigma}}_{ji})] \\
&= -p_{ij}[\boldsymbol{s}_i^{\mathrm{T}}(\boldsymbol{\omega}_{ij} + c\hat{\boldsymbol{\sigma}}_{ij}) - \boldsymbol{s}_j^{\mathrm{T}}\boldsymbol{C}(\boldsymbol{\sigma}_{ji})(\boldsymbol{\omega}_{ij} + c\hat{\boldsymbol{\sigma}}_{ij})] \\
&= -p_{ij}[\boldsymbol{s}_i^{\mathrm{T}} - \boldsymbol{s}_j^{\mathrm{T}}\boldsymbol{C}(\boldsymbol{\sigma}_{ji})](\boldsymbol{\omega}_{ij} + c\hat{\boldsymbol{\sigma}}_{ij}) \\
&= -p_{ij}\boldsymbol{s}_{ij}^2
\end{aligned}
\tag{3-14}
$$

结合式（3－11）可以得出

$$\begin{aligned}\dot{V} &= \sum_{i=1}^{n}\dot{V}_i\\ &= \sum_{i=1}^{n}\left[-\underline{\varepsilon}_i\sqrt{2/\alpha_{\max}(\boldsymbol{J}_i)}V_i^{\frac{1}{2}} - \boldsymbol{s}_i^{\mathrm{T}}\sum_{n}p_{ij}(\boldsymbol{\omega}_{ij} + c\hat{\boldsymbol{\sigma}}_{ij})\right]\\ &= -\sum_{i=1}^{n}\left[\underline{\varepsilon}_i\sqrt{2/\alpha_{\max}(\boldsymbol{J}_i)}V_i^{\frac{1}{2}}\right] - \sum_{i=1}^{n}\sum_{j=i+1}^{n}p_{ij}\,\boldsymbol{s}_{ij}^2\\ &\leqslant -\sum_{i=1}^{n}\left[\underline{\varepsilon}_i\sqrt{2/\alpha_{\max}(\boldsymbol{J}_i)}V_i^{\frac{1}{2}}\right]\\ &\leqslant -\tilde{\varepsilon}V^{\frac{1}{2}}\end{aligned} \tag{3-15}$$

其中，$\tilde{\varepsilon} = \min\{\underline{\varepsilon}_i\sqrt{2/\alpha_{\max}(\boldsymbol{J}_i)}\}$。

由式（3－15）可知

$$\frac{\mathrm{d}V}{\tilde{\varepsilon}V^{\frac{1}{2}}} = -\mathrm{d}t \tag{3-16}$$

仅考虑实数解，对式（3－16）两端同时积分，得

$$\begin{aligned}\int_{V(0)}^{0}\frac{\mathrm{d}V}{\tilde{\varepsilon}V^{\frac{1}{2}}} &= -\int_{0}^{T}\mathrm{d}t\\ T &= \frac{2}{\tilde{\varepsilon}}V(0)^{\frac{1}{2}}\end{aligned} \tag{3-17}$$

因此可知，在仅考虑实数解的情况下，$V=0$，即 $\boldsymbol{s}=0$ 能够在有限时间内达到，并且对于时间 $t \geqslant T$，仍然有 $\boldsymbol{s}=0$ 成立。

当系统状态到达滑模平面 $\boldsymbol{s}=0$ 后，有 $\boldsymbol{\omega}_{ei} = -c\boldsymbol{\sigma}_{ei}$ 成立，选取如下 Lyapunov 函数

$$\bar{V} = 2\ln(1 + \boldsymbol{\sigma}_{ei}^{\mathrm{T}}\boldsymbol{\sigma}_{ei}) \tag{3-18}$$

计算其对时间的一阶导数得

$$\begin{aligned}\dot{\bar{V}} &= \frac{4\boldsymbol{\sigma}_{ei}^{\mathrm{T}}\dot{\boldsymbol{\sigma}}_{ei}}{1 + \boldsymbol{\sigma}_{ei}^{\mathrm{T}}\boldsymbol{\sigma}_{ei}}\\ &= \frac{4\boldsymbol{\sigma}_{ei}^{\mathrm{T}}\boldsymbol{G}(\boldsymbol{\sigma}_{ei})\boldsymbol{\omega}_{ei}}{1 + \boldsymbol{\sigma}_{ei}^{\mathrm{T}}\boldsymbol{\sigma}_{ei}}\\ &= \boldsymbol{\sigma}_{ei}^{\mathrm{T}}\boldsymbol{\omega}_{ei}\\ &= -c\boldsymbol{\sigma}_{ei}^{\mathrm{T}}\boldsymbol{\sigma}_{ei}\end{aligned} \tag{3-19}$$

可以看出，当且仅当 $\boldsymbol{\sigma}_{ei}=0$ 时，$\dot{\bar{V}}=0$ 成立。由定理 2－3 可知，$\boldsymbol{\sigma}_{ei}$ 与 $\boldsymbol{\omega}_{ei}$ 渐近收敛至平衡点，即 $\{\boldsymbol{\sigma}_1 \to \boldsymbol{\sigma}_2 \to \cdots \to \boldsymbol{\sigma}_n \to \boldsymbol{\sigma}_d, \boldsymbol{\omega}_1 \to \boldsymbol{\omega}_2 \to \cdots \to \boldsymbol{\omega}_n \to \boldsymbol{\omega}_d\}$。

注3-1　式（3-4）是基于行为方式协同控制策略设计的，具有十分清晰的结构，如式（3-20）所示

$$\boldsymbol{u}_i = \underbrace{\underbrace{-\Theta_i}_{\text{跟踪控制项}}\ \underbrace{-\boldsymbol{\lambda}_i\mathrm{sgn}(\boldsymbol{s}_i)}_{\text{干扰抑制项}}}_{\text{绝对运动控制项}}\ \underbrace{-\sum_{j=1}^{n}p_{ij}(\boldsymbol{\omega}_{ij}+c\,\hat{\boldsymbol{\sigma}}_{ij})}_{\text{相对运动控制项}},\ i=1,2,\cdots,n \tag{3-20}$$

可以看出，控制器由两项组成：绝对运动控制项和相对运动控制项。绝对运动控制项的作用是使航天器姿态收敛于期望姿态，而相对运动控制项的作用是保持编队各航天器间相对姿态。绝对运动控制项由跟踪控制项和干扰抑制项构成，物理意义同样清晰，保证了航天器在姿态协同控制过程中具有较强的鲁棒性，从而降低外干扰力矩和模型参数不确定性带来的影响。

注3-2　根据修正罗德里格参数的定义可知，采用修正罗德里格参数表达姿态运动时存在冗余，也即双平衡点问题，即 $\boldsymbol{\sigma}_{ei}\in(-1,+1)$ 与 $\boldsymbol{\sigma}_{ei}\in[(-\infty,-1)\cup(+1,+\infty)]$ 所代表的姿态相同。并且当 $\boldsymbol{\sigma}_{ei}\in[(-\infty,-1)\cup(+1,+\infty)]$ 时，航天器需要转过更大的角度才能实现姿态跟踪 $\boldsymbol{\sigma}_{ei}=(0,0,0)$。针对这个问题，在实际情况中可以通过将相应的误差姿态 $\boldsymbol{\sigma}_{ei}\in[(-\infty,-1)\cup(+1,+\infty)]$ 映射至 $\boldsymbol{\sigma}_{ei}\in(-1,+1)$ 进行解决：首先计算 $\boldsymbol{\sigma}_{ei}^{\mathrm{T}}\boldsymbol{\sigma}_{ei}$，如果 $\boldsymbol{\sigma}_{ei}^{\mathrm{T}}\boldsymbol{\sigma}_{ei}>1$ 则进行下一步计算；通过 $\boldsymbol{\sigma}_{ei}$ 反求欧拉轴矢量 $\boldsymbol{e}$ 及欧拉转角 θ；然后计算 $-\boldsymbol{e}$ 及 $(2\pi-\theta)$；最后计算新的误差姿态 $\hat{\boldsymbol{\sigma}}_{ei}$ 并将其作为控制变量。

注3-3　式（3-4）中的符号函数会在系统状态到达平衡点附近时使控制信号出现"抖颤"现象。为解决这个问题，符号函数项在实际应用中可用如下饱和函数或双曲正切函数替代

$$\mathrm{sgn}((\boldsymbol{s})_i)\rightarrow\mathrm{sat}((\boldsymbol{s})_i)=\begin{cases}1, & (\boldsymbol{s})_i>\mu\\ (\boldsymbol{s})_i, & |(\boldsymbol{s})_i|\leqslant\mu\\ -1, & (\boldsymbol{s})_i<-\mu\end{cases} \tag{3-21}$$

$$\mathrm{sgn}((\boldsymbol{s})_i)\rightarrow\tanh\left(\frac{(\boldsymbol{s})_i}{\mu}\right) \tag{3-22}$$

其中，$\mu>0$ 表示边界层厚度。

3.3 有限时间姿态协同控制方法

上述控制方法能够在外干扰力矩和参数不确定性存在的情况下实现姿态协同，但随着飞行任务对航天器快速机动、快速稳定的要求越来越高，对编队控制系统性能的提升要求也越来越高。而有限时间控制方法由于其快速响应、强鲁棒性和高控制精度等性质在近年来不断发展，并在机器人、机械臂等控制领域被广泛地研究与应用。因此，采用有限时间控制方法设计姿态协同控制器可以有效提高系统的响应速度，进而提升航天器的姿态机动能力。

3.3.1 问题描述与控制目标

仍然考虑上节中的航天器编队系统，系统模型由式（3-1）和式（3-3）描述。考虑模型参数不确定性及外干扰力矩有界的情况，编队飞行航天器的有限时间姿态协同控制问题可以表述为：为编队中的每个航天器设计合适的协同控制律 $\boldsymbol{u}_i$ ，使得编队航天器的姿态在有限时间内收敛于动态的期望姿态（$\boldsymbol{\omega}_d(t),\boldsymbol{\sigma}_d(t)$）并保持一定的相对姿态控制精度。

3.3.2 快速滑模平面及收敛分析

在3.2节的控制器设计中用到滑模平面

$$\boldsymbol{s}_i = \boldsymbol{\omega}_{ei} + c\,\boldsymbol{\sigma}_{ei},\ i = 1,2,\cdots,n$$

这是传统的线性滑模平面，其一般形式可以写成

$$s = \dot{x} + mx \tag{3-23}$$

其中，s 为滑模平面，x 为系统状态，$m>0$ 是一个常数。为了实现系统状态平衡点在有限时间到达，终端滑模控制方法已经在单刚体系统中被广泛地研究与应用，终端滑模的一般形式为

$$s = \dot{x} + nx^{\frac{p}{q}} \tag{3-24}$$

其中，$n>0$ 是一个常数，p 和 q 均为正的常数，且满足 $0.5 < \dfrac{p}{q} < 1$ ，表示系统状态的分数幂项。终端滑模的提出为滑模控制带来了根本性的变革，当系统状态到达终端滑模平面上时，能够在有限的时间内收敛到平衡点。

为了提高系统状态在滑模平面上的收敛速度，实现编队飞行航天器的快速姿态协同控制，下面介绍一种快速滑模平面，并对其进行深入研究，其形式如下所示

$$s = \dot{x} + mx + nx^{\frac{p}{q}} \tag{3-25}$$

式（3－25）可以看作是传统线性滑模与终端滑模的结合，它同时具备线性滑模与终端滑模的优点，且具有更好的性能，下面对其进行说明。

当系统状态 x 分别到达式（3－23）、式（3－24）和式（3－25）描述的滑模上时，有

$$\dot{x} = -mx \tag{3-26}$$

$$\dot{x} = -nx^{\frac{p}{q}} \tag{3-27}$$

$$\dot{x} = -mx - nx^{\frac{p}{q}} \tag{3-28}$$

可以看出，当系统状态 x 离平衡点较远时，由于 $0.5 < \frac{p}{q} < 1$，快速滑模的线性部分 $-mx$ 起到主要作用，此时快速滑模具有和线性滑模相似的结构，满足指数收敛条件，使得系统状态能够快速接近平衡点；当系统状态 x 到达平衡点附近时，由于 $x<1$，快速滑模的分数幂项 $-nx^{\frac{p}{q}}$ 的作用远大于线性部分，此时快速滑模的结构与传统的终端滑模相似，可以保证系统状态的有限时间收敛。因此，快速滑模具有使系统状态在全局范围内快速收敛的能力。

定理 3－2　当系统状态分别到达式（3－23）、式（3－24）和式（3－25）所示的滑模平面上时，快速滑模平面的收敛速度优于线性滑模平面和终端滑模平面，即 $T_f < T_t$ 且 $T_f < T_l$，其中，T_f, T_t, T_l 分别表示系统状态在快速滑模、终端滑模和线性滑模平面上的收敛时间。

证明　证明过程分两步：第一步证明 $T_f < T_t$；第二步证明 $T_f < T_l$。

第一步　当系统状态分别到达快速滑模与终端滑模平面上时，下式成立

$$\frac{\mathrm{d}x}{nx^{\frac{p}{q}}} = -\mathrm{d}t \tag{3-29}$$

$$\frac{\mathrm{d}x}{mx + nx^{\frac{p}{q}}} = -\mathrm{d}t \tag{3-30}$$

仅考虑实数解，对上式两端同时进行积分

$$\int_{x(0)}^{0} \frac{\mathrm{d}x}{nx^{\frac{p}{q}}} = -\int_{0}^{T_t} \mathrm{d}t$$
$$T_t = \frac{q}{n(q-p)} |x(0)|^{\frac{q-p}{q}} \tag{3-31}$$

及

$$\int_{x(0)}^{0} \frac{\mathrm{d}x}{mx + nx^{\frac{p}{q}}} = -\int_{0}^{T_f} \mathrm{d}t$$
$$T_f = \frac{q}{m(q-p)} \ln\left(\frac{m|x(0)|^{\frac{q-p}{q}} + n}{n}\right) \tag{3-32}$$

其中，$x(0)$ 为系统状态的初始值。比较式（3-31）和式（3-32）很难判断 T_t 与 T_f 的大小，因此，分别计算 T_t 和 T_f 相对于初始状态 $x(0)$ 的导数，有

$$\frac{\mathrm{d}T_t}{\mathrm{d}|x(0)|} = \frac{1}{n} |x(0)|^{-\frac{p}{q}} \tag{3-33}$$

$$\frac{\mathrm{d}T_f}{\mathrm{d}|x(0)|} = \frac{|x(0)|^{-\frac{p}{q}}}{m|x(0)|^{\frac{q-p}{q}} + n} \tag{3-34}$$

因此可以推导出

$$\begin{aligned}\frac{\mathrm{d}T_f}{\mathrm{d}|x(0)|} &= \frac{|x(0)|^{-\frac{p}{q}}}{m|x(0)|^{\frac{q-p}{q}} + n} \\ &< \frac{1}{n}|x(0)|^{-\frac{p}{q}} \\ &= \frac{\mathrm{d}T_t}{\mathrm{d}|x(0)|}\end{aligned} \tag{3-35}$$

由此可见，对于任意初值 $x(0) \neq 0$，$T_f < T_t$ 成立。

第二步 考察线性滑模平面可知，线性滑模平面上的系统状态将会渐近地收敛于平衡点，即当 $t \to \infty$ 时，$x = 0$，因此这里不能采用第一步中的方法对其收敛时间进行分析。但是由于线性滑模平面满足指数收敛条件，因此系统状态会在有限的时间内收敛于平衡点附近的一个小邻域内。假设这个邻域表示为 $\mathrm{N} = \{x: |x| \leqslant \mu\}$，对式（3-26）两端同时进行积分，有

$$\begin{aligned}&\frac{\mathrm{d}x}{mx}=\mathrm{d}t\\&\int_{x(0)}^{\mu}\frac{\mathrm{d}x}{mx}=\int_{0}^{T_l}\mathrm{d}t\\&T_l=\frac{1}{m}\ln\left(\frac{|x(0)|}{\mu}\right)\end{aligned}\tag{3-36}$$

同理，对式（3－28）两端同时积分，有

$$\begin{aligned}&\int_{x(0)}^{\mu}\frac{\mathrm{d}x}{mx+nx^{\frac{p}{q}}}=-\int_{0}^{T_f}\mathrm{d}t\\&T_f=\frac{q}{m(q-p)}\ln\left(\frac{m|x(0)|^{\frac{q-p}{q}}+n}{m|\mu|^{\frac{q-p}{q}}+n}\right)\end{aligned}\tag{3-37}$$

由于初始条件满足 $|x(0)|>\mu>0$ 且有 $\frac{1}{2}<\frac{p}{q}<1$，因此 $|x(0)|^{\frac{p-q}{q}}>\mu^{\frac{p-q}{q}}$ 成立，有

$$1<\frac{m|x(0)|^{\frac{p-q}{q}}+n}{m\mu^{\frac{p-q}{q}}+n}<\frac{m|x(0)|^{\frac{p-q}{q}}}{m\mu^{\frac{p-q}{q}}}=\left(\frac{|x(0)|}{\mu}\right)^{\frac{p-q}{q}}\tag{3-38}$$

结合式（3－36）和式（3－37），可以推导出

$$\begin{aligned}T_f&=\frac{q}{m(q-p)}\ln\left(\frac{m|x(0)|^{\frac{p-q}{q}}+n}{m\mu^{\frac{p-q}{q}}+n}\right)\\&<\frac{q}{m(q-p)}\ln\left(\frac{|x(0)|}{\mu}\right)^{\frac{p-q}{q}}\\&=\frac{1}{m}\ln\left(\frac{|x(0)|}{\mu}\right)=T_l\end{aligned}\tag{3-39}$$

因此，$T_f<T_l$ 成立。

为使上述计算分析结果更加直观，分别对收敛时间作差，并给出 T_t-T_f 和 T_l-T_f 两组数值仿真算例，如图3－1和图3－2所示。图3－1中的曲线表示在邻域的大小分别为 $\mu=10^{-1},10^{-3},10^{-5},10^{-7}$ 的情况下，收敛时间的差 T_t-T_f 随系统状态初始值变化的曲线。图3－2表示在不同邻域大小的情况下，收敛时间的差 T_l-T_f 随系统状态初始值变化的曲线。从图3－1可以看出，随着系统初值的增大，终端滑模的收敛时间与快速滑模的收敛时间差值增大，但在相同初值的条件下，邻域 μ 的大小对收敛时间差 T_t-T_f 的影响很小。这是因为当系统初值远离平衡点时，快速滑模中由于线性部分的存在而使得系统状态能够更快速地收敛到平衡点附近，而当系统初值靠近平衡点时，快速滑模中分数幂项起主要作用，使得快速滑模具有和终端滑模类似的

结构。从图 3-2 可以看出，在给定邻域大小时，线性滑模和快速滑模的收敛时间的差 $T_l - T_f$ 随着系统状态初值增大的变化很小。相反地，在同一系统初值条件下，邻域的大小对时间差 $T_l - T_f$ 的影响很大，这是因为当系统状态远离平衡点时，快速滑模中线性部分起主导作用，因此具有和线性滑模相似的结构。但当系统状态靠近平衡点时，线性滑模的收敛速度下降，而快速滑模中的分数幂项可以使得系统状态在有限时间内到达平衡点。

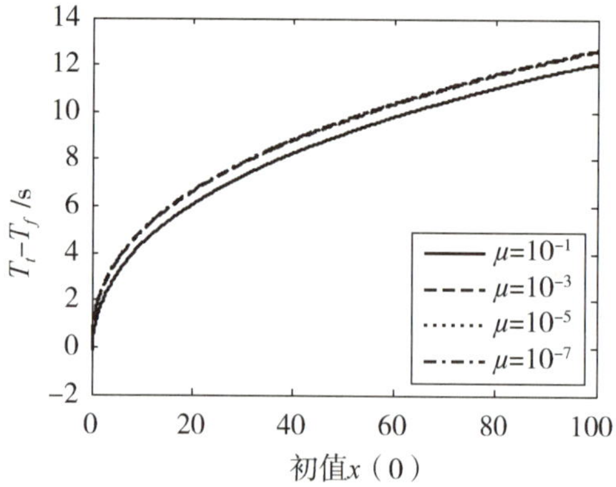

图 3-1 $T_l - T_f$ 随初值变化曲线

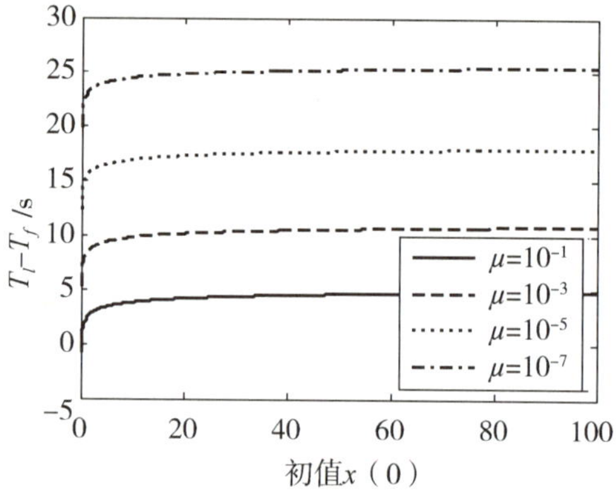

图 3-2 $T_l - T_f$ 随初值变化曲线

3.3.3 有限时间协同控制器设计

为了解决编队飞行航天器的有限时间姿态协同问题，基于快速滑模平面式（3-25），首先设计滑模平面如下

$$\boldsymbol{s}_i = \dot{\boldsymbol{\sigma}}_{ei} + c_1 \boldsymbol{\sigma}_{ei} + c_2 \boldsymbol{\Gamma}(\boldsymbol{\sigma}_{ei})^{\alpha} \tag{3-40}$$

其中，$\boldsymbol{\sigma}_{ei}$ 为第 i 个航天器的误差姿态；c_1，c_2 为正常数；对于任意一个向量 $\boldsymbol{\Lambda}$ 有 $\boldsymbol{\Gamma}(\boldsymbol{\Lambda})^{\alpha} = [\mathrm{sgn}(\boldsymbol{\Lambda})_1 \, |(\boldsymbol{\Lambda})_1|^{\alpha}, \cdots, \mathrm{sgn}(\boldsymbol{\Lambda})_m \, |(\boldsymbol{\Lambda})_m|^{\alpha}]^{\mathrm{T}}$；$\alpha$ 为正常数，满足 $0.5 < \alpha < 1$。

定理 3-3 当系统状态 $\boldsymbol{\sigma}_{ei}$，$\dot{\boldsymbol{\sigma}}_{ei}$ 到达滑模平面上，即满足 $\boldsymbol{s}_i \equiv 0$ 时，$\{\boldsymbol{\sigma}_{ei} \equiv 0, \boldsymbol{\omega}_{ei} \equiv 0\}$ 可以在有限时间内到达。

证明 当系统状态到达滑模平面式（3-40）上时，有

$$\dot{\boldsymbol{\sigma}}_{ei} = -c_1 \boldsymbol{\sigma}_{ei} - c_2 \boldsymbol{\Gamma}(\boldsymbol{\sigma}_{ei})^{\alpha} \tag{3-41}$$

考虑标量函数

$$V_i = \frac{1}{2} \boldsymbol{\sigma}_{ei}^{\mathrm{T}} \boldsymbol{\sigma}_{ei} \tag{3-42}$$

计算其相对时间的一阶导数

$$
\begin{aligned}
\dot{V}_i &= \boldsymbol{\sigma}_{ei}^{\mathrm{T}} \dot{\boldsymbol{\sigma}}_{ei} \\
&= -c_1 \boldsymbol{\sigma}_{ei}^{\mathrm{T}} \boldsymbol{\sigma}_{ei} - c_2 \sum_{k=1}^{3} |(\boldsymbol{\sigma}_{ei})_k|^{1+\alpha} \\
&\leqslant -c_1 \boldsymbol{\sigma}_{ei}^{\mathrm{T}} \boldsymbol{\sigma}_{ei} - 2c_1 \widehat{V}_i - c_2 \|\boldsymbol{\sigma}_{ei}\|^{1+\alpha} \\
&\leqslant -2c_1 V_i - 2^{\frac{\alpha+1}{2}} c_2 V_i^{\frac{\alpha+1}{2}}
\end{aligned}
\tag{3-43}
$$

对式（3－43）两端同时积分，有

$$
\begin{aligned}
&\frac{\mathrm{d}V_i}{\mathrm{d}t} \leqslant -2c_1 V_i - 2^{\frac{\alpha+1}{2}} c_2 V_i^{\frac{\alpha+1}{2}} \\
&\frac{\mathrm{d}V_i}{2c_1 V_i + 2^{\frac{\alpha+1}{2}} c_2 V_i^{\frac{\alpha+1}{2}}} \leqslant -\mathrm{d}t \\
&\int_{V(0)}^{0} \frac{\mathrm{d}V_i}{2c_1 V_i + 2^{\frac{\alpha+1}{2}} c_2 V_i^{\frac{\alpha+1}{2}}} \leqslant -\int_0^T \mathrm{d}t \\
&T \leqslant \frac{1}{c_1(1-\alpha)} \ln\left(\frac{c_1 |V(0)|^{1-\alpha} + c_2}{c_2}\right)
\end{aligned}
\tag{3-44}
$$

因此，$V_i = 0$ 能够在有限时间内到达，根据式（3－42）可知，系统状态可以在有限时间内到达 $\{\boldsymbol{\sigma}_{ei} \equiv 0, \boldsymbol{\omega}_{ei} \equiv 0\}$。

接着，在快速滑模平面式（3－40）的基础上，利用基于行为方式的系统控制策略设计有限时间姿态协同控制器如下

$$
\boldsymbol{u}_i = -\boldsymbol{u}_i^a - \boldsymbol{u}_i^r,\ i = 1,2,\cdots,n \tag{3-45}
$$

其中，$\boldsymbol{u}_i^a = \boldsymbol{u}_i^t + \boldsymbol{u}_i^d$ 是绝对运动控制项，$\boldsymbol{u}_i^r$ 是相对运动控制项。绝对运动控制项分两部分，其中，$\boldsymbol{u}_i^t$ 是姿态跟踪控制项，可以写成

$$
\begin{aligned}
\boldsymbol{u}_i^t = &-\boldsymbol{\omega}_i^{\times} \boldsymbol{J}_{0i} \boldsymbol{\omega}_i + \boldsymbol{J}_{0i}(\boldsymbol{\omega}_{ei}^{\times} \boldsymbol{C}(\boldsymbol{\sigma}_{ei}) \boldsymbol{\omega}_d - \boldsymbol{C}(\boldsymbol{\sigma}_{ei}) \dot{\boldsymbol{\omega}}_d) \\
&+ \boldsymbol{M}_i(\boldsymbol{G}(\dot{\boldsymbol{\sigma}}_{ei}) \boldsymbol{\omega}_{ei} + c_1 \dot{\boldsymbol{\sigma}}_{ei} + c_2 \alpha \boldsymbol{\Gamma}(\boldsymbol{\sigma}^{ei})^{\alpha-1} \dot{\boldsymbol{\sigma}}_{ei})
\end{aligned}
\tag{3-46}
$$

其中，$\boldsymbol{M}_i = \boldsymbol{J}_{0i} \boldsymbol{G}^{-1}(\boldsymbol{\sigma}_{ei})$。这一控制行为主要用于完成航天器对外界期望参考信号的有限时间跟踪。

$$
\boldsymbol{u}_i^d = \boldsymbol{\lambda}_i \mathrm{sgn}(\boldsymbol{s}_i) \tag{3-47}
$$

为干扰抑制项，其中，$\boldsymbol{\lambda}_i = \boldsymbol{M}_i \boldsymbol{\gamma}_i$ 满足

$$
\boldsymbol{\gamma}_i \geqslant \boldsymbol{G}(\boldsymbol{\sigma}_{ei}) \boldsymbol{J}_{0i}^{-1}(|\Delta \rho_i(\Delta \boldsymbol{J}_i, \boldsymbol{\omega}_i, \dot{\boldsymbol{\omega}}_i)| + \boldsymbol{v}_i) \tag{3-48}
$$

其中，$\Delta \rho_i = -\boldsymbol{\omega}_i^{\times} \Delta \boldsymbol{J}_i \boldsymbol{\omega}_i - \Delta \boldsymbol{J} \dot{\boldsymbol{\omega}}_i$。干扰抑制项可以使得航天器对外干扰力矩及模型参数不确定性具有较强的鲁棒性。

$$
\boldsymbol{u}_i^r = \boldsymbol{M}_i \sum_{j=1}^{n} p_{ij}(\boldsymbol{s}_i - \boldsymbol{s}_j) \tag{3-49}
$$

为相对运动控制项，这一项用于编队航天器间的相对姿态控制，可以使得由多个独立航天器构成的编队更加整体化，同时使编队中的航天器在姿态机动过程中保持姿态同步，并且能够提升整个编队系统的控制性能和可靠性。

定理3－4 对于式（3－1）和式（3－3）所描述的非线性系统，控制器式（3－45）可以使编队飞行航天器姿态在有限时间内协同到期望状态。

证明 考虑如下标量函数

$$V = \sum_{i=1}^{n} V_i \tag{3-50}$$

其中

$$V_i = \frac{1}{2}\boldsymbol{s}_i^{\mathrm{T}}\boldsymbol{s}_i \tag{3-51}$$

计算其相对时间的一阶导数

$$\begin{aligned}
\dot{V}_i &= \boldsymbol{s}_i^{\mathrm{T}}\dot{\boldsymbol{s}}_i \\
&= \boldsymbol{s}_i^{\mathrm{T}}(\ddot{\boldsymbol{\sigma}}_{ei} + c_1\dot{\boldsymbol{\sigma}}_{ei} + c_2\alpha\boldsymbol{\Gamma}(\boldsymbol{\sigma}^{ei})^{\alpha-1}\dot{\boldsymbol{\sigma}}_{ei}) \\
&= \boldsymbol{s}_i^{\mathrm{T}}(\boldsymbol{G}(\dot{\boldsymbol{\sigma}}_{ei})\boldsymbol{\omega}_{ei} + \boldsymbol{G}(\boldsymbol{\sigma}_{ei})\boldsymbol{J}_0^{-1}\boldsymbol{J}_0\dot{\boldsymbol{\omega}}_{ei} + c_1\dot{\boldsymbol{\sigma}}_{ei} + c_2\alpha\boldsymbol{\Gamma}(\boldsymbol{\sigma}^{ei})^{\alpha-1}\dot{\boldsymbol{\sigma}}_{ei}) \\
&= \boldsymbol{s}_i^{\mathrm{T}}(-\boldsymbol{\gamma}_i\mathrm{sgn}(\boldsymbol{s}_i) + \boldsymbol{G}(\boldsymbol{\sigma}_{ei})\boldsymbol{J}_{0i}^{-1}(\Delta\rho_i + \boldsymbol{d}_i) - \sum_{j=1}^{n} p_{ij}(\boldsymbol{s}_i - \boldsymbol{s}_j)) \\
&\leqslant -\sum_{k=1}^{3}(\boldsymbol{\gamma}_i - \boldsymbol{G}(\boldsymbol{\sigma}_{ei})\boldsymbol{J}_{0i}^{-1}(\Delta\bar{\rho}_i))_k(|\boldsymbol{s}_i|)_k - \boldsymbol{s}_i^{\mathrm{T}}\sum_{j=1}^{n} p_{ij}(\boldsymbol{s}_i - \boldsymbol{s}_j) \\
&\leqslant -\|\boldsymbol{\gamma}_i - \boldsymbol{G}(\boldsymbol{\sigma}_{ei})\boldsymbol{J}_{0i}^{-1}\Delta\bar{\rho}_i\|\|\boldsymbol{s}_i\| - \boldsymbol{s}_i^{\mathrm{T}}\sum_{j=1}^{n} p_{ij}(\boldsymbol{s}_i - \boldsymbol{s}_j)
\end{aligned} \tag{3-52}$$

可以看出，由于式（3－53）中 $\boldsymbol{s}_i^{\mathrm{T}}\sum_{j=1}^{n} p_{ij}(\boldsymbol{s}_i - \boldsymbol{s}_j)$ 项的符号无法判断，因此不能得到系统稳定性方面的结论。但是，考虑整个编队系统，有

$$\dot{V} = \sum_{i=1}^{n}\dot{V}_i \tag{3-53}$$

结合式（3－52）可以推导出

$$
\begin{aligned}
\dot{V} &= \sum_{i=1}^{n} \dot{V}_i \\
&\leqslant \sum_{i=1}^{n} \left(- \| \boldsymbol{\gamma}_i - \boldsymbol{G}(\boldsymbol{\sigma}_{ei}) \boldsymbol{J}_{0i}^{-1} \Delta \bar{\rho}_i \| \| \boldsymbol{s}_i \| - \boldsymbol{s}_i^{\mathrm{T}} \sum_{j=1}^{n} p_{ij} (\boldsymbol{s}_i - \boldsymbol{s}_j) \right) \\
&= - \sum_{i=1}^{n} \| \boldsymbol{\gamma}_i - \boldsymbol{G}(\boldsymbol{\sigma}_{ei}) \boldsymbol{J}_{0i}^{-1} \Delta \bar{\rho}_i \| \| \boldsymbol{s}_i \| - \sum_{i=1}^{n} \boldsymbol{s}_i^{\mathrm{T}} \sum_{j=1}^{n} p_{ij} (\boldsymbol{s}_i - \boldsymbol{s}_j) \\
&\leqslant - \bar{\varepsilon} \sum_{i=1}^{n} \| \boldsymbol{s}_i \| - \sum_{i=1}^{n} \sum_{j=1}^{n} p_{ij} \boldsymbol{s}_i^{\mathrm{T}} (\boldsymbol{s}_i - \boldsymbol{s}_j)
\end{aligned}
\tag{3-54}
$$

其中，$\bar{\varepsilon} = \min(\| \boldsymbol{\gamma}_i - \boldsymbol{G}(\boldsymbol{\sigma}_{ei}) \boldsymbol{J}_{0i}^{-1} \Delta \bar{\rho}_i \|)$，$i = 1,2,\cdots,n$。由于 $p_{ij} = p_{ji}$，有

$$
\begin{aligned}
\dot{V} &\leqslant - \bar{\varepsilon} \sum_{i=1}^{n} \| \boldsymbol{s}_i \| - \frac{1}{2} \sum_{i=1}^{n} \sum_{j=1}^{n} p_{ij} (\boldsymbol{s}_i - \boldsymbol{s}_j)^{\mathrm{T}} (\boldsymbol{s}_i - \boldsymbol{s}_j) \\
&\leqslant - \bar{\varepsilon} \sum_{i=1}^{n} \| \boldsymbol{s}_i \| \leqslant - \varepsilon V^{\frac{1}{2}}
\end{aligned}
\tag{3-55}
$$

其中，$\varepsilon = \sqrt{2} \bar{\varepsilon}$。对式（3－55）两端同时积分，有

$$
\begin{aligned}
&\frac{\mathrm{d}V}{\mathrm{d}t} = - \varepsilon V^{\frac{1}{2}} \\
&\frac{\mathrm{d}V}{\varepsilon V^{\frac{1}{2}}} = - \mathrm{d}t \\
&\int_{V(0)}^{0} \frac{\mathrm{d}V}{\varepsilon V^{\frac{1}{2}}} = - \int_{0}^{T} \mathrm{d}t \\
&T = \frac{2}{\varepsilon} V(0)^{\frac{1}{2}}
\end{aligned}
\tag{3-56}
$$

其中，$V(0)$ 表示 V 的初值。由式（3－56）可知，$V=0$ 能够在有限时间内到达，进而根据式（3－50）和式（3－51），滑模平面 $\boldsymbol{s}_i = 0$ 能够在有限时间内到达。最后结合定理 3－3，编队飞行航天器的姿态能够在有限时间内收敛于期望姿态。

注 3－4　对于控制器式（3－45）需要说明的是，权重系数 p_{ij} 表示相对运动控制在整个控制器中所占的比重。当 p_{ij} 增大时，编队系统在姿态协同控制中会更偏重于星间相对姿态的保持，从而获得较高的相对运动控制性能，但同时会影响绝对姿态控制性能；当 p_{ij} 减小时，编队系统往往会获得更好的绝对运动控制性能，但同时以降低相对运动控制性能作为代价。虽然当权重系数 $p_{ij} = 0$ 时编队系统仍然能够保证姿态的有限时间收敛，但由于相对运动控制项的缺失，使得编队中各个航天器之间没有信息交互，降低了编队系统

的可靠性，也降低了星间相对姿态保持的精度，同时，绝对姿态误差收敛的时间也会由于各航天器间缺乏信息交互而无法得到保证。这时的编队系统只能看作多个独立航天器的姿态跟踪控制，失去了协同控制的意义。

注3－5 式（3－28）和式（3－40）具有类似的形式，称之为快速滑模形式。定理3－2和定理3－3已经证明了当系统状态到达具有此种形式的滑模平面上时，能够在有限时间内收敛至平衡点，并且这种形式的滑模平面具有比传统线性滑模和终端滑模平面更短的收敛时间。基于这种形式，可以进一步将控制器式（3－45）改写成如下形式

$$\boldsymbol{u}_i = -\boldsymbol{u}_i^t - \hat{\boldsymbol{u}}_i^d - \boldsymbol{u}_i^r,\ i = 1,2,\cdots,n \tag{3-57}$$

其中

$$\hat{\boldsymbol{u}}_i^d = \gamma_i \boldsymbol{s}_i + \boldsymbol{\lambda}_i \mathrm{sgn}(\boldsymbol{s}_i) \tag{3-58}$$

其中，$\gamma_i > 0$ 为一个常数，其他控制项的形式不变。仍然选取与式（3－50）相同的标量函数 $V = \sum_{i=1}^{n} V_i$，经过与定理3－4类似的推导可以得出

$$\begin{aligned}\dot{V} &\leqslant -\bar{\varepsilon}\sum_{i=1}^{n}\|\boldsymbol{s}_i\| - \bar{\gamma}_i\sum_{i=1}^{n}\boldsymbol{s}_i^{\mathrm{T}}\boldsymbol{s}_i \\ &\leqslant -\varepsilon V^{\frac{1}{2}} - 2\bar{\gamma}_i V\end{aligned} \tag{3-59}$$

其中，$\bar{\gamma}_i = \max(\gamma_i),\ i = 1,2,\cdots,n$。可以看出，式（3－59）具有和式（3－28）、式（3－40）相同的快速滑模形式，相较于式（3－55），控制器式（3－57）可以保证系统状态能够更快速地收敛于期望参考姿态。

3.3.4 通信受限协同控制器设计

在实际情况中，编队航天器的成员间通信无法保持极高的实时性，会导致控制器中协同项所用到的其他成员姿态信息存在一定的时延，此外，姿态机动过程中星间通信拓扑很难维持一个固定的无向图。因此，航天器在轨运行过程中，除了受到模型参数不确定性和外干扰力矩的影响外，还会受到通信延迟及拓扑结构变化的影响。

针对这个问题，仍然考虑由式（3－1）和式（3－3）描述的航天器编队系统。当星间通信存在延迟 τ_{ij} 时，其中，τ_{ij} 表示 i 航天器接收到 j 航天器姿态信息的延迟，并且假设通信延迟 τ_{ij} 对时间的导数 $\dot{\tau}_{ij}$ 满足 $\dot{\tau}_{ij} < 1$，那么，编队飞行航天器的姿态协同控制问题可以描述为：为编队中的每个航天器设计合适的协同控制律 $\boldsymbol{u}_i$，使编队飞行航天器能够在模型参数不确定性、外

界干扰力矩、通信延迟和拓扑结构变化同时存在的情况下，实现有限时间姿态协同控制，即存在一个有限的时间 T，当 $t \to T$ 时，$\{\boldsymbol{\sigma}_1 \to \boldsymbol{\sigma}_2 \to \cdots \to \boldsymbol{\sigma}_n \to \boldsymbol{\sigma}_d, \boldsymbol{\omega}_1 \to \boldsymbol{\omega}_2 \to \cdots \to \boldsymbol{\omega}_n \to \boldsymbol{\omega}_d\}$。

设计的姿态协同控制器如下

$$\boldsymbol{u}_i = \boldsymbol{u}_i^a + \boldsymbol{u}_i^r,\ i = 1,2,\cdots,n \tag{3-60}$$

其中，$\boldsymbol{u}_i^a$ 为绝对运动控制项，可以实现航天器的期望姿态跟踪，$\boldsymbol{u}_i^r$ 为相对运动控制项，用于保持相对姿态精度。绝对运动控制项的表达式为

$$\boldsymbol{u}_i^{\,a} = -\mathbf{R}_i - \boldsymbol{M}_i(\boldsymbol{\delta}_i \mathrm{sgn}(\boldsymbol{s}_i) + \boldsymbol{Q}_i) \tag{3-61}$$

其中，$\mathbf{R}_i = -\boldsymbol{\omega}_i^{\times} \boldsymbol{J}_{0i} \boldsymbol{\omega}_i - \boldsymbol{J}_{0i}(\boldsymbol{C}(\boldsymbol{\sigma}_{ei})\dot{\boldsymbol{\omega}}_d - \boldsymbol{\omega}_{ei}^{\times}\boldsymbol{C}(\boldsymbol{\sigma}_{ei})\boldsymbol{\omega}_d)$；$\boldsymbol{Q}_i = \dot{\boldsymbol{G}}_e \boldsymbol{\omega}_{ei} + c_1 \dot{\boldsymbol{\sigma}}_{ei} + c_2 \alpha \boldsymbol{\sigma}_{ei}^{\alpha-1} \dot{\boldsymbol{\sigma}}_{ei}$；$\boldsymbol{M}_i = \boldsymbol{J}_{0i} \boldsymbol{G}_e^{-1}$；$\boldsymbol{\delta}_i$ 满足

$$\boldsymbol{\delta}_i \geqslant \Delta \overline{\boldsymbol{F}\boldsymbol{f}}_i = \boldsymbol{G}_{ei} \boldsymbol{J}_{0i}^{-1}(|\Delta \boldsymbol{F} \boldsymbol{f}_i(\boldsymbol{\omega}_{ei}, \boldsymbol{\omega}_d, \Delta \boldsymbol{J}_i)| + \boldsymbol{v}_i) \tag{3-62}$$

其中，$\Delta \boldsymbol{F} \boldsymbol{f}_i = -(\boldsymbol{\omega}_e + \boldsymbol{C}(\boldsymbol{\sigma}_{ei})\boldsymbol{\omega}_d)^{\times} \Delta \boldsymbol{J}_i \boldsymbol{\omega}_e - \Delta \boldsymbol{J}_i \dot{\boldsymbol{\omega}}_e - (\boldsymbol{\omega}_e + \boldsymbol{C}(\boldsymbol{\sigma}_{ei})\boldsymbol{\omega}_d)^{\times} \Delta \boldsymbol{J}_i \boldsymbol{\omega}_d - \Delta \boldsymbol{J}_i \dot{\boldsymbol{\omega}}_d$。相对运动控制项的表达式为

$$\boldsymbol{u}_i^{\,r} = -\boldsymbol{M}_i p_{ij} \sum_{j=1}^{n} (\boldsymbol{s}_i - p_i^j \boldsymbol{s}_j(\tau_{ij}) + p_i^s \varphi_j \mathrm{sgn}(\boldsymbol{s}_i)) \tag{3-63}$$

其中，p_{ij} 和 p_i^j 均为正的权重系数，为方便表达，定义 $p_{ij}^{\ j} = p^{ij} \cdot p_i^j$；$\boldsymbol{s}_j(\tau_{ij})$ 为 j 航天器传递到 i 航天器带有时间延迟 τ_{ij} 的姿态信息；p_i^s 为一个正的常数，定义变量 $p_{ij}^{\ s} = p^{ij} \cdot p_i^s$；$\boldsymbol{\varphi}_j$ 的表达式为

$$\boldsymbol{\varphi}_j = \|\boldsymbol{s}_j(\tau_{ij})\|^{\frac{1}{2}} \tag{3-64}$$

定理 3－5　如果权重系数满足

$$p_{ij} > \beta_{ij} \tag{3-65}$$

且

$$4(1 - \dot{\tau}_{ij})(p_{ij} - \beta_{ij})\beta_{ij} \geqslant (p_{ij}^{\ j})^2 \tag{3-66}$$

其中，β_{ij} 为任意非负常数，那么控制器式（3－60）可以使编队飞行航天器姿态在有限时间内协同到期望状态。

证明　考虑如下 Lyapunov 函数

$$V = \sum_{i=1}^{n} \frac{1}{2} \boldsymbol{s}_i^{\mathrm{T}} \boldsymbol{s}_i + \sum_{i=1}^{n} \sum_{j=1}^{n} \int_{t-\tau_{ji}}^{t} \beta_{ij} \boldsymbol{s}_i^{\mathrm{T}} \boldsymbol{s}_i \mathrm{d}x \tag{3-67}$$

计算其相对时间的一阶导数，得

$$\begin{aligned}\dot{V} &= \sum_{i=1}^{n} \boldsymbol{s}_i^{\mathrm{T}} \dot{\boldsymbol{s}}_i + \sum_{i=1}^{n} \sum_{j=1}^{n} \beta_{ij} [\boldsymbol{s}_i^{\mathrm{T}} \boldsymbol{s}_i - (1 - \dot{\tau}_{ij}) \boldsymbol{s}_j^{\mathrm{T}} (\tau_{ij}) \boldsymbol{s}_j (\tau_{ij})] \\ &= \sum_{i=1}^{n} \boldsymbol{s}_i^{\mathrm{T}} (\ddot{\boldsymbol{\sigma}}_{ei} + c_1 \dot{\boldsymbol{\sigma}}_{ei} + c_2 \alpha \boldsymbol{\sigma}_{ei}^{\alpha-1} \dot{\boldsymbol{\sigma}}_{ei}) \\ &\quad + \sum_{i=1}^{n} \sum_{j=1}^{n} \beta_{ij} [\boldsymbol{s}_i^{\mathrm{T}} \boldsymbol{s}_i - (1 - \dot{\tau}_{ij}) \boldsymbol{s}_j^{\mathrm{T}} (\tau_{ij}) \boldsymbol{s}_j (\tau_{ij})] \\ &= \sum_{i=1}^{n} \boldsymbol{s}_i^{\mathrm{T}} (\boldsymbol{G}_{ei} \boldsymbol{J}_{0i}^{-1} \boldsymbol{J}_{0i} \dot{\boldsymbol{\omega}}_{ei} + \boldsymbol{Q}_i) \\ &\quad + \sum_{i=1}^{n} \sum_{j=1}^{n} \beta_{ij} [\boldsymbol{s}_i^{\mathrm{T}} \boldsymbol{s}_i - (1 - \dot{\tau}_{ij}) \boldsymbol{s}_j^{\mathrm{T}} (\tau_{ij}) \boldsymbol{s}_j (\tau_{ij})]\end{aligned} \tag{3-68}$$

结合式（3－68）、系统动力学模型式（3－3）和控制器式（3－60），可以推导出

$$\begin{aligned}\dot{V} &= \sum_{i=1}^{n} \boldsymbol{s}_i^{\mathrm{T}} [\boldsymbol{G}_{ei} \boldsymbol{J}_{0i}^{-1} (\mathbf{R}_i + \boldsymbol{u}_i + \boldsymbol{d}_i + \Delta \boldsymbol{F} \boldsymbol{f}_i) + \boldsymbol{Q}_i] \\ &\quad + \sum_{i=1}^{n} \sum_{j=1}^{n} \beta_{ij} [\boldsymbol{s}_i^{\mathrm{T}} \boldsymbol{s}_i - (1 - \dot{\tau}_{ij}) \boldsymbol{s}_j^{\mathrm{T}} (\tau_{ij}) \boldsymbol{s}_j (\tau_{ij})] \\ &= \sum_{i=1}^{n} \boldsymbol{s}_i^{\mathrm{T}} (-\boldsymbol{\delta}_i \operatorname{sgn}(\boldsymbol{s}_i) + \Delta \overline{\boldsymbol{F}\boldsymbol{f}}_i + \boldsymbol{G}_{ei} \boldsymbol{J}_{0i}^{-1} \boldsymbol{u}_i^{c}) \\ &\quad + \sum_{i=1}^{n} \sum_{j=1}^{n} \beta_{ij} [\boldsymbol{s}_i^{\mathrm{T}} \boldsymbol{s}_i - (1 - \dot{\tau}_{ij}) \boldsymbol{s}_j^{\mathrm{T}} (\tau_{ij}) \boldsymbol{s}_j (\tau_{ij})] \\ &\leqslant - \sum_{k=1}^{3} \sum_{i=1}^{n} \Big[(\boldsymbol{\delta}_i - \Delta \overline{\boldsymbol{F}\boldsymbol{f}}_i)_k |(\boldsymbol{s}_i)_k| - \sum_{j=1}^{n} p_{ij} p_i^{s} \varphi_j |(\boldsymbol{s}_i)_k| \Big] \\ &\quad - \boldsymbol{s}_i^{\mathrm{T}} \sum_{j=1}^{n} [p_{ij} \boldsymbol{s}_i - p_{ij} p_i^{j} \boldsymbol{s}_j (\tau_{ij})] + \sum_{i=1}^{n} \sum_{j=1}^{n} \beta_{ij} [\boldsymbol{s}_i^{\mathrm{T}} \boldsymbol{s}_i - (1 - \dot{\tau}_{ij}) \boldsymbol{s}_j^{\mathrm{T}} (\tau_{ij}) \boldsymbol{s}_j (\tau_{ij})] \\ &\leqslant - \sum_{k=1}^{3} \sum_{i=1}^{n} \Big[(\boldsymbol{\delta}_i - \Delta \overline{\boldsymbol{F}\boldsymbol{f}}_i)_k |(\boldsymbol{s}_i)_k| - \sum_{j=1}^{n} p_{ij}{}^{s} \varphi_j |(\boldsymbol{s}_i)_k| \Big] \\ &\quad - \sum_{i=1}^{n} \sum_{j=1}^{n} [\zeta_{ij}^{\mathrm{T}} \zeta_{ij} + \lambda_{ij} \boldsymbol{s}_j^{\mathrm{T}} (\tau_{ij}) \boldsymbol{s}_j (\tau_{ij})] \\ &\leqslant - \sum_{i=1}^{n} \varepsilon_i \|\boldsymbol{s}_i\| - \sum_{i=1}^{n} \sum_{j=1}^{n} p_{ij}{}^{s} \varphi_j \|\boldsymbol{s}_i\|\end{aligned} \tag{3-69}$$

其中，$\varepsilon_i = \|\boldsymbol{\delta}_{0i} - \Delta \overline{\boldsymbol{F}\boldsymbol{f}}_i\|$，$\zeta_{ij}$ 和 λ_{ij} 的定义如下

$$\zeta_{ij} = \sqrt{p_{ij} - \beta_{ij}}\,\boldsymbol{s}_i - \frac{p_{ij}^{\ j}}{2\sqrt{p_{ij} - \beta_{ij}}}\boldsymbol{s}_j(\tau_{ij}) \tag{3-70}$$

$$\lambda_{ij} = \left[\beta_{ij}(1 - \dot{\tau}_{ij}) - \frac{(p_{ij}^{\ j})^2}{4(p_{ij} - \beta_{ij})}\right] > 0 \tag{3-71}$$

为使接下来的分析更加直观，定义下式

$$V_f = \sum_{i=1}^{n} \frac{1}{2}\boldsymbol{s}_i^{\mathrm{T}}\boldsymbol{s}_i \tag{3-72}$$

$$V_d = \sum_{i=1}^{n}\sum_{j=1}^{n}\int_{t-\tau_{ij}}^{t}\beta_{ij}\boldsymbol{s}_i^{\mathrm{T}}\boldsymbol{s}_i\mathrm{d}x \tag{3-73}$$

$$V_s = \sum_{i=1}^{n}\sum_{j=1}^{n} p_{ij}^{\ s}\varphi_j\|\boldsymbol{s}_i\| \tag{3-74}$$

由式（3－69）可知，下式成立

$$\begin{aligned}\dot{V}_f &\leqslant -\sum_{i=1}^{n}\varepsilon_i\|\boldsymbol{s}_i\| - V_s - \dot{V}_d \\ &= -\sum_{i=1}^{n}\varepsilon_i\|\boldsymbol{s}_i\| - (V_s + \dot{V}_d)\end{aligned} \tag{3-75}$$

根据定义式（3－73）和式（3－74）可知，函数 $V_s(\boldsymbol{s}_i,\boldsymbol{s}_j(\tau_{ij}))$ 相对于扩张向量（$r_1 = 1, r_2 = 1$）是 $\kappa = \frac{3}{2}$ 阶齐次的，如下式所示

$$\begin{aligned}V_s(\rho\boldsymbol{s}_i,\rho\boldsymbol{s}_j(\tau_{ij})) &= \sum_{i=1}^{n}\sum_{j=1}^{n}p_{ij}^{\ s}\|\rho\boldsymbol{s}_j(\tau_{ij})\|^{\frac{1}{2}}\|\rho\boldsymbol{s}_i\| \\ &= \rho^{\frac{3}{2}}V_s(\boldsymbol{s}_i,\boldsymbol{s}_j(\tau_{ij}))\end{aligned} \tag{3-76}$$

函数 $\dot{V}_d(\boldsymbol{s}_i,\boldsymbol{s}_j(\tau_{ij}))$ 相对于扩张向量（$r_1 = 1, r_2 = 1$）是 $\kappa = 2$ 阶齐次的，如下式所示

$$\begin{aligned}\dot{V}_d(\rho\boldsymbol{s}_i,\rho\boldsymbol{s}_j(\tau_{ij})) &= \sum_{i=1}^{n}\sum_{j=1}^{n}\beta_{ij}[\rho\boldsymbol{s}_i^{\mathrm{T}}\rho\boldsymbol{s}_i - (1-\dot{\tau}_{ij})\rho\boldsymbol{s}_j^{\mathrm{T}}(\tau_{ij})\rho\boldsymbol{s}_j(\tau_{ij})] \\ &= \rho^2\dot{V}_d(\boldsymbol{s}_i,\boldsymbol{s}_j(\tau_{ij}))\end{aligned} \tag{3-77}$$

结合式（3－76）和式（3－77），下式成立

$$\begin{aligned}\lim_{\rho\to 0}\frac{\dot{V}_d(\rho\boldsymbol{s}_i,\rho\boldsymbol{s}_j(\tau_{ij}))}{\rho^{\frac{3}{2}}}&=\lim_{\rho\to 0}\frac{\rho^2\dot{V}_d(\boldsymbol{s}_i,\boldsymbol{s}_j(\tau_{ij}))}{\rho^{\frac{3}{2}}}\\&=\lim_{\rho\to 0}\rho^{\frac{1}{2}}\dot{V}_d(\boldsymbol{s}_i,\boldsymbol{s}_j(\tau_{ij}))\\&=0\end{aligned}\tag{3-78}$$

再根据引理2-6可知，$(V_s+\dot{V}_d)$ 是正定的。因此，式（3-75）可以推导为

$$\begin{aligned}\dot{V}_f&=-\sum_{i=1}^{n}\varepsilon_i\|\boldsymbol{s}_i\|-(V_s+\dot{V}_d)\\&\leqslant-\sum_{i=1}^{n}\varepsilon_i\|\boldsymbol{s}_i\|\\&\leqslant-\underline{\varepsilon}V_f^{\frac{1}{2}}\end{aligned}\tag{3-79}$$

其中，$\underline{\varepsilon}=\min(\varepsilon_i)$，$i=1,2,\cdots,n$。对式（3-79）两端同时积分，得

$$\begin{aligned}&\int_{V_f(0)}^{0}\frac{\mathrm{d}V_f}{\underline{\varepsilon}V_f^{\frac{1}{2}}}\leqslant-\int_0^T\mathrm{d}t\\&T\leqslant\frac{2}{\underline{\varepsilon}}V_f(0)^{\frac{1}{2}}\end{aligned}\tag{3-80}$$

因此，$V_f=0$ 可以在有限时间内到达，根据定义式（3-72）可知，滑模平面 $\boldsymbol{s}_i=0$ 能够在有限时间内到达，然后结合定理3-3，编队飞行航天器的姿态能够在有限时间内收敛于期望姿态。

注3-6 定理3-5说明了控制器式（3-60）能够解决星间通信存在时间延迟情况下编队飞行航天器的有限时间姿态协同控制问题，且无论时间延迟的大小和期望姿态变化的快慢如何，控制器式（3-60）总能够胜任。对于选定的相对运动控制的权重系数 p_{ij}，总能找到合适的系数 β_{ij} 和 p_i^j，使得 $p_{ij}-\beta_{ij}>0$，且满足 $4(1-\dot{\tau}_{ij})(p_{ij}-\beta_{ij})\beta_{ij}\geqslant(p_{ij}^{\ j})^2$。

注3-7 由于航天器编队中的星间信息交互，通信延迟 τ_{ij} 总是存在的。通信延迟主要由下面三个因素引起：航天器姿态信息采集、姿态确定计算和姿态信息传输。航天器姿控系统是离散的，整个系统具有确定的控制周期，敏感器按照一定的时间间隔向下位机传递数据或下位机按一定的控制周期向敏感器索取数据。因此姿态信息采集产生的时间延迟主要发生在这一部分，比如陀螺的实时性比较强，因此每个控制周期内都能够采集到角速度信息，但是由星敏感器提供姿态信息则可能需要多个控制周期。同时，由于陀螺提

供的角速度信息中带有陀螺漂移和测量噪声，航天器姿控系统中都由姿态确定及滤波算法来消除这些不利影响，算法的不同也会产生一定时间延迟。信息传输中的延迟主要存在于航天器对信息数据进行打包和解包过程中。一般来讲，τ_{ij} 大约为几秒，这与姿控系统的控制周期有关。

注 3－8　当系数 $p_i^j = 0$ 且 $p_i^s = 0$ 时，表示没有姿态信息从 j 航天器传输至 i 航天器。在这种情况下，系数 p_i^j 和 p_i^s 不仅能够表示从 j 航天器传输至 i 航天器姿态信息的权重值，还能够描述航天器编队的通信拓扑结构。为了更直观地表述权重系数 p_i^j 和 p_i^s 的作用，在控制器式（3－60）中引入一个二进制变量 $o_i^j = 0,1$，描述航天器间是否有信息交互，改写控制器为如下形式

$$\boldsymbol{u}_i = \boldsymbol{u}_i^a + \hat{\boldsymbol{u}}_i^r,\ i = 1,2,\cdots,n \tag{3-81}$$

其中

$$\hat{\boldsymbol{u}}_i^r = -\boldsymbol{M}_i p_{ij} \sum_{j=1}^{n} \left[\boldsymbol{s}_i - o_i^j p_i^j \boldsymbol{s}_j(\tau_{ij}) + o_i^j p_i^s \varphi_j \operatorname{sgn}(\boldsymbol{s}_i) \right] \tag{3-82}$$

引入这样一个二进制变量具有重要的意义，它意味着编队通信拓扑可以在不同的结构，而非固定的双向拓扑结构之间进行切换。并且当编队系统中某些通信链路出现故障或有新的通信链路加入时，依然能够得到有限时间协同的结论。

3.4　连续的有限时间姿态协同控制方法

在终端滑模控制器中用到的符号函数可以保证系统对于模型参数不确定性具有鲁棒性，且能够抵抗外界干扰，但是它会使控制信号在系统状态到达平衡点邻域时出现“抖颤”现象。“抖颤”现象将导致极高的控制功率来满足这样的控制信号，并可能激发系统高频动态，这在控制系统设计中是不希望出现的。因此，为了使控制器能够保持性能且在实际应用中容易实现，应尽可能地消除“抖颤”现象。虽然可以用双曲正切函数或饱和函数等边界层法缓和“抖颤”现象，但这只能保证系统状态在有限时间内到达边界层，而在边界层内，饱和函数和双曲正切函数无法实现有限时间控制。因此，本节将设计不含符号函数的有限时间姿态协同控制器，在保证系统状态在有限时间内收敛的同时，使得输出的控制信号连续且光滑，并具有较强的鲁棒性与抗干扰性。

3.4.1 问题描述与控制目标

仍然考虑由式（3－1）和式（3－3）描述的航天器编队系统。在模型参数不确定，存在外干扰力矩与通信延迟的情况下，编队飞行航天器的连续有限时间姿态协同控制问题可以表述为：为编队中的每个航天器设计合适的协同控制律 $\boldsymbol{u}_i$，且 $\boldsymbol{u}_i$ 是连续的，使得编队中航天器的姿态能够在有限时间内收敛于动态的期望姿态 $(\boldsymbol{\omega}_d(t),\boldsymbol{\sigma}_d(t))$，并保持一定的相对姿态控制精度，即存在一个有限的时间 T，当 $t\to T$ 时，$\{\boldsymbol{\sigma}_1\to\boldsymbol{\sigma}_2\to\cdots\to\boldsymbol{\sigma}_n\to\boldsymbol{\sigma}_d,\boldsymbol{\omega}_1\to\boldsymbol{\omega}_2\to\cdots\to\boldsymbol{\omega}_n\to\boldsymbol{\omega}_d\}$。

3.4.2 协同控制器的连续形式

姿态协同控制器如下所示

$$\boldsymbol{u}_i=\boldsymbol{u}_i^a+\boldsymbol{u}_i^r,\ i=1,2,\cdots,n \tag{3-83}$$

其中，$\boldsymbol{u}_i^a$ 为绝对运动控制项。可以实现航天器的期望姿态跟踪，其表达式为

$$\boldsymbol{u}_i^a=-\mathbf{R}_i-\boldsymbol{M}_i[\delta_i\boldsymbol{s}_i+\gamma_i\boldsymbol{\Gamma}^{\frac{p}{q}}(\boldsymbol{s}_i)+\boldsymbol{Q}_i] \tag{3-84}$$

其中，$\mathbf{R}_i=-\boldsymbol{\omega}_i^{\times}\boldsymbol{J}_{0i}\boldsymbol{\omega}_i-\boldsymbol{J}_{0i}(\boldsymbol{C}(\boldsymbol{\sigma}_{ei})\dot{\boldsymbol{\omega}}_d-\boldsymbol{\omega}_{ei}^{\times}\boldsymbol{C}(\boldsymbol{\sigma}_{ei})\boldsymbol{\omega}_d)$；$\boldsymbol{Q}_i=\dot{\boldsymbol{G}}_e\boldsymbol{\omega}_{ei}+c_1\dot{\boldsymbol{\sigma}}_{ei}+c_2\alpha\boldsymbol{\sigma}_{ei}^{\alpha-1}\dot{\boldsymbol{\sigma}}_{ei}$；$\boldsymbol{M}_i=\boldsymbol{J}_{0i}\boldsymbol{G}_e^{-1}$；$\delta_i$ 和 γ_i 为正的常数；p 和 q 为正的奇数，且满足 $0.5<p/q<1$；$\boldsymbol{\Gamma}^{p/q}(*)$ 定义如式（3－65）所示。

$\boldsymbol{u}_i^r$ 为相对运动控制项，用于保持相对姿态精度，其表达式为

$$\boldsymbol{u}_i^r=-\boldsymbol{M}_i\sum_{j=1}^{n}k_{ij}^{\ i}[\boldsymbol{\Gamma}^{\frac{p}{q}}(\boldsymbol{s}_i)-o_{ij}\frac{k_{ij}^{\ j}}{k_{ij}^{\ i}}\boldsymbol{\Gamma}^{\frac{p}{q}}(\boldsymbol{s}_j(\tau_{ij}))+o_{ij}k_i^s\varphi_j\boldsymbol{\Gamma}^{\frac{p}{q}}(\boldsymbol{s}_i)] \tag{3-85}$$

其中，$k_{ij}^{\ i}$ 为相对运动控制的权重系数；$o_{ij}=0$ 或 1，是一个二进制变量，用于描述 i 航天器与 j 航天器间的通信情况；$k_{ij}^{\ j}$ 为 j 航天器姿态信息的权重系数；k_i^s 为一个正的常数，定义 $k_{ij}^{\ s}=k_{ij}^i\cdot k_i^s$；$\boldsymbol{\varphi}_j$ 的表达式如式（3－64）所示。

定理3－6 当不考虑航天器模型参数不确定性及外干扰力矩时，考察编队飞行航天器系统式（3－1）和式（3－2）。如果权重系数满足

$$k_{ij}^{\ i}>\beta_{ij} \tag{3-86}$$

且

$$4(1-\dot{\tau}_{ij})(k_{ij}^{\ i}-\beta_{ij})\beta_{ij}\geqslant(k_{ij}^{\ j})^2 \tag{3-87}$$

其中，β_{ij} 为任意非负常数，那么控制器式（3－83）可以使编队飞行航天器

姿态在有限时间内协同到期望状态。

证明　考虑 Lyapunov 函数如下所示

$$V = \sum_{i=1}^{n} \frac{q}{p+q} \boldsymbol{\Gamma}^{\frac{p+q}{q}}(\boldsymbol{s}_i) + \sum_{i=1}^{n} \sum_{j=1}^{n} \int_{t-\tau_{ji}}^{t} \beta_{ij} [\boldsymbol{\Gamma}^{\frac{p}{q}}(\boldsymbol{s}_i)]^{\mathrm{T}} [\boldsymbol{\Gamma}^{\frac{p}{q}}(\boldsymbol{s}_i)] \mathrm{d}x \tag{3-88}$$

计算其相对于时间的一阶导数，得

$$\begin{aligned}
\dot{V} &= \sum_{i=1}^{n} [\boldsymbol{\Gamma}^{\frac{p}{q}}(\boldsymbol{s}_i)]^{\mathrm{T}} \dot{\boldsymbol{s}}_i + \sum_{i=1}^{n} \sum_{j=1}^{n} \beta_{ij} [\boldsymbol{s}_i^{\mathrm{T}} \boldsymbol{s}_i - (1-\dot{\tau}_{ij}) \boldsymbol{s}_j^{\mathrm{T}}(\tau_{ij}) \boldsymbol{s}_j(\tau_{ij})] \\
&= \sum_{i=1}^{n} [\boldsymbol{\Gamma}^{\frac{p}{q}}(\boldsymbol{s}_i)]^{\mathrm{T}} (\boldsymbol{G}_{ei} \boldsymbol{J}_i^{-1} \boldsymbol{J}_i \dot{\boldsymbol{\omega}}_{ei} + \boldsymbol{Q}_i) \\
&\quad + \sum_{i=1}^{n} \sum_{j=1}^{n} \beta_{ij} \{ [\boldsymbol{\Gamma}^{\frac{p}{q}}(\boldsymbol{s}_i)]^{\mathrm{T}} [\boldsymbol{\Gamma}^{\frac{p}{q}}(\boldsymbol{s}_i)] - (1-\dot{\tau}_{ij}) [\boldsymbol{\Gamma}^{\frac{p}{q}}(\boldsymbol{s}_j(\tau_{ij}))]^{\mathrm{T}} [\boldsymbol{\Gamma}^{\frac{p}{q}}(\boldsymbol{s}_j(\tau_{ij}))] \}
\end{aligned} \tag{3-89}$$

将航天器动力学方程式（3－3）和控制器式（3－83）代入到上式中，得

$$\begin{aligned}
\dot{V} &= \sum_{i=1}^{n} [\boldsymbol{\Gamma}^{\frac{p}{q}}(\boldsymbol{s}_i)]^{\mathrm{T}} (\boldsymbol{G}_{ei} \boldsymbol{J}_i^{-1} (\mathbf{R}_i + \boldsymbol{u}_i) + \boldsymbol{Q}_i) \\
&\quad + \sum_{i=1}^{n} \sum_{j=1}^{n} \beta_{ij} \{ [\boldsymbol{\Gamma}^{\frac{p}{q}}(\boldsymbol{s}_i)]^{\mathrm{T}} [\boldsymbol{\Gamma}^{\frac{p}{q}}(\boldsymbol{s}_i)] - (1-\dot{\tau}_{ij}) [\boldsymbol{\Gamma}^{\frac{p}{q}}(\boldsymbol{s}_j(\tau_{ij}))]^{\mathrm{T}} [\boldsymbol{\Gamma}^{\frac{p}{q}}(\boldsymbol{s}_j(\tau_{ij}))] \} \\
&= \sum_{i=1}^{n} [\boldsymbol{\Gamma}^{\frac{p}{q}}(\boldsymbol{s}_i)]^{\mathrm{T}} (-\delta_i \boldsymbol{s}_i - \gamma_i \boldsymbol{\Gamma}^{\frac{p}{q}}(\boldsymbol{s}_i) + \boldsymbol{G}_{ei} \boldsymbol{J}_i^{-1} \boldsymbol{u}_i^{r}) \\
&\quad + \sum_{i=1}^{n} \sum_{j=1}^{n} \beta_{ij} \{ [\boldsymbol{\Gamma}^{\frac{p}{q}}(\boldsymbol{s}_i)]^{\mathrm{T}} [\boldsymbol{\Gamma}^{\frac{p}{q}}(\boldsymbol{s}_i)] - (1-\dot{\tau}_{ij}) [\boldsymbol{\Gamma}^{\frac{p}{q}}(\boldsymbol{s}_j(\tau_{ij}))]^{\mathrm{T}} [\boldsymbol{\Gamma}^{\frac{p}{q}}(\boldsymbol{s}_j(\tau_{ij}))] \} \\
&= -\sum_{i=1}^{n} \{ \delta_i [\boldsymbol{\Gamma}^{\frac{p}{q}}(\boldsymbol{s}_i)]^{\mathrm{T}} \boldsymbol{s}_i + \gamma_i [\boldsymbol{\Gamma}^{\frac{p}{q}}(\boldsymbol{s}_i)]^{\mathrm{T}} \boldsymbol{\Gamma}^{\frac{p}{q}}(\boldsymbol{s}_i) \} \\
&\quad - \sum_{i=1}^{n} \sum_{j=1}^{n} [\boldsymbol{\Gamma}^{\frac{p}{q}}(\boldsymbol{s}_i)]^{\mathrm{T}} (k_{ij}^{\ i} \boldsymbol{\Gamma}^{\frac{p}{q}}(\boldsymbol{s}_i) - o_{ij} k_{ij}^{\ j} \boldsymbol{\Gamma}^{\frac{p}{q}}(\boldsymbol{s}_j(\tau_{ij})) + o_{ij} k_{ij}^{\ s} \varphi_j \boldsymbol{\Gamma}^{\frac{p}{q}}(\boldsymbol{s}_i)) \\
&\quad + \sum_{i=1}^{n} \sum_{j=1}^{n} \beta_{ij} \{ [\boldsymbol{\Gamma}^{\frac{p}{q}}(\boldsymbol{s}_i)]^{\mathrm{T}} [\boldsymbol{\Gamma}^{\frac{p}{q}}(\boldsymbol{s}_i)] - (1-\dot{\tau}_{ij}) [\boldsymbol{\Gamma}^{\frac{p}{q}}(\boldsymbol{s}_j(\tau_{ij}))]^{\mathrm{T}} [\boldsymbol{\Gamma}^{\frac{p}{q}}(\boldsymbol{s}_j(\tau_{ij}))] \}
\end{aligned} \tag{3-90}$$

将式（3－90）进一步推导，得

$$\begin{aligned}\dot{V} =& -\sum_{k=1}^{3}\sum_{i=1}^{n}[\delta_i(\boldsymbol{\Gamma}^{\frac{p+q}{q}}(\boldsymbol{s}_i))_k+\gamma_i(\boldsymbol{\Gamma}^{\frac{2p}{q}}(\boldsymbol{s}_i))_k]-\sum_{k=1}^{3}\sum_{i=1}^{n}\sum_{j=1}^{n}o_{ij}k_{ij}^{\ s}\varphi_j(\boldsymbol{\Gamma}^{\frac{2p}{q}}(\boldsymbol{s}_i))_k \\ &-\sum_{k=1}^{3}\sum_{i=1}^{n}\sum_{j=1}^{n}k_{ij}^{\ i}[\boldsymbol{\Gamma}^{\frac{p}{q}}(\boldsymbol{s}_i)]^{\mathrm{T}}[\boldsymbol{\Gamma}^{\frac{p}{q}}(\boldsymbol{s}_i)]+\sum_{i=1}^{n}\sum_{j=1}^{n}o_{ij}k_{ij}^{\ j}[\boldsymbol{\Gamma}^{\frac{p}{q}}(\boldsymbol{s}_i)]^{\mathrm{T}}\boldsymbol{\Gamma}^{\frac{p}{q}}(\boldsymbol{s}_j(\tau_{ij})) \\ &+\sum_{i=1}^{n}\sum_{j=1}^{n}\beta_{ij}\{[\boldsymbol{\Gamma}^{\frac{p}{q}}(\boldsymbol{s}_i)]^{\mathrm{T}}[\boldsymbol{\Gamma}^{\frac{p}{q}}(\boldsymbol{s}_i)]-(1-\dot{\tau}_{ij})[\boldsymbol{\Gamma}^{\frac{p}{q}}(\boldsymbol{s}_j(\tau_{ij}))]^{\mathrm{T}}[\boldsymbol{\Gamma}^{\frac{p}{q}}(\boldsymbol{s}_j(\tau_{ij}))]\} \\ =& -\sum_{k=1}^{3}\sum_{i=1}^{n}[\delta_i(\boldsymbol{\Gamma}^{\frac{p+q}{q}}(\boldsymbol{s}_i))_k+\gamma_i(\boldsymbol{\Gamma}^{\frac{2p}{q}}(\boldsymbol{s}_i))_k]-\sum_{k=1}^{3}\sum_{i=1}^{n}\sum_{j=1}^{n}o_{ij}k_{ij}^{\ s}\varphi_j(\boldsymbol{\Gamma}^{\frac{2p}{q}}(\boldsymbol{s}_i))_k \\ &-\sum_{i=1}^{n}\sum_{j=1}^{n}\beta_{ij}(1-\dot{\tau}_{ij})[\boldsymbol{\Gamma}^{\frac{p}{q}}(\boldsymbol{s}_j(\tau_{ij}))]^{\mathrm{T}}[\boldsymbol{\Gamma}^{\frac{p}{q}}(\boldsymbol{s}_j(\tau_{ij}))] \\ &+\sum_{i=1}^{n}\sum_{j=1}^{n}o_{ij}k_{ij}^{\ j}[\boldsymbol{\Gamma}^{\frac{p}{q}}(\boldsymbol{s}_i)]^{\mathrm{T}}\boldsymbol{\Gamma}^{\frac{p}{q}}(\boldsymbol{s}_j(\tau_{ij}))-(k_{ij}^{\ i}-\beta_{ij})[\boldsymbol{\Gamma}^{\frac{p}{q}}(\boldsymbol{s}_i)]^{\mathrm{T}}[\boldsymbol{\Gamma}^{\frac{p}{q}}(\boldsymbol{s}_i)]\end{aligned} \tag{3-91}$$

即

$$\begin{aligned}\dot{V} =& -\sum_{k=1}^{3}\sum_{i=1}^{n}[\delta_i(\boldsymbol{\Gamma}^{\frac{p+q}{q}}(\boldsymbol{s}_i))_k+\gamma_i(\boldsymbol{\Gamma}^{\frac{2p}{q}}(\boldsymbol{s}_i))_k]-\sum_{k=1}^{3}\sum_{i=1}^{n}\sum_{j=1}^{n}o_{ij}k_{ij}^{\ s}\varphi_j(\boldsymbol{\Gamma}^{\frac{2p}{q}}(\boldsymbol{s}_i))_k \\ &-\sum_{i=1}^{n}\sum_{j=1}^{n}\boldsymbol{\lambda}_{ij}^{\mathrm{T}}\boldsymbol{\lambda}_{ij}-\sum_{i=1}^{n}\sum_{j=1}^{n}\left[1-\frac{o_{ij}(k_{ij}^{\ j})^2}{4(k_{ij}^{\ i}-\beta_{ij})}\right][\boldsymbol{\Gamma}^{\frac{p}{q}}(\boldsymbol{s}_j(\tau_{ij}))]^{\mathrm{T}}\boldsymbol{\Gamma}^{\frac{p}{q}}(\boldsymbol{s}_j(\tau_{ij}))\end{aligned} \tag{3-92}$$

其中，$\boldsymbol{\lambda}_{ij}=\sqrt{k_{ij}^{\ i}-\beta_{ij}}\,\boldsymbol{\Gamma}^{\frac{p}{q}}(\boldsymbol{s}_i)-o_{ij}\dfrac{k_{ij}^{\ j}}{2\sqrt{k_{ij}^{\ i}-\beta_{ij}}}\boldsymbol{\Gamma}^{\frac{p}{q}}(\boldsymbol{s}_j(\tau_{ij}))$。

结合式（3－91）和式（3－92），可知

$$\dot{V}\leqslant-\sum_{k=1}^{3}\sum_{i=1}^{n}[\delta_i(\boldsymbol{\Gamma}^{\frac{p+q}{q}}(\boldsymbol{s}_i))_k+\gamma_i(\boldsymbol{\Gamma}^{\frac{2p}{q}}(\boldsymbol{s}_i))_k]-\sum_{k=1}^{3}\sum_{i=1}^{n}\sum_{j=1}^{n}o_{ij}k_{ij}^{\ s}\varphi_j(\boldsymbol{\Gamma}^{\frac{2p}{q}}(\boldsymbol{s}_i))_k \tag{3-93}$$

定义以下三个函数

$$V_f=\sum_{i=1}^{n}\frac{q}{p+q}\boldsymbol{\Gamma}^{\frac{p+q}{q}}(\boldsymbol{s}_i) \tag{3-94}$$

$$V_d=\sum_{i=1}^{n}\sum_{j=1}^{n}\int_{t-\tau_{ji}}^{t}\beta_{ij}[\boldsymbol{\Gamma}^{\frac{p}{q}}(\boldsymbol{s}_i)]^{\mathrm{T}}[\boldsymbol{\Gamma}^{\frac{p}{q}}(\boldsymbol{s}_i)]\mathrm{d}x \tag{3-95}$$

$$V_s=\sum_{k=1}^{3}\sum_{i=1}^{n}\sum_{j=1}^{n}o_{ij}k_{ij}^{\ s}\varphi_j(\boldsymbol{\Gamma}^{\frac{2p}{q}}(\boldsymbol{s}_i))_k \tag{3-96}$$

由式（3－88）可知 $V=V_f+V_d$，因此结合式（3－93），下式成立

$$
\begin{aligned}
\dot{V}_f &= \dot{V} - \dot{V}_d \\
&\leqslant -\sum_{k=1}^{3}\sum_{i=1}^{n}\left[\delta_i\left(\boldsymbol{\Gamma}^{\frac{p+q}{q}}(\boldsymbol{s}_i)\right)_k + \gamma_i\left(\boldsymbol{\Gamma}^{\frac{2p}{q}}(\boldsymbol{s}_i)\right)_k\right] - V_s - \dot{V}_d \\
&= -\sum_{k=1}^{3}\sum_{i=1}^{n}\left[\delta_i\left(\boldsymbol{\Gamma}^{\frac{p+q}{q}}(\boldsymbol{s}_i)\right)_k + \gamma_i\left(\boldsymbol{\Gamma}^{\frac{2p}{q}}(\boldsymbol{s}_i)\right)_k\right] - (V_s + \dot{V}_d)
\end{aligned} \tag{3-97}
$$

根据定义式（3－95）和式（3－96）可知，函数 $V_s(\boldsymbol{s}_i,\boldsymbol{s}_j(\tau_{ij}))$ 相对于扩张向量（$r_1 = 1, r_2 = 1$）是 $\kappa = \frac{p}{q}$ 阶齐次的，如下式所示

$$
\begin{aligned}
V_s(\rho\,\boldsymbol{s}_i,\rho\,\boldsymbol{s}_j(\tau_{ij})) &= \sum_{k=1}^{3}\sum_{i=1}^{n}\sum_{j=1}^{n} o_{ij}k_{ij}^{s}\,\|\rho\,\boldsymbol{s}_j(\tau_{ij})\|^{\frac{1}{2}}\left(\boldsymbol{\Gamma}^{\frac{2p}{q}}(\rho\,\boldsymbol{s}_i)\right)_k \\
&= \rho^{\frac{p}{q}} V_s(\boldsymbol{s}_i,\boldsymbol{s}_j(\tau_{ij}))
\end{aligned} \tag{3-98}
$$

函数 $\dot{V}_d(\boldsymbol{s}_i,\boldsymbol{s}_j(\tau_{ij}))$ 相对于扩张向量（$r_1 = 1, r_2 = 1$）是 $\kappa = \frac{2p}{q}$ 阶齐次的，如下式所示

$$
\begin{aligned}
&\dot{V}_d(\rho\,\boldsymbol{s}_i,\rho\,\boldsymbol{s}_j(\tau_{ij})) \\
&= \sum_{i=1}^{n}\sum_{j=1}^{n}\beta_{ij}\left\{\left[\boldsymbol{\Gamma}^{\frac{p}{q}}(\rho\,\boldsymbol{s}_i)\right]^{\mathrm{T}}\left[\boldsymbol{\Gamma}^{\frac{p}{q}}(\rho\,\boldsymbol{s}_i)\right] - (1-\dot{\tau}_{ij})\right. \\
&\quad\left.\left[\boldsymbol{\Gamma}^{\frac{p}{q}}(\rho\,\boldsymbol{s}_j(\tau_{ij}))\right]^{\mathrm{T}}\left[\boldsymbol{\Gamma}^{\frac{p}{q}}(\rho\,\boldsymbol{s}_j(\tau_{ij}))\right]\right\} \\
&= \rho^{\frac{2p}{q}}\dot{V}_d(\boldsymbol{s}_i,\boldsymbol{s}_j(\tau_{ij}))
\end{aligned} \tag{3-99}
$$

结合式（3－98）和式（3－99），下式成立

$$
\begin{aligned}
&\lim_{\rho\to 0}\frac{\dot{V}_d(\rho\,\boldsymbol{s}_i,\rho\,\boldsymbol{s}_j(\tau_{ij}))}{\rho^{\frac{p}{q}}} \\
&= \lim_{\rho\to 0}\frac{\rho^{\frac{2p}{q}}\dot{V}_d(\boldsymbol{s}_i,\boldsymbol{s}_j(\tau_{ij}))}{\rho^{\frac{p}{q}}} \\
&= \lim_{\rho\to 0}\rho^{\frac{p}{q}}\dot{V}_d(\boldsymbol{s}_i,\boldsymbol{s}_j(\tau_{ij})) = 0
\end{aligned} \tag{3-100}
$$

再根据引理 2－6 可知，$(V_s + \dot{V}_d)$ 是正定的。因此，式（3－97）可以进一步推导为

$$\begin{aligned}
\dot{V}_f &= -\sum_{k=1}^{3}\sum_{i=1}^{n}\left[\delta_i\left(\boldsymbol{\Gamma}^{\frac{p+q}{q}}(\boldsymbol{s}_i)\right)_k+\gamma_i\left(\boldsymbol{\Gamma}^{\frac{2p}{q}}(\boldsymbol{s}_i)\right)_k\right]-(V_s+\dot{V}_d)\\
&\leqslant -\sum_{k=1}^{3}\sum_{i=1}^{n}\left[\delta_i\left(\boldsymbol{\Gamma}^{\frac{p+q}{q}}(\boldsymbol{s}_i)\right)_k+\gamma_i\left(\boldsymbol{\Gamma}^{\frac{2p}{q}}(\boldsymbol{s}_i)\right)_k\right]\\
&\leqslant -\underline{\delta}_i V_f-\underline{\gamma}_i V_f^{\frac{2p}{p+q}}
\end{aligned} \tag{3-101}$$

其中，$\underline{\delta}_i=\frac{p+q}{q}\min(\delta_i)$，$i=1,2,\cdots,n$；$\underline{\gamma}_i=\left(\frac{p+q}{q}\right)^{\frac{2p}{p+q}}\min(\gamma_i)$，$i=1,2,\cdots,n$。

对式（3－101）两端同时积分，得

$$\begin{aligned}
&\int_{V_f(0)}^{0}\frac{\mathrm{d}V_f}{\underline{\delta}_i V_f+\underline{\gamma}_i V_f^{\frac{2p}{p+q}}}\leqslant-\int_0^T\mathrm{d}t\\
&T\leqslant\frac{p+q}{\underline{\delta}_i(q-p)}\ln\left(\frac{\underline{\delta}_i\,|V_f(0)|^{\frac{q-p}{p+q}}+\underline{\gamma}_i}{\underline{\gamma}_i}\right)
\end{aligned} \tag{3-102}$$

因此，$V_f=0$ 可以在有限时间内到达，根据式（3－94）可知，滑模平面 $\boldsymbol{s}_i=0$ 能够在有限时间内到达，最后结合定理3－3，编队飞行航天器的姿态能够在有限时间内收敛于期望姿态。

注3－9 为了保证系统状态能够在有限时间内收敛到滑模平面，终端滑模控制器的设计都是不连续的。这种不连续性会使控制信号产生“抖颤”现象。在实际应用中，“抖颤”现象需要极大的控制功率来实现，且容易激发建模过程中忽略的高频动态，难以在工程上应用。因此，控制信号应尽力避免“抖颤”。本节所设计连续控制器，能够在保证控制信号光滑的前提下实现系统状态的有限时间收敛，为其在实际应用中的实现提供便利。

注3－10 定理3－6证明了控制器式（3－83）能够在星间通信存在延迟的情况下实现航天器编队的有限时间姿态协同，并且航天器编队的通信拓扑结构不必是固定的无向图。通过在控制器中引入二进制变量 $o_{ij}=0,1$ 来表达连接情况，使得控制器的结构更加清晰。由于在稳定性分析过程中并没有对 o_{ij} 进行任何限制，因此航天器编队的通信拓扑结构可以为任意形式：有向的、无向的、静态的甚至动态的。同时，由式（3－87）可以看出，对于任一相对运动控制权重系数 $k_{ij}^{\ i}$，总能找到合适的系数 $k_{ij}^{\ j}$ 满足 $4(1-\dot{\tau}_{ij})(k_{ij}^{\ i}-\beta_{ij})\beta_{ij}\geqslant(k_{ij}^{\ j})^2$。但是需要指出的是，虽然控制器式（3－83）可以适用于任何网络通信环境，但是保证通信拓扑的连接性仍然十分重要。连接的通信拓

扑能够提升航天器编队的可靠性、鲁棒性和整体性能，使编队行为更加同步，而在非连接的通信拓扑结构下，虽然控制器也能完成姿态协同，但相对运动控制项的失效会使编队系统的整体控制性能下降。

注 3-11 由式（3-102）可以看出，所设计的控制器式（3-83）和快速滑模平面式（3-40）都具有快速滑模形式，系统状态由初始值到达滑模面上的时间为

$$T(V_f(0)\to 0)\leqslant \frac{p+q}{\underline{\delta}_i(q-p)}\ln\left(\frac{\underline{\delta}_i\ |V_f(0)|^{\frac{q-p}{p+q}}+\underline{\gamma}_i}{\underline{\gamma}_i}\right) \tag{3-103}$$

根据式（3-32）可知，当系统状态到达滑模面上时，从 $\boldsymbol{\sigma}_{ei}(T)\neq 0$ 到 $\boldsymbol{\sigma}_{ei}(T+T_1)=0$ 的时间 T_1 为

$$T_1\leqslant \frac{q}{c_1(q-p)}\ln\left(\frac{c_1\ |\boldsymbol{\sigma}_{ei}\ (T)_{(k)}|^{\frac{q-p}{q}}+c_2}{c_2}\right) \tag{3-104}$$

因此，整个编队系统姿态的收敛时间满足 $T_{\text{conv}}\leqslant T+T_1$。上式给出了收敛时间与控制参数间的关系。需要说明的是，收敛时间 T_{conv} 的确定依赖于系统状态 $\boldsymbol{\sigma}_{ei}$ 到达滑模面上时的值 $\boldsymbol{\sigma}_{ei}(T)$。

3.4.3 鲁棒性与抗干扰性分析

航天器在轨运行过程中，模型参数不确定性和干扰力矩都是必然存在的，它们对航天器的控制性能有很大影响，在控制器设计中忽略这些影响可能导致控制任务的失败。下面，通过分析式（3-1）和式（3-3）所描述的系统模型来考察连续有限时间姿态协同控制器对模型参数不确定性的鲁棒性和抗干扰性。

当考虑参数不确定性及干扰时，改写控制器为如下形式

$$\boldsymbol{u}_i=\boldsymbol{u}_i^a+\boldsymbol{u}_i^r,\ i=1,2,\cdots,n \tag{3-105}$$

其中，$\boldsymbol{u}_i^a$ 为绝对运动控制项，其表达式为

$$\boldsymbol{u}_i^a=-\mathbf{R}_i-\delta_i\boldsymbol{s}_i-\gamma_i\boldsymbol{\Gamma}^{\frac{p}{q}}(\boldsymbol{s}_i)-\boldsymbol{J}_{0i}\boldsymbol{Q}_i \tag{3-106}$$

其中，$\mathbf{R}_i=-\boldsymbol{\omega}_i^{\times}\boldsymbol{J}_{0i}\boldsymbol{\omega}_i-\boldsymbol{J}_{0i}(\boldsymbol{C}(\boldsymbol{\sigma}_{ei})\dot{\boldsymbol{\omega}}_d-\boldsymbol{\omega}_{ei}^{\times}\boldsymbol{C}(\boldsymbol{\sigma}_{ei})\boldsymbol{\omega}_d)$；$\boldsymbol{Q}_i=\dot{\boldsymbol{G}}_e\boldsymbol{\omega}_{ei}+c_1\dot{\boldsymbol{\sigma}}_{ei}+c_2\alpha\boldsymbol{\sigma}_{ei}^{\alpha-1}\dot{\boldsymbol{\sigma}}_{ei}$；$\delta_i$ 和 γ_i 为正的常数；p 和 q 为正的奇数，且 $\frac{1}{2}<\frac{p}{q}<1$。

$\boldsymbol{u}_i^r$ 为相对运动控制项，用于保持相对姿态精度，其表达式为

$$\boldsymbol{u}_i^r=-\sum_{j=1}^{n}k_{ij}^{\ i}\left[\boldsymbol{\Gamma}^{\frac{p}{q}}(\boldsymbol{s}_i)-o_{ij}\frac{k_{ij}^{\ j}}{k_{ij}^{\ i}}\boldsymbol{\Gamma}^{\frac{p}{q}}(\boldsymbol{s}_j(\tau_{ij}))+o_{ij}k_i^s\varphi_j\boldsymbol{\Gamma}^{\frac{p}{q}}(\boldsymbol{s}_i)\right] \tag{3-107}$$

其中，$k_{ij}^{\ i}$ 为相对运动控制的权重系数；o_{ij} 是一个二进制变量，用于描述 i 航天器与 j 航天器间的通信情况；$k_{ij}^{\ j}$ 为 j 航天器姿态信息的权重系数；k_i^s 为一个正的常数，定义 $k_{ij}^{\ s}=k_{ij}^i\cdot k_i^s$；$\varphi_j$ 的表达式如式（3－64）所示。

定理 3－7 当模型参数不确定且干扰力矩存在时，控制器式（3－83）能够使系统状态在有限时间内收敛到滑模平面 $\boldsymbol{s}_i=0$ 附近的一个小邻域内，即

$$\|\boldsymbol{s}_i\|\leqslant\Phi_i=\min(\Phi_{i1},\Phi_{i2})$$
$$\Phi_{i1}=\frac{\widetilde{\Phi}_i}{\delta_i} \tag{3-108}$$
$$\Phi_{i2}=\left(\frac{\widetilde{\Phi}_i}{\gamma_i}\right)^{\frac{q}{p}}$$

其中，$\widetilde{\Phi}_i=\|\boldsymbol{d}_i+\Delta\mathbf{R}_i+\Delta\boldsymbol{Q}_i\|$；$\Delta\boldsymbol{Q}_i=\Delta\boldsymbol{J}_i\boldsymbol{Q}_i$；$\Delta\mathbf{R}_i=-\boldsymbol{\omega}_i^{\times}\Delta J\boldsymbol{\omega}_i-\Delta J(\boldsymbol{C}_{ei}\dot{\boldsymbol{\omega}}_d-\boldsymbol{\omega}_{ei}^{\times}\boldsymbol{C}_{ei}\boldsymbol{\omega}_d)$。并且，跟踪误差能够在有限时间内到达平衡点附近的一个小邻域内，表示为

$$|(\boldsymbol{\sigma}_{ei})_k|\leqslant\min\left[\frac{\Phi_i}{c_1},\left(\frac{\Phi_i}{c_2}\right)^{\frac{q}{p}}\right],\ k=1,2,3 \tag{3-109}$$

证明 考虑如下标量函数

$$\begin{aligned}V&=V_f+V_d\\&=\frac{q}{p+q}\sum_{i=1}^{n}\boldsymbol{\Gamma}^{\frac{p+q}{2q}}(\boldsymbol{s}_i)\boldsymbol{J}_i\boldsymbol{\Gamma}^{\frac{p+q}{2q}}(\boldsymbol{s}_i)+\sum_{i=1}^{n}\sum_{j=1}^{n}\int_{t-\tau_{ji}}^{t}\beta_{ij}[\boldsymbol{\Gamma}^{\frac{p}{q}}(\boldsymbol{s}_i)]^{\mathrm{T}}[\boldsymbol{\Gamma}^{\frac{p}{q}}(\boldsymbol{s}_i)]\mathrm{d}x\end{aligned} \tag{3-110}$$

计算其相对时间的一阶导数，得

$$\begin{aligned}\dot{V}&=\sum_{i=1}^{n}[\boldsymbol{\Gamma}^{\frac{q}{q}}(\boldsymbol{s}_i)]^{\mathrm{T}}\boldsymbol{J}_i\dot{\boldsymbol{s}}_i+\dot{V}_d\\&=\sum_{i=1}^{n}[\boldsymbol{\Gamma}^{\frac{p}{q}}(\boldsymbol{s}_i)]^{\mathrm{T}}(\boldsymbol{J}_{0i}\dot{\boldsymbol{\omega}}_{ei}+\boldsymbol{J}_{0i}\boldsymbol{Q}_i+\Delta\boldsymbol{Q}_i)+\dot{V}_d\end{aligned} \tag{3-111}$$

其中，$\dot{V}_d$ 的表达式为

$$\dot{V}_d=\sum_{i=1}^{n}\sum_{j=1}^{n}\beta_{ij}\{[\boldsymbol{\Gamma}^{\frac{p}{q}}(\boldsymbol{s}_i)]^{\mathrm{T}}[\boldsymbol{\Gamma}^{\frac{p}{q}}(\boldsymbol{s}_i)]-(1-\dot{\tau}_{ij})[\boldsymbol{\Gamma}^{\frac{p}{q}}(\boldsymbol{s}_j(\tau_{ij}))]^{\mathrm{T}}[\boldsymbol{\Gamma}^{\frac{p}{q}}(\boldsymbol{s}_j(\tau_{ij}))]\} \tag{3-112}$$

将系统动力学方程式（3－3）和控制器式（3－105）代入到式（3－

111）中，有

$$\begin{aligned}\dot{V} &= \sum_{i=1}^{n}\left[\boldsymbol{\Gamma}^{\frac{p}{q}}(\boldsymbol{s}_i)\right]^{\mathrm{T}}(\mathbf{R}_i + \boldsymbol{u}_i + \boldsymbol{d}_i + \Delta\mathbf{R}_i + \boldsymbol{J}_i\boldsymbol{Q}_i + \Delta\boldsymbol{Q}_i) + \dot{V}_d \\ &= \sum_{i=1}^{n}\left[\boldsymbol{\Gamma}^{\frac{p}{q}}(\boldsymbol{s}_i)\right]^{\mathrm{T}}(-\delta_i\boldsymbol{s}_i - \gamma_i\boldsymbol{\Gamma}^{\frac{p}{q}}(\boldsymbol{s}_i) + \boldsymbol{d}_i + \Delta\mathbf{R}_i + \Delta\boldsymbol{Q}_i + \boldsymbol{u}_i^r) + \dot{V}_d\end{aligned} \tag{3-113}$$

将式（3-113）进一步推导，可以改写成如下形式

$$\begin{aligned}\dot{V} = &-\sum_{i=1}^{n}\left[\boldsymbol{\Gamma}^{\frac{p}{q}}(\boldsymbol{s}_i)\right]^{\mathrm{T}}\left[\delta_i I - \mathrm{diag}(\boldsymbol{d}_i + \Delta\mathbf{R}_i + \Delta\boldsymbol{Q}_i)\mathrm{diag}^{-1}(\boldsymbol{s}_i)\right]\boldsymbol{s}_i \\ &-\sum_{i=1}^{n}\left[\boldsymbol{\Gamma}^{\frac{p}{q}}(\boldsymbol{s}_i)\right]^{\mathrm{T}}\gamma_i\boldsymbol{\Gamma}^{\frac{p}{q}}(\boldsymbol{s}_i) + \sum_{i=1}^{n}\left[\boldsymbol{\Gamma}^{\frac{p}{q}}(\boldsymbol{s}_i)\right]^{\mathrm{T}}\boldsymbol{u}_i^r + \dot{V}_d\end{aligned} \tag{3-114}$$

$$\begin{aligned}\dot{V} = &-\sum_{i=1}^{n}\left[\boldsymbol{\Gamma}^{\frac{p}{q}}(\boldsymbol{s}_i)\right]^{\mathrm{T}}\left[\gamma_i\boldsymbol{I} - \mathrm{diag}(\boldsymbol{d}_i + \Delta\mathbf{R}_i + \Delta\boldsymbol{Q}_i)\mathrm{diag}^{-1}(\boldsymbol{\Gamma}^{\frac{p}{q}}(\boldsymbol{s}_i))\right]\boldsymbol{\Gamma}^{\frac{p}{q}}(\boldsymbol{s}_i) \\ &-\sum_{i=1}^{n}\left[\boldsymbol{\Gamma}^{\frac{p}{q}}(\boldsymbol{s}_i)\right]^{\mathrm{T}}\delta_i\boldsymbol{s}_i + \sum_{i=1}^{n}\left[\boldsymbol{\Gamma}^{\frac{p}{q}}(\boldsymbol{s}_i)\right]^{\mathrm{T}}\boldsymbol{u}_i^r + \dot{V}_d\end{aligned} \tag{3-115}$$

从式（3-114）可以看出，在矩阵 $[\delta_i\boldsymbol{I} - \mathrm{diag}(\boldsymbol{d}_i + \Delta\mathbf{R}_i + \Delta\boldsymbol{Q}_i)\mathrm{diag}^{-1}(\boldsymbol{s}_i)]$ 是正定的情况下，即其对角线元素均大于零时，式（3-114）的形式与式（3-91）相同，根据定理3-6 的分析与结论可知，系统状态能够在有限时间内收敛。首先定义符号 $\hat{\boldsymbol{d}}_i$ 为

$$\hat{\boldsymbol{d}}_i = (\boldsymbol{d}_i + \Delta\mathbf{R}_i + \Delta\boldsymbol{Q}_i) \tag{3-116}$$

如果如下不等式成立

$$\delta_i - \frac{(\hat{\boldsymbol{d}}_i)_k}{(\boldsymbol{s}_i)_k} > 0 \tag{3-117}$$

那么下式描述的区域可以在有限时间内到达

$$\begin{aligned}|(\boldsymbol{s}_i)_k| &\leqslant \frac{|(\hat{\boldsymbol{d}}_i)_k|}{\delta_i} \\ \|\boldsymbol{s}_i\| &\leqslant \frac{\widetilde{\Phi}_i}{\delta_i} = \Phi_{i1}\end{aligned} \tag{3-118}$$

同理，对于式（3-115），下式描述的区间

$$\|\boldsymbol{s}_i\| \leqslant \left(\frac{\widetilde{\Phi}_i}{\gamma_i}\right)^{\frac{q}{p}} = \Phi_{i2} \tag{3-119}$$

可以在有限时间内到达。因此，滑模平面 $\boldsymbol{s}_i = 0$ 附近的邻域 Φ_i 能够在有限时间内到达。当系统状态到达区间 Φ_i 内时，有

$$\boldsymbol{s}_i = \hat{\Phi}_i \tag{3-120}$$

其中，$|\hat{\Phi}_i| \leqslant \Phi_i$ 。于是有下式成立

$$(\dot{\boldsymbol{\sigma}}_{ei})_k + c_1(\boldsymbol{\sigma}_{ei})_k + c_2\boldsymbol{\Gamma}^{\frac{p}{q}}(\boldsymbol{\sigma}_{ei})_k = \hat{\Phi}_i \tag{3-121}$$

式（3－121）可以进一步推导为下面两个等式

$$(\dot{\boldsymbol{\sigma}}_{ei})_k + \left[c_1 - \frac{\hat{\Phi}_i}{(\boldsymbol{\sigma}_{ei})_k}\right](\boldsymbol{\sigma}_{ei})_k + c_2\boldsymbol{\Gamma}^{\frac{p}{q}}(\boldsymbol{\sigma}_{ei})_k = 0 \tag{3-122}$$

$$(\dot{\boldsymbol{\sigma}}_{ei})_k + c_1(\boldsymbol{\sigma}_{ei})_k + \left[c_2 - \frac{\hat{\Phi}_i}{\boldsymbol{\Gamma}^{\frac{p}{q}}(\boldsymbol{\sigma}_{ei})_k}\right]\boldsymbol{\Gamma}^{\frac{p}{q}}(\boldsymbol{\sigma}_{ei})_k = 0 \tag{3-123}$$

当不等式

$$|(\boldsymbol{\sigma}_{ei})_k| > \min\left[\frac{|\hat{\Phi}_i|}{c_1}, \left(\frac{|\hat{\Phi}_i|}{c_2}\right)^{\frac{q}{p}}\right] \tag{3-124}$$

成立时，式（3－122）和式（3－123）将会保持和快速滑模平面相同的结构，因此，姿态跟踪误差将会在有限时间内到达下述区域

$$|(\boldsymbol{\sigma}_{ei})_k| \leqslant \min\left[\frac{|\hat{\Phi}_i|}{c_1}, \left(\frac{|\hat{\Phi}_i|}{c_2}\right)^{\frac{q}{p}}\right] \leqslant \min\left[\frac{\Phi_i}{c_1}, \left(\frac{\Phi_i}{c_2}\right)^{\frac{q}{p}}\right] \tag{3-125}$$

证毕。

注 3－12 式（3－108）中的两个区域 Φ_{i1} 和 Φ_{i2} 可以分别视为线性控制和带有分数幂项 p/q 的控制结果。如果控制参数 δ_i 和 γ_i 选择得足够大，满足

$$\delta_i, \gamma_i > \widetilde{\Phi}_i \tag{3-126}$$

那么 $\Phi_{i1} < 1$ 和 $\Phi_{i2} < 1$ 成立。由于 $q/p > 1$ ，根据式（3－119）可知，Φ_{i2} 中的指数 q/p 会在很大程度上减小区间 Φ_{i2} 的大小。同理，也可以选择足够大的控制参数 c_1 和 c_2 减小式（3－125）的区间范围。因此，控制器式（3－105）能够在模型参数不确定和干扰力矩存在的情况下保证高精度的姿态协同控制。另一方面，控制参数 δ_i 、γ_i 、c_1 和 c_2 的选择同时受到系统结构共振模态、时间延迟和系统采样频率等制约。虽然选取较大的控制参数能够得到较高的控制精度，但这是以更大的控制能耗和更长的收敛时间作为代价的。因此，在实际应用中，控制参数需要根据系统的性能指标要求、模型参数扰

动量和干扰力矩大小、系统的物理特性和计算能力来选择。

3.5 拉格朗日系统编队姿态协同控制方法

由于许多力学系统都可以由拉格朗日方程直接描述或间接地转化为拉格朗日形式，因此对拉格朗日系统编队的协同控制研究有着重要的实际意义，如机械臂编队角位置协同控制、多刚体编队的位置协同控制以及机器人编队位置控制等二阶系统编队问题。考虑有外界参考姿态信息的编队系统时，无源分解法能够将编队系统的控制问题分解为机动控制和相对保持控制两部分，通过分别针对这两个部分设计相应的控制器，使问题的分析得以简化，但这种方法需要精确的模型参数。考虑到模型参数不确定、空间环境干扰力矩和星间通信延迟等不利因素的影响，需要所设计的控制器具有较强的鲁棒性。针对某些有快速机动要求的任务，可以基于行为方式协同策略和有限时间控制理论来设计姿态协同控制器。

3.5.1 问题描述与控制目标

考虑一个编队系统由 n 个刚体构成，当采用修正罗德里格参数描述其姿态运动时，基于相对姿态描述的编队飞行航天器系统可由式（3－1）和式（3－2）给出，进一步推导其拉格朗日形式，如下式所示

$$\boldsymbol{M}\ddot{\boldsymbol{\sigma}}_e+\boldsymbol{C}\dot{\boldsymbol{\sigma}}_e+\boldsymbol{G}_e^{-\mathrm{T}}\boldsymbol{E}=\boldsymbol{G}_e^{-\mathrm{T}}\boldsymbol{u} \tag{3-127}$$

其中，$\boldsymbol{G}_e=\boldsymbol{G}(\boldsymbol{\sigma}_e)$，$\boldsymbol{M}=\boldsymbol{G}_e^{-\mathrm{T}}\boldsymbol{J}\boldsymbol{G}_e^{-1}$，$\boldsymbol{C}=-\boldsymbol{M}\dot{\boldsymbol{G}}_e\boldsymbol{G}_e^{-1}-\boldsymbol{G}_e^{-\mathrm{T}}(\boldsymbol{J}\boldsymbol{G}_e^{-1}\dot{\boldsymbol{\sigma}}_e)^{\times}\boldsymbol{G}_e^{-1}+\boldsymbol{G}_e^{-\mathrm{T}}\boldsymbol{\omega}_d^{\times}\boldsymbol{J}\boldsymbol{G}_e^{-1}$，$\boldsymbol{E}=\boldsymbol{J}\dot{\boldsymbol{\omega}}_d+\boldsymbol{\omega}_d\boldsymbol{J}\boldsymbol{\omega}_d$。考虑到模型参数的不确定性因素以及系统所受的外干扰力矩，系统的动力学模型可以写成

$$\boldsymbol{M}_0\ddot{\boldsymbol{\sigma}}_e+\boldsymbol{C}_0\dot{\boldsymbol{\sigma}}_e+\boldsymbol{G}_e^{-\mathrm{T}}\boldsymbol{E}_0=\boldsymbol{G}_e^{-\mathrm{T}}\boldsymbol{u}+\boldsymbol{G}_e^{-\mathrm{T}}\Delta\boldsymbol{d} \tag{3-128}$$

其中

$$\boldsymbol{M}_0=\boldsymbol{G}_e^{-\mathrm{T}}\boldsymbol{J}_0\boldsymbol{G}_e^{-1} \tag{3-129}$$

$$\boldsymbol{C}_0=-\boldsymbol{M}_0\dot{\boldsymbol{G}}_e\boldsymbol{G}_e^{-1}-\boldsymbol{G}_e^{-\mathrm{T}}(\boldsymbol{J}_0\boldsymbol{G}_e^{-1}\dot{\boldsymbol{\sigma}}_e)^{\times}\boldsymbol{G}_e^{-1}+\boldsymbol{G}_e^{-\mathrm{T}}\boldsymbol{\omega}_d^{\times}\boldsymbol{J}_0\boldsymbol{G}_e^{-1} \tag{3-130}$$

$$\boldsymbol{E}_0=\boldsymbol{J}_0\dot{\boldsymbol{\omega}}_d+\boldsymbol{\omega}_d\boldsymbol{J}_0\boldsymbol{\omega}_d \tag{3-131}$$

$$\Delta\boldsymbol{d}(\boldsymbol{\sigma}_e,\dot{\boldsymbol{\sigma}}_e,\dot{\boldsymbol{\omega}}_d,\boldsymbol{\omega}_d,\Delta\boldsymbol{J},\boldsymbol{d}) = -\Delta\boldsymbol{J}\,\dot{\boldsymbol{\omega}}_d + \boldsymbol{G}_e^{-\mathrm{T}}\Delta\boldsymbol{J}\,\boldsymbol{G}_e^{-1}\,\dot{\boldsymbol{G}}_e\,\boldsymbol{G}_e^{-1} + \boldsymbol{G}_e^{-\mathrm{T}}(\Delta\boldsymbol{J}\,\boldsymbol{G}_e^{-1}\,\dot{\boldsymbol{\sigma}}_e)^{\times}\boldsymbol{G}_e^{-1} - \boldsymbol{G}_e^{-\mathrm{T}}\,\boldsymbol{\omega}_d^{\times}\,\Delta\boldsymbol{J}\,\boldsymbol{G}_e^{-1} - \boldsymbol{\omega}_d\Delta\boldsymbol{J}\,\boldsymbol{\omega}_d - \boldsymbol{G}_e^{-\mathrm{T}}\Delta\boldsymbol{J}\,\boldsymbol{G}_e^{-1} + \boldsymbol{d} \tag{3-132}$$

假设误差转动惯量和外干扰力矩都是有界的，当期望姿态有界时，广义干扰项 $\Delta\boldsymbol{d}$ 也是有界的。那么编队拉格朗日系统的姿态协同控制问题可以表述为：当存在模型不确定性及外干扰力矩时，为编队中的每个成员设计合适的协同控制律 $\boldsymbol{u}_i$，使得编队中各成员的姿态能够在有限时间内收敛于期望姿态并保持一定的相对姿态控制精度。

3.5.2 有限时间协同控制器设计

针对由式（3－128）描述的动力学系统，设计姿态协同控制器如下

$$\boldsymbol{u}_i = -\boldsymbol{u}_i^t - \boldsymbol{u}_i^r,\ i = 1,2,\cdots,n \tag{3-133}$$

控制器的设计基于行为方式的协同策略，其中，$\boldsymbol{u}_i^t$ 为绝对运动控制项，$\boldsymbol{u}_i^r$ 为相对运动控制项。绝对运动控制项 $\boldsymbol{u}_i^t = \boldsymbol{u}_i^F + \boldsymbol{u}_i^D$，其中

$$\boldsymbol{u}_i^F = -(\boldsymbol{G}_{ei}^{\mathrm{T}}\boldsymbol{C}_{0i}\,\dot{\boldsymbol{\sigma}}_e + \boldsymbol{E}_{0i}) + \boldsymbol{G}_{ei}^{\mathrm{T}}\boldsymbol{M}_{0i}(c_1\,\dot{\boldsymbol{\sigma}}_{ei} + c_2\alpha\,\boldsymbol{\sigma}_{ei}^{\alpha-1}\,\dot{\boldsymbol{\sigma}}_{ei}) \tag{3-134}$$

可以保证编队中各成员的姿态对期望姿态的跟踪。

$$\boldsymbol{u}_i^D = \rho_i\mathrm{sgn}(\boldsymbol{s}_i) \tag{3-135}$$

其中，$\rho_i = \boldsymbol{G}_{ei}^{\mathrm{T}}\boldsymbol{M}_{0i}\,\boldsymbol{\delta}_i$ 满足

$$(\boldsymbol{\delta}_i)_k > (\Delta\bar{\boldsymbol{d}}_i)_k = (|\boldsymbol{M}_{0i}^{-1}\,\boldsymbol{G}_{ei}^{-\mathrm{T}}\Delta\,\boldsymbol{d}_i|)_k,\ k = 1,2,3 \tag{3-136}$$

$\boldsymbol{s}_i$ 为快速滑模平面。$\boldsymbol{u}_i^D$ 可以增强控制系统的鲁棒性，抵消模型参数不确定性和干扰力矩带来的不利影响，使系统能够在这些不利因素存在的情况下达到控制目标。相对运动控制项的表达式为

$$\boldsymbol{u}_i^C = k_{ij}\,\boldsymbol{G}_{ei}^{\mathrm{T}}\boldsymbol{M}_{0i}\sum_{j=1}^{n}(\boldsymbol{s}_i - \boldsymbol{s}_j) \tag{3-137}$$

其中，$k_{ij} > 0$ 为权重系数，并且考虑双向通信拓扑结构，因此满足 $k_{ij} = k_{ji}$。

定理 3－8 对于式（3－128）描述的拉格朗日系统编队，控制器式（3－133）能够在模型参数不确定及干扰力矩存在且有界的情况下实现拉格朗日系统编队的姿态协同。

证明 将控制器式（3－133）代入到系统方程式（3－128），得到闭环系统的动力学模型

$$\ddot{\boldsymbol{\sigma}}_{ei} = -(c_1\,\dot{\boldsymbol{\sigma}}_{ei} + c_2\alpha\,\boldsymbol{\sigma}_{ei}^{\alpha-1}\,\dot{\boldsymbol{\sigma}}_{ei}) - \boldsymbol{\delta}_i\mathrm{sgn}(\boldsymbol{s}_i) - k_{ij}\sum_{j=1}^{n}(\boldsymbol{s}_i - \boldsymbol{s}_j) + \boldsymbol{M}_{0i}^{-1}\,\boldsymbol{G}_{ei}^{-\mathrm{T}}\Delta\,\boldsymbol{d}_i \tag{3-138}$$

然后考虑非负标量函数

$$V = \sum_{i=1}^{n} V_i = \sum_{i=1}^{n} \frac{1}{2} \boldsymbol{s}_i^{\mathrm{T}} \boldsymbol{s}_i \tag{3-139}$$

计算 V_i 相对时间的一阶导数有

$$\begin{aligned} \dot{V}_i &= \boldsymbol{s}_i^{\mathrm{T}} \dot{\boldsymbol{s}}_i \\ &= \boldsymbol{s}_i^{\mathrm{T}} (\ddot{\boldsymbol{\sigma}}_{ei} + c_1 \dot{\boldsymbol{\sigma}}_{ei} + c_2 \alpha \boldsymbol{\sigma}_{ei}^{\alpha-1} \dot{\boldsymbol{\sigma}}_{ei}) \end{aligned} \tag{3-140}$$

将闭环系统方程式（3－138）代入到式（3－140），得出

$$\begin{aligned} \dot{V}_i &= \boldsymbol{s}_i^{\mathrm{T}} [-\boldsymbol{\delta}_i \mathrm{sgn}(\boldsymbol{s}_i) + \boldsymbol{M}_{0i}^{-1} \boldsymbol{G}_{ei}^{-\mathrm{T}} \Delta \boldsymbol{d}_i - k^{ij} \sum_{j=1}^{n} (\boldsymbol{s}_i - \boldsymbol{s}_j)] \\ &\leqslant -\sum_{k=1}^{3} (\boldsymbol{\delta}_i - \Delta \bar{\boldsymbol{d}}_i)_k (|\boldsymbol{s}_i|)_k - k^{ij} \boldsymbol{s}_i^{\mathrm{T}} \sum_{j=1}^{n} (\boldsymbol{s}_i - \boldsymbol{s}_j) \\ &\leqslant -\|\boldsymbol{\delta}_i - \Delta \bar{\boldsymbol{d}}_i\| \|\boldsymbol{s}_i\| - k^{ij} \boldsymbol{s}_i^{\mathrm{T}} \sum_{j=1}^{n} (\boldsymbol{s}_i - \boldsymbol{s}_j) \end{aligned} \tag{3-141}$$

由于 $k_{ij} = k_{ji}$，推导出

$$\begin{aligned} \dot{V} &= \sum_{i=1}^{n} \dot{V}_i \\ &\leqslant -\sum_{i=1}^{n} [\|\boldsymbol{\delta}_i - \Delta \bar{\boldsymbol{d}}_i\| \|\boldsymbol{s}_i\| - k^{ij} \boldsymbol{s}_i^{\mathrm{T}} \sum_{j=1}^{n} (\boldsymbol{s}_i - \boldsymbol{s}_j)] \\ &= -\sum_{i=1}^{n} \|\boldsymbol{\delta}_i - \Delta \bar{\boldsymbol{d}}_i\| \|\boldsymbol{s}_i\| - \frac{1}{2} \sum_{i=1}^{n} \sum_{j=1}^{n} k^{ij} (\boldsymbol{s}_i - \boldsymbol{s}_j)^{\mathrm{T}} (\boldsymbol{s}_i - \boldsymbol{s}_j) \\ &\leqslant -\sum_{i=1}^{n} \|\boldsymbol{\delta}_i - \Delta \bar{\boldsymbol{d}}_i\| \|\boldsymbol{s}_i\| \end{aligned} \tag{3-142}$$

根据引理 2－1 可知

$$\dot{V} \leqslant -\varepsilon V^{\frac{1}{2}} \tag{3-143}$$

其中，$\varepsilon = \min(\sqrt{2}\|\boldsymbol{\delta}_i - \Delta \bar{\boldsymbol{d}}_i\|) > 0$，$i = 1, 2, \cdots, n$。因此可知，$V = 0$ 能够在有限时间内到达，进而根据式（3－139），快速滑模平面 $\boldsymbol{s}_i \equiv 0$ 能够在有限时间内到达。最后结合定理 3－3，拉格朗日系统编队姿态能够在有限时间内收敛于期望姿态。

3.5.3　协同控制器的改进

仍然考虑由式（3－128）描述的多拉格朗日系统编队，假设模型参数不

确定及外干扰力矩存在且有界，但通信拓扑结构不固定。当编队系统各成员间的通信存在时间延迟 τ_{ij} 时，其中 τ_{ij} 表示 i 成员接收到 j 成员状态信息所带有的时间延迟，假设通信延迟 τ_{ij} 的变化率 $\dot{\tau}_{ij}$ 满足 $\dot{\tau}_{ij} < 1$，那么，多拉格朗日系统编队的姿态协同控制问题可以描述为：为编队中的每个成员设计合适的协同控制律 $\boldsymbol{u}_i$，使拉格朗日系统编队能够在模型参数不确定、外界干扰力矩、通信延迟和通信拓扑结构变化同时存在的情况下，实现有限时间姿态协同控制。

为解决上述有限时间姿态协同控制问题，提出改进控制器如下

$$\boldsymbol{u}_i = -\boldsymbol{u}_i^F - \boldsymbol{u}_i^D - \boldsymbol{u}_i^C,\ i = 1,2,\cdots,n \tag{3-144}$$

其中

$$\boldsymbol{u}_i^F = -(\boldsymbol{G}_{ei}^{\mathrm{T}} \boldsymbol{C}_{0i} \dot{\boldsymbol{\sigma}}_e + \boldsymbol{E}_{0i}) + \boldsymbol{G}_{ei}^{\mathrm{T}} \boldsymbol{M}_{0i}(c_1 \dot{\boldsymbol{\sigma}}_{ei} + c_2\alpha \boldsymbol{\sigma}_{ei}^{\alpha-1} \dot{\boldsymbol{\sigma}}_{ei}) \tag{3-145}$$

$$\boldsymbol{u}_i^D = \boldsymbol{G}_{ei}^{\mathrm{T}} \boldsymbol{M}_{0i}[\delta_i \boldsymbol{s}_i + \gamma_i \boldsymbol{\Gamma}^{\frac{p}{q}}(\boldsymbol{s}_i)] \tag{3-146}$$

$$\boldsymbol{u}_i^{r} = -\boldsymbol{G}_{ei}^{\mathrm{T}} \boldsymbol{M}_{0i} \sum_{j=1}^{n} k_{ij}^{\ i}\left[\boldsymbol{\Gamma}^{\frac{p}{q}}(\boldsymbol{s}_i) - o_{ij}\frac{k_{ij}^{\ j}}{k_{ij}^{\ i}}\boldsymbol{\Gamma}^{\frac{p}{q}}(\boldsymbol{s}_j(\tau_{ij})) + o_{ij}k_i^s\varphi_j \boldsymbol{\Gamma}^{\frac{p}{q}}(\boldsymbol{s}_i)\right] \tag{3-147}$$

其中，δ_i 和 γ_i 为正的常数；p 和 q 为正的奇数且满足 $1/2 < p/q < 1$。控制器式（3－144）用一个线性项 $\delta_i \boldsymbol{s}_i$ 和一个幂函数项 $\gamma_i \boldsymbol{\Gamma}^{p/q}(\boldsymbol{s}_i)$ 来代替符号函数项，同样，在相对运动控制项中也使用了幂函数项代替符号函数项使得控制器连续。

定理3－9 在模型参数不确定和干扰力矩存在且有界的情况下，控制器式（3－144）能够使系统状态在有限时间内收敛到滑模平面 $\boldsymbol{s}_i = 0$ 附近的一个邻域内，表示为

$$\|\boldsymbol{s}_i\| \leqslant \Phi_i = \min(\Phi_{i1}, \Phi_{i2}) \tag{3-148}$$

其中，$\Phi_{i1} = \|\Delta \bar{\boldsymbol{d}}_i\|/\delta_i$；$\Phi_{i2} = (\|\Delta \bar{\boldsymbol{d}}_i\|/\gamma_i)^{q/p}$。跟踪误差能够在有限时间到达下述域内

$$|(\boldsymbol{\sigma}_{ei})_k| \leqslant \min\left[\frac{\Phi_i}{c_1}, \left(\frac{\Phi_i}{c_2}\right)^{\frac{q}{p}}\right],\ k = 1,2,3 \tag{3-149}$$

证明 将控制器式（3－144）代入到系统方程式（3－128），得到系统闭环方程为

$$\begin{aligned}\ddot{\boldsymbol{\sigma}}_{ei} = &-(c_1 \dot{\boldsymbol{\sigma}}_{ei} + c_2\alpha \boldsymbol{\sigma}_{ei}^{\alpha-1} \dot{\boldsymbol{\sigma}}_{ei}) - [\delta_i \boldsymbol{s}_i + \gamma_i \boldsymbol{\Gamma}^{\frac{p}{q}}(\boldsymbol{s}_i)] + \boldsymbol{M}_{0i}^{\ -1} \boldsymbol{G}_{ei}^{-\mathrm{T}}\Delta \boldsymbol{d}_i \\ &- \sum_{j=1}^{n} k_{ij}^{\ i}\left[\boldsymbol{\Gamma}^{\frac{p}{q}}(\boldsymbol{s}_i) - o_{ij}\frac{k_{ij}^{\ j}}{k_{ij}^{\ i}}\boldsymbol{\Gamma}^{\frac{p}{q}}(\boldsymbol{s}_j(\tau_{ij})) + o_{ij}k_i^s\varphi_j \boldsymbol{\Gamma}^{\frac{p}{q}}(\boldsymbol{s}_i)\right]\end{aligned} \tag{3-150}$$

考虑如下 Lyapunov 函数

$$V = V_f + V_d = \frac{q}{p+q}\sum_{i=1}^{n} \boldsymbol{\Gamma}^{\frac{p+q}{2q}}(\boldsymbol{s}_i)\,\boldsymbol{\Gamma}^{\frac{p+q}{2q}}(\boldsymbol{s}_i) + \sum_{i=1}^{n}\sum_{j=1}^{n}\int_{t-\tau_{ji}}^{t}\beta_{ij}\,[\boldsymbol{\Gamma}^{\frac{p}{q}}(\boldsymbol{s}_i)]^{\mathrm{T}}[\boldsymbol{\Gamma}^{\frac{p}{q}}(\boldsymbol{s}_i)]\,\mathrm{d}x \tag{3-151}$$

计算其相对时间的一阶导数有

$$\begin{aligned}\dot{V} &= \sum_{i=1}^{n}[\boldsymbol{\Gamma}^{\frac{q}{q}}(\boldsymbol{s}_i)]^{\mathrm{T}}\dot{\boldsymbol{s}}_i + \dot{V}_d \\ &= \sum_{i=1}^{n}[\boldsymbol{\Gamma}^{\frac{p}{q}}(\boldsymbol{s}_i)]^{\mathrm{T}}(\ddot{\boldsymbol{\sigma}}_{ei} + c_1\dot{\boldsymbol{\sigma}}_{ei} + c_2\alpha\,\boldsymbol{\sigma}_{ei}^{\alpha-1}\dot{\boldsymbol{\sigma}}_{ei}) + \dot{V}_d\end{aligned} \tag{3-152}$$

其中，$\dot{V}_d$ 的表达式为

$$\dot{V}_d = \sum_{i=1}^{n}\sum_{j=1}^{n}\beta_{ij}\{[\boldsymbol{\Gamma}^{\frac{p}{q}}(\boldsymbol{s}_i)]^{\mathrm{T}}[\boldsymbol{\Gamma}^{\frac{p}{q}}(\boldsymbol{s}_i)] - (1-\dot{\tau}_{ij})\,[\boldsymbol{\Gamma}^{\frac{p}{q}}(\boldsymbol{s}_j(\tau_{ij}))]^{\mathrm{T}}[\boldsymbol{\Gamma}^{\frac{p}{q}}(\boldsymbol{s}_j(\tau_{ij}))]\} \tag{3-153}$$

将式（3 - 150）代入式（3 - 152），有

$$\begin{aligned}\dot{V} = &\sum_{i=1}^{n}[\boldsymbol{\Gamma}^{\frac{p}{q}}(\boldsymbol{s}_i)]^{\mathrm{T}}(-[\delta_i\boldsymbol{s}_i + \gamma_i\boldsymbol{\Gamma}^{\frac{p}{q}}(\boldsymbol{s}_i)] + \boldsymbol{M}_{0i}^{-1}\boldsymbol{G}_{ei}^{-\mathrm{T}}\Delta\boldsymbol{d}_i) + \dot{V}_d \\ &- \sum_{i=1}^{n}[\boldsymbol{\Gamma}^{\frac{p}{q}}(\boldsymbol{s}_i)]^{\mathrm{T}}\sum_{j=1}^{n}k_{ij}^{\ i}[\boldsymbol{\Gamma}^{\frac{p}{q}}(\boldsymbol{s}_i) - o_{ij}\frac{k_{ij}^{\ j}}{k_{ij}^{\ i}}\boldsymbol{\Gamma}^{\frac{p}{q}}(\boldsymbol{s}_j(\tau_{ij})) + o_{ij}k_i^s\varphi_j\boldsymbol{\Gamma}^{\frac{p}{q}}(\boldsymbol{s}_i)]\end{aligned} \tag{3-154}$$

将式（3 - 154）进一步推导，可以改写成如下两种形式

$$\begin{aligned}\dot{V} = &-\sum_{i=1}^{n}[\boldsymbol{\Gamma}^{\frac{p}{q}}(\boldsymbol{s}_i)]^{\mathrm{T}}[\delta_i I - \mathrm{diag}(\Delta\bar{\boldsymbol{d}}_i)\,\mathrm{diag}^{-1}(\boldsymbol{s}_i)]\boldsymbol{s}_i \\ &- \sum_{i=1}^{n}[\boldsymbol{\Gamma}^{\frac{p}{q}}(\boldsymbol{s}_i)]^{\mathrm{T}}\gamma_i\boldsymbol{\Gamma}^{\frac{p}{q}}(\boldsymbol{s}_i) - \sum_{i=1}^{n}\sum_{j=1}^{n}o_{ij}k_i^s\varphi_j[\boldsymbol{\Gamma}^{\frac{p}{q}}(\boldsymbol{s}_i)]^{\mathrm{T}}\boldsymbol{\Gamma}^{\frac{p}{q}}(\boldsymbol{s}_i) \\ &- \sum_{i=1}^{n}\sum_{j=1}^{n}[1-\frac{o_{ij}(k_{ij}^{\ j})^2}{4(k_{ij}^{\ i}-\beta_{ij})}][\boldsymbol{\Gamma}^{\frac{p}{q}}(\boldsymbol{s}_j(\tau_{ij}))]^{\mathrm{T}}\boldsymbol{\Gamma}^{\frac{p}{q}}(\boldsymbol{s}_j(\tau_{ij})) - \sum_{i=1}^{n}\sum_{j=1}^{n}\lambda_{ij}^{\mathrm{T}}\lambda_{ij}\end{aligned} \tag{3-155}$$

$$
\begin{aligned}
\dot{V} = &-\sum_{i=1}^{n}[\boldsymbol{\Gamma}^{\frac{p}{q}}(\boldsymbol{s}_i)]^{\mathrm{T}}[\gamma_i\boldsymbol{I}-\operatorname{diag}(\Delta\bar{\boldsymbol{d}}_i)\operatorname{diag}^{-1}(\boldsymbol{\Gamma}^{\frac{p}{q}}(\boldsymbol{s}_i))]\boldsymbol{\Gamma}^{\frac{p}{q}}(\boldsymbol{s}_i)\\
&-\sum_{i=1}^{n}[\boldsymbol{\Gamma}^{\frac{p}{q}}(\boldsymbol{s}_i)]^{\mathrm{T}}\delta_i\boldsymbol{s}_i-\sum_{i=1}^{n}\sum_{j=1}^{n}o_{ij}k_i^s\varphi_j[\boldsymbol{\Gamma}^{\frac{p}{q}}(\boldsymbol{s}_i)]^{\mathrm{T}}\boldsymbol{\Gamma}^{\frac{p}{q}}(\boldsymbol{s}_i)\\
&-\sum_{i=1}^{n}\sum_{j=1}^{n}[1-\frac{o_{ij}(k_{ij}^{\ j})^2}{4(k_{ij}^{\ i}-\beta_{ij})}][\boldsymbol{\Gamma}^{\frac{p}{q}}(\boldsymbol{s}_j(\tau_{ij}))]^{\mathrm{T}}\boldsymbol{\Gamma}^{\frac{p}{q}}(\boldsymbol{s}_j(\tau_{ij}))-\sum_{i=1}^{n}\sum_{j=1}^{n}\boldsymbol{\lambda}_{ij}^{\mathrm{T}}\boldsymbol{\lambda}_{ij}
\end{aligned}
\tag{3-156}
$$

其中

$$
\boldsymbol{\lambda}_{ij}=\sqrt{k_{ij}^{\ i}-\beta_{ij}}\,\boldsymbol{\Gamma}^{\frac{p}{q}}(\boldsymbol{s}_i)-o_{ij}\frac{k_{ij}^{\ j}}{2\sqrt{k_{ij}^{\ i}-\beta_{ij}}}\boldsymbol{\Gamma}^{\frac{p}{q}}(\boldsymbol{s}_j(\tau_{ij}))
\tag{3-157}
$$

从式（3－155）中可以看出，如果

$$
\delta_i-\frac{(\Delta\bar{\boldsymbol{d}}_i)_k}{(\boldsymbol{s}_i)_k}>0
\tag{3-158}
$$

成立，那么

$$
\|\boldsymbol{s}_i\|\leqslant\frac{\|\Delta\bar{\boldsymbol{d}}_i\|}{\delta_i}=\Phi_{i1}
\tag{3-159}
$$

这时，矩阵 $[\delta_i\boldsymbol{I}-\operatorname{diag}(\Delta\bar{\boldsymbol{d}}_i)\operatorname{diag}^{-1}(\boldsymbol{s}_i)]$ 正定，进一步推导式（3－155）有下式成立

$$
\begin{aligned}
\dot{V}\leqslant&-\sum_{i=1}^{n}[\boldsymbol{\Gamma}^{\frac{p}{q}}(\boldsymbol{s}_i)]^{\mathrm{T}}[\delta_i\boldsymbol{I}-\operatorname{diag}(\Delta\bar{\boldsymbol{d}}_i)\operatorname{diag}^{-1}(\boldsymbol{s}_i)]\boldsymbol{s}_i\\
&-\sum_{i=1}^{n}\sum_{j=1}^{n}o_{ij}k_i^s\varphi_j[\boldsymbol{\Gamma}^{\frac{p}{q}}(\boldsymbol{s}_i)]^{\mathrm{T}}\boldsymbol{\Gamma}^{\frac{p}{q}}(\boldsymbol{s}_i)
\end{aligned}
\tag{3-160}
$$

定义

$$
V_s=\sum_{i=1}^{n}\sum_{j=1}^{n}o_{ij}k_i^s\varphi_j[\boldsymbol{\Gamma}^{\frac{p}{q}}(\boldsymbol{s}_i)]^{\mathrm{T}}\boldsymbol{\Gamma}^{\frac{p}{q}}(\boldsymbol{s}_i)
\tag{3-161}
$$

不难看出，$V_s(\boldsymbol{s}_i,\boldsymbol{s}_j(\tau_{ij}))$ 相对于扩张向量（$r_1=1,r_2=1$）是 $\kappa=\frac{p}{q}$ 阶齐次的，而从式（3－153）中可以看出，$\dot{V}_d(\boldsymbol{s}_i,\boldsymbol{s}_j(\tau_{ij}))$ 相对于扩张向量（$r_1=1,r_2=1$）是 $\kappa=\frac{2p}{q}$ 阶齐次的。结合引理2－3可知，系统状态能够在有限时间内收敛至 $\|\boldsymbol{s}_i\|\leqslant\Phi_{i1}$。同理，根据式（3－156）可知，系统状态能够在有限时间内收敛至 $\|\boldsymbol{s}_i\|\leqslant\Phi_{i2}$。因此，邻域 Φ_i 能够在有限时间内到达。这时，下式成立

$$s_i = \hat{\Phi}_i \tag{3-162}$$

其中，$|\hat{\Phi}_i| \leqslant \Phi_i$。于是

$$(\dot{\boldsymbol{\sigma}}_{ei})_k + c_1 (\boldsymbol{\sigma}_{ei})_k + c_2 \boldsymbol{\Gamma}^{\frac{p}{q}} (\boldsymbol{\sigma}_{ei})_k = \hat{\Phi}_i \tag{3-163}$$

式（3－163）可以进一步推导为下面两个等式

$$(\dot{\boldsymbol{\sigma}}_{ei})_k + \left[c_1 - \frac{\hat{\Phi}_i}{(\boldsymbol{\sigma}_{ei})_k}\right] (\boldsymbol{\sigma}_{ei})_k + c_2 \boldsymbol{\Gamma}^{\frac{p}{q}} (\boldsymbol{\sigma}_{ei})_k = 0 \tag{3-164}$$

$$(\dot{\boldsymbol{\sigma}}_{ei})_k + c_1 (\boldsymbol{\sigma}_{ei})_k + \left[c_2 - \frac{\hat{\Phi}_i}{\boldsymbol{\Gamma}^{\frac{p}{q}} (\boldsymbol{\sigma}_{ei})_k}\right] \boldsymbol{\Gamma}^{\frac{p}{q}} (\boldsymbol{\sigma}_{ei})_k = 0 \tag{3-165}$$

当 $|(\boldsymbol{\sigma}_{ei})_k| > \min\left[\frac{|\hat{\Phi}_i|}{c_1}, \left(\frac{|\hat{\Phi}_i|}{c_2}\right)^{\frac{q}{p}}\right]$ 时，姿态跟踪误差将会在有限时间内到达下述区域

$$|(\boldsymbol{\sigma}_{ei})_k| \leqslant \min\left[\frac{|\hat{\Phi}_i|}{c_1}, \left(\frac{|\hat{\Phi}_i|}{c_2}\right)^{\frac{q}{p}}\right] \leqslant \min\left[\frac{\Phi_i}{c_1}, \left(\frac{\Phi_i}{c_2}\right)^{\frac{q}{p}}\right] \tag{3-166}$$

3.6　仿真验证及结果分析

本书将通过实际例子，对本章中提出的姿态协同控制方法进行仿真分析及验证。仿真主要针对协同控制器式（3－4）、式（3－45）、式（3－60）和式（3－105）。数值仿真分为两大部分，第一部分以验证有效性和鲁棒性为主，主要在较大初值状态误差、模型参数不确定、干扰力矩和通信延迟等恶劣条件下，对三个控制器式（3－4）、式（3－45）、式（3－60）进行仿真验证。第二部分对控制器式（3－105）在多种实际飞行情景中的状态进行数值仿真，对这一类有限时间控制器的性能指标进行详细的分析。

考虑一个由四颗卫星构成的编队系统，运行在 300 km 的高圆轨道上。为了更贴近真实情况，每个卫星的转动惯量均有所差异，标称转动惯量与扰动转动惯量的取值如下

$$\boldsymbol{J}_{01} = \begin{pmatrix} 30 & 0 & 2 \\ 0 & 35 & 0 \\ 2 & 0 & 40 \end{pmatrix} \text{kg}\cdot\text{m}^2 \qquad \boldsymbol{J}_{02} = \begin{pmatrix} 32 & 1 & 0.5 \\ 1 & 34 & 3 \\ 0.5 & 3 & 42 \end{pmatrix} \text{kg}\cdot\text{m}^2$$

$$\boldsymbol{J}_{03}=\begin{pmatrix}35 & 0.8 & 2\\ 0.8 & 39 & 1\\ 2 & 1 & 41\end{pmatrix}\text{kg}\cdot\text{m}^2\qquad \boldsymbol{J}_{04}=\begin{pmatrix}33 & 0.4 & 0\\ 0.4 & 36 & 0.8\\ 0 & 0.8 & 38\end{pmatrix}\text{kg}\cdot\text{m}^2$$

$$\Delta\boldsymbol{J}_1=0.28\boldsymbol{J}_{01},\ \Delta\boldsymbol{J}_2=0.3\boldsymbol{J}_{02},\ \Delta\boldsymbol{J}_3=0.26\boldsymbol{J}_{03},\ \Delta\boldsymbol{J}_4=0.31\boldsymbol{J}_{04}$$

编队飞行的任务需要编队中各个卫星在跟踪另一个参考的航天器姿态的同时保持星间相对姿态的一致协同。假设由参考航天器提供的期望姿态角速度为 $\boldsymbol{\omega}_d=(0.2\quad 0.4\quad 0.6)\text{rad/s}$，姿态初值为 $\boldsymbol{\sigma}_d(0)=(0.1\quad 0.3\quad 0.2)^{\text{T}}$，编队中各航天器的初始姿态设定为

$$\boldsymbol{\omega}_1(0)=(0.45\quad -0.43\quad 0.77)^{\text{T}}\text{rad/s},\ \boldsymbol{\sigma}_1(0)=(0.2\quad 0.2\quad -0.2)^{\text{T}}$$

$$\boldsymbol{\omega}_2(0)=(0.52\quad -0.26\quad 0.33)^{\text{T}}\text{rad/s},\ \boldsymbol{\sigma}_2(0)=(0.3\quad 0.2\quad 0.3)^{\text{T}}$$

$$\boldsymbol{\omega}_3(0)=(-0.26\quad 0.22\quad -0.13)^{\text{T}}\text{rad/s},\ \boldsymbol{\sigma}_3(0)=(-0.2\quad 0.1\quad -0.1)^{\text{T}}$$

$$\boldsymbol{\omega}_4(0)=(-0.37\quad -0.19\quad -0.23)^{\text{T}}\text{rad/s},\ \boldsymbol{\sigma}_4(0)=(0.4\quad -0.2\quad 0.1)^{\text{T}}$$

对于低轨道上的航天器，重力梯度力矩是影响卫星运行的主要干扰力矩，并且重力梯度力矩通常为常值力矩，而其他干扰力矩，如气动力矩和太阳光压力矩都可以看作慢时变的或周期性的干扰力矩。因此，仿真中干扰力矩的形式由常值干扰力矩和由三角函数表示的周期性干扰力矩相加构成，$\boldsymbol{d}_i=\boldsymbol{d}_i^c+\boldsymbol{d}_i^v$，其中，$\boldsymbol{d}_i^c$ 为干扰力矩中的常值部分，用于表示重力梯度力矩；$\boldsymbol{d}_i^v$ 为干扰力矩中的变化部分，用于表示其他力矩的影响。为了突出所设计控制器的抗干扰能力，每个卫星所受的干扰力矩都不相同，并且选择较大的干扰力矩如下

$$\boldsymbol{d}_1^c=(0.12\quad -0.18\quad 0.12)^{\text{T}}\text{N}\cdot\text{m}$$

$$\boldsymbol{d}_2^c=(0.1\quad 0.14\quad -0.17)^{\text{T}}\text{N}\cdot\text{m}$$

$$\boldsymbol{d}_3^c=(-0.13\quad 0.16\quad -0.1)^{\text{T}}\text{N}\cdot\text{m}$$

$$\boldsymbol{d}_4^c=(0.15\quad -0.14\quad -0.13)^{\text{T}}\text{N}\cdot\text{m}$$

$$\boldsymbol{d}_i^v=\frac{1}{5}\left((\boldsymbol{d}_i^c)_1\sin\left(\frac{t}{12}\right),\quad (\boldsymbol{d}_i^c)_2\cos\left(\frac{t}{15}\right),\quad (\boldsymbol{d}_i^c)_3\sin\left(\frac{t}{10}\right)\cos\left(\frac{t}{15}\right)\right)^{\text{T}},$$

$$i=1,2,3,4$$

考虑控制力矩饱和的情况，仿真中假设控制力矩满足 $|(\boldsymbol{u}_i)_k|\leqslant 1N\cdot m$，$k=1,2,3$。

第一部分 首先考察控制器式（3-4）。控制器参数选取为 $c=0.8$；λ_i 由下式给定：

$$\lambda_i = f(\boldsymbol{\omega}_{bi}) + 4\left|\boldsymbol{\omega}_{ei}^{\times}R(\boldsymbol{\sigma}_{ei})\,\boldsymbol{\omega}_d - R(\boldsymbol{\sigma}_{ei})\,\dot{\boldsymbol{\omega}}_d\right| + 4c\left|\boldsymbol{G}(\boldsymbol{\sigma}_{ei})\,\boldsymbol{\omega}_{ei}\right| + \boldsymbol{\xi}_i$$

其中，$(\boldsymbol{\xi}_i)_k = 0.6$；并且

$$f(\boldsymbol{\omega}_{bi}) = 8(\,|(\boldsymbol{\omega}_{bi})_2(\boldsymbol{\omega}_{bi})_3|\,|(\boldsymbol{\omega}_{bi})_1(\boldsymbol{\omega}_{bi})_3|\,|(\boldsymbol{\omega}_{bi})_2(\boldsymbol{\omega}_{bi})_1|\,)^{\mathrm{T}}$$

权重系数 $p_{ij}=4$。控制器（3－4）的仿真结果如图 3－3 至图 3－5 所示，航天器绝对姿态误差响应曲线和相对姿态误差响应曲线如图 3－3、图 3－4 所示，控制力矩曲线如图 3－5 所示。

从图 3－3、图 3－4 可以看出，虽然航天器编队姿态的初始误差较大，且受到各种干扰因素的不利影响，但在经过大约 50 s 的控制之后，编队中各个卫星的姿态均能够收敛到期望参考姿态，并且各卫星间的相对姿态能够在姿态机动过程中很好地保持。但控制力矩产生了“抖颤”现象，这将与第二部分的仿真进行对比分析。仿真结果表明控制器式（3－4）是有效的，并具有较强的鲁棒性及抗干扰能力。

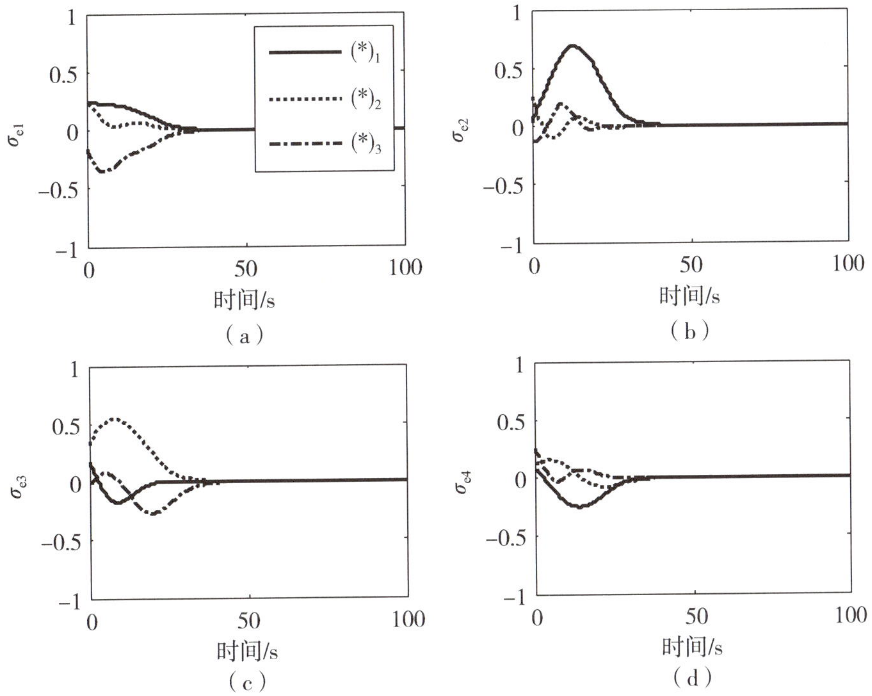

图 3－3　控制器式（3－4）作用下的航天器绝对运动控制误差

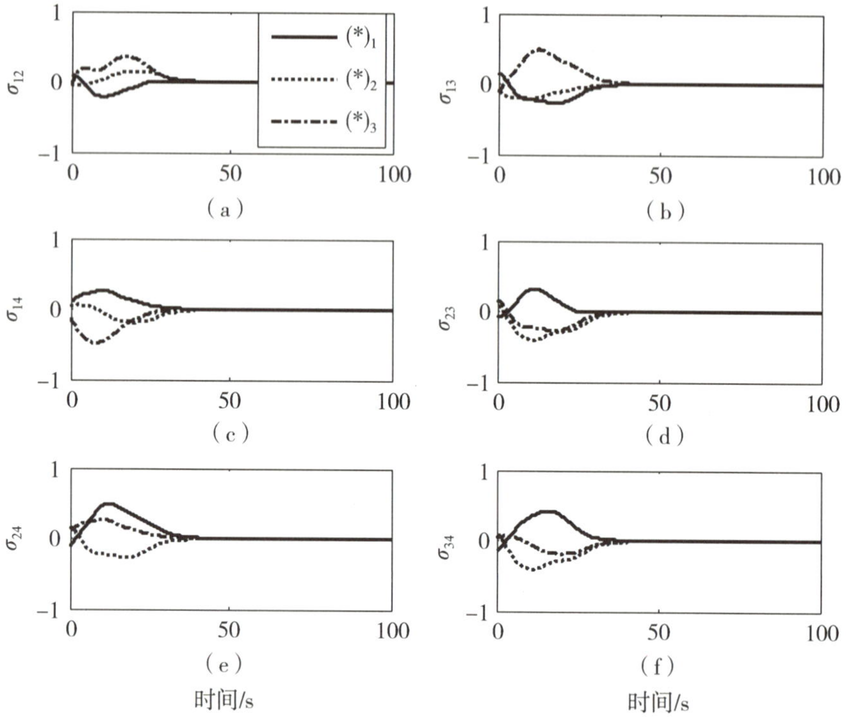

图3-4　控制器式（3-4）的航天器相对运动控制误差

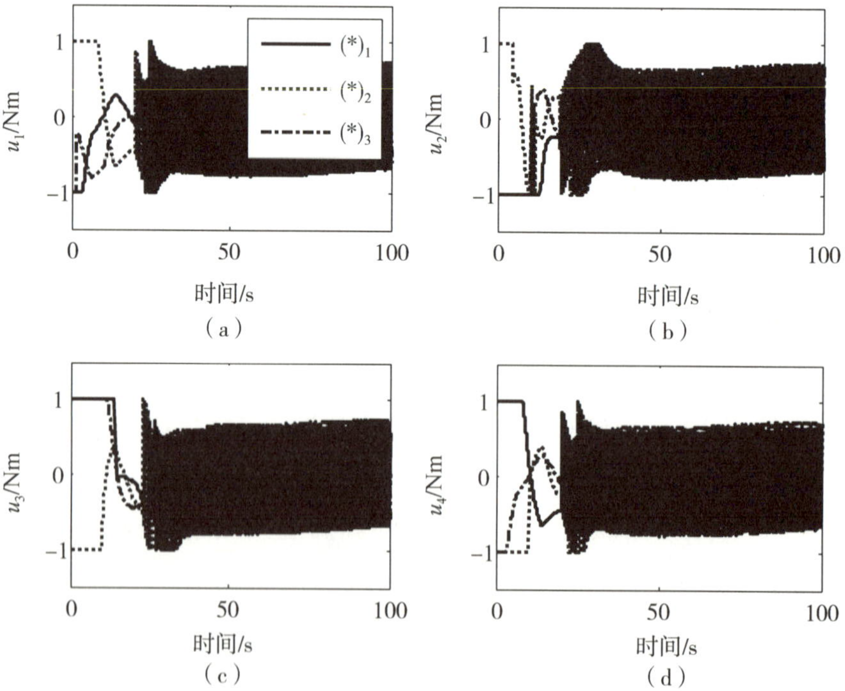

图3-5　控制器式（3-4）的控制力矩

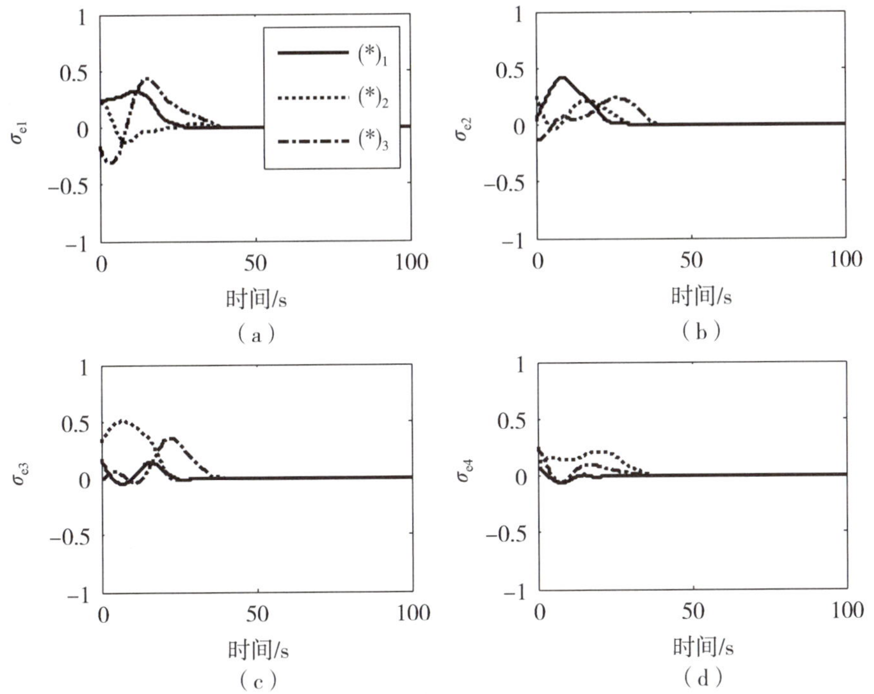

图 3－6　控制器式（3－45）的航天器绝对运动控制误差

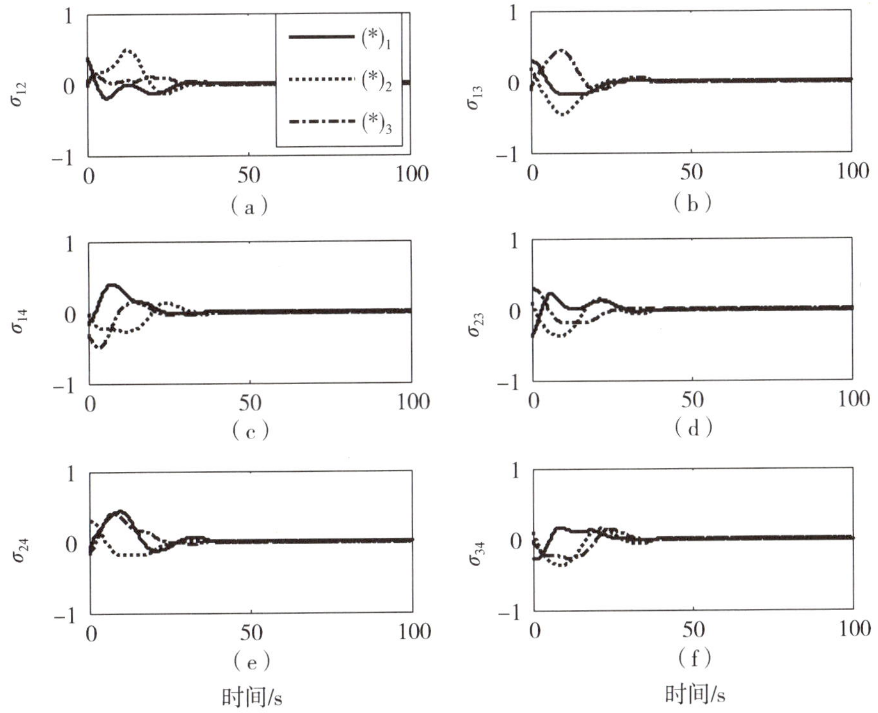

图 3－7　控制器式（3－45）的航天器相对运动控制误差

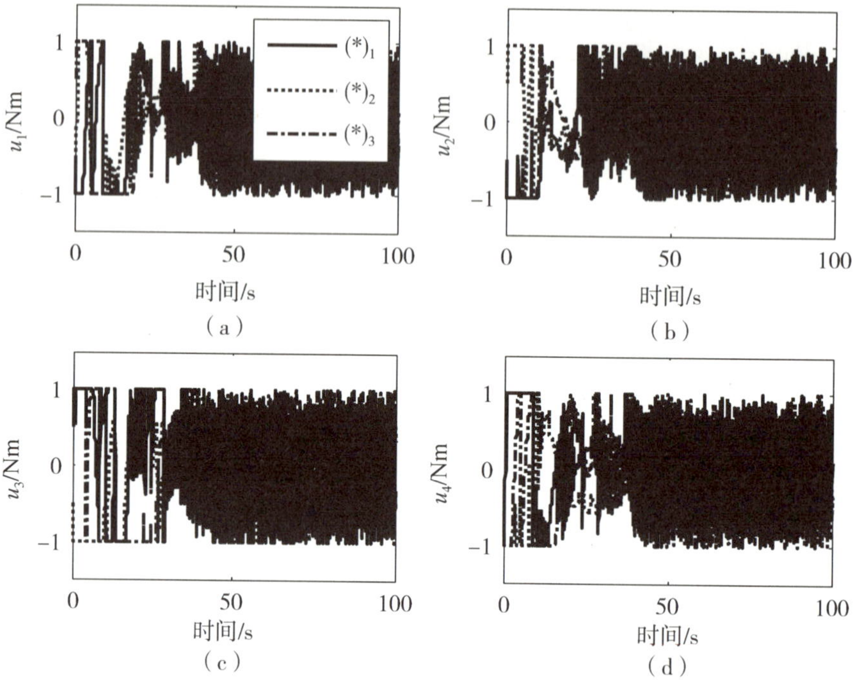

图 3-8　控制器式（3-45）的控制力矩

然后考察控制器式（3-45）。其中 $\boldsymbol{\lambda}_i$ 的选择和控制器式（3-4）中相同，且权重系数也选为 $p_{ij}=4$，快速滑模的参数选择为 $\alpha=5/7$，$c_1=0.6$ 和 $c_2=0.8$。控制器式（3-45）的仿真结果如图 3-6 至图 3-8 所示，航天器绝对姿态和相对姿态误差响应曲线如图 3-6、图 3-7 所示，控制力矩曲线如图 3-8 所示。从图 3-6 可以看出，在较大初始姿态误差、模型参数不确定和外干扰力矩存在下，编队中航天器的姿态都能够收敛于期望参考姿态，由于各卫星的初始姿态误差较大，绝对运动控制误差大约在 45 s 收敛。从图 3-7 可以看出，在姿态机动的初始阶段，星间相对姿态误差较大，但随着时间的推移，相对运动控制误差逐渐收敛，并能够在姿态机动过程中保持较高的相对运动控制精度。如图 3-8 所示，控制力矩产生了“抖颤”现象，这将在第二部分仿真中对比分析。仿真结果表明，所设计的有限时间协同控制器式（3-45）在模型参数不确定和干扰力矩的存在下是有效的。

最后考察控制器式（3-60）。编队中各航天器间的通信延迟为

$$
\begin{aligned}
T_{12} &= T_{21}+2 = T_{13}+1 = T_{31}-4 = T_{14}-1 = T_{41}-2 = T_{23}+3 \\
&= T_{32}+6 = T_{24}+5 = T_{42}+4 = T_{34}-3 = T_{43}+7
\end{aligned}
$$

其中，$T_{12}=8+0.3\sin(t/10)\cos(t/5)$ 用来描述随时间变化的通信延迟。控制参数 λ_i 及快速滑模参数的选取和上面相同，权重系数也选取为 $p_{ij}=4$，

参数 $p_i^s = 0.001$，p_i^j 的选择如下所示

$$\begin{aligned} p_1^2(t) &= p_1^3(t+1) = p_1^4(t+1.3) = p_2^1(t+2.2) = p_2^3(t+0.3) \\ &= p_2^4(t+0.6) = p_3^1(t+2) = p_3^2(t+0.4) = p_3^4(t+2.6) \\ &= p_4^1(t+3) = p_4^2(t+1.7) = p_4^3(t+0.8) \end{aligned}$$

其中，$p_1^2(t) = \begin{cases} 0.5, & \mathrm{mod}(t,7) \leqslant 4 \\ 0, & \mathrm{mod}(t,7) > 4 \end{cases}$，用于描述随时间变化而进行切换的通信拓扑结构，$\mathrm{mod}(x,y)$ 表示计算 x 被 y 整除后的余数。仿真结果如图 3-9 至图 3-11 所示，图 3-9、图 3-10 分别表明了绝对运动和相对运动控制误差曲线，控制力矩如图 3-11 所示。

从图 3-9、图 3-10 可以看出，在模型参数不确定、干扰力矩、通信延迟及时变通信拓扑结构存在下，编队中各卫星的姿态在 50 s 左右收敛于期望参考姿态，星间相对姿态误差在 40 s 左右收敛，但相比于图 3-6、图 3-7 可以看出，通信延迟的存在和拓扑结构的切换使得控制器需要更长的时间来稳定系统，这影响了系统的响应速度。虽然可以通过增大系统的控制增益来改善控制性能，但同时增大控制力矩，增加星上能量的消耗。

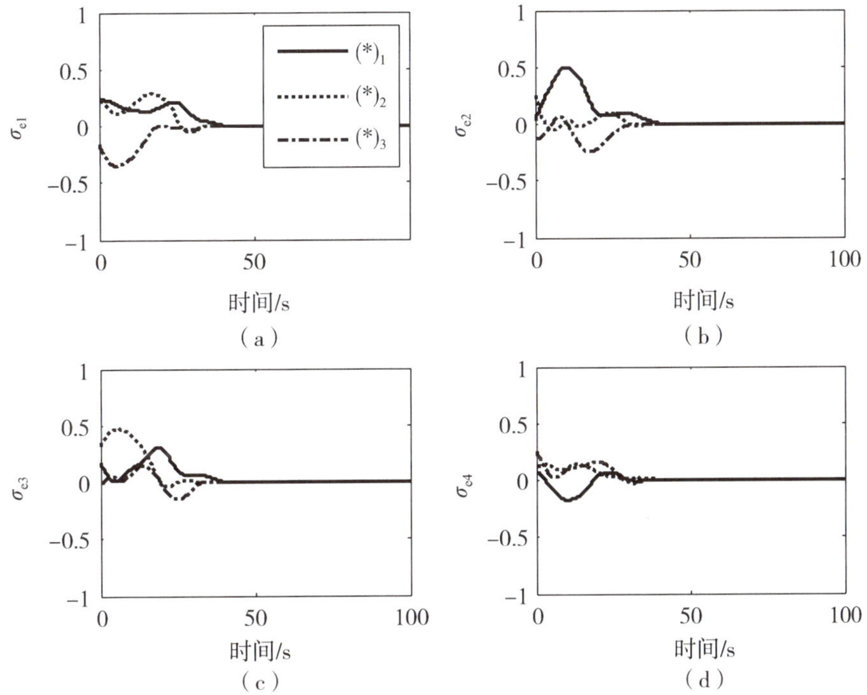

图 3-9 控制器式 (3-60) 的航天器绝对运动控制误差

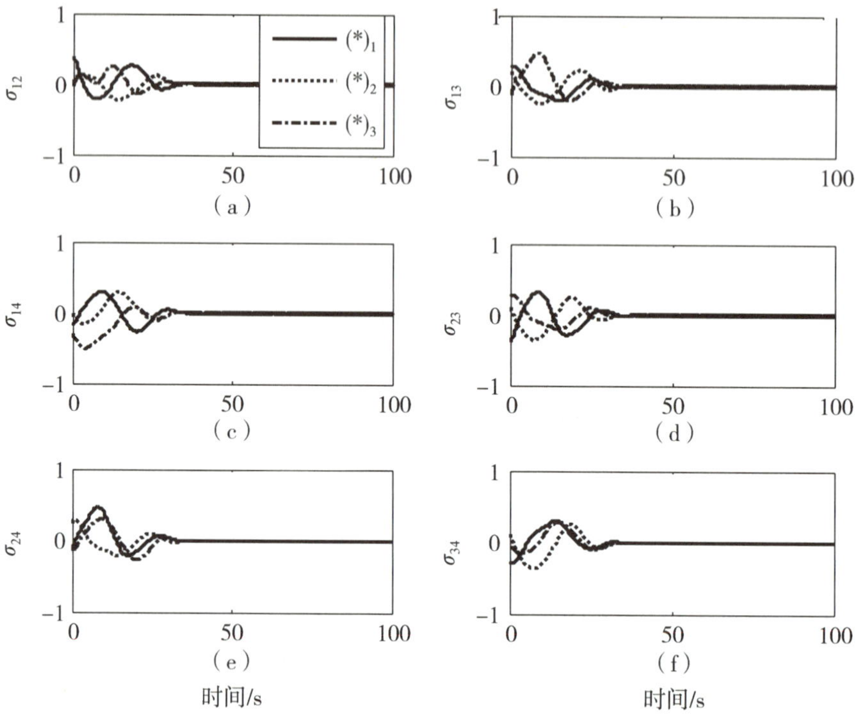

图 3－10　控制器式（3－60）的航天器相对运动控制误差

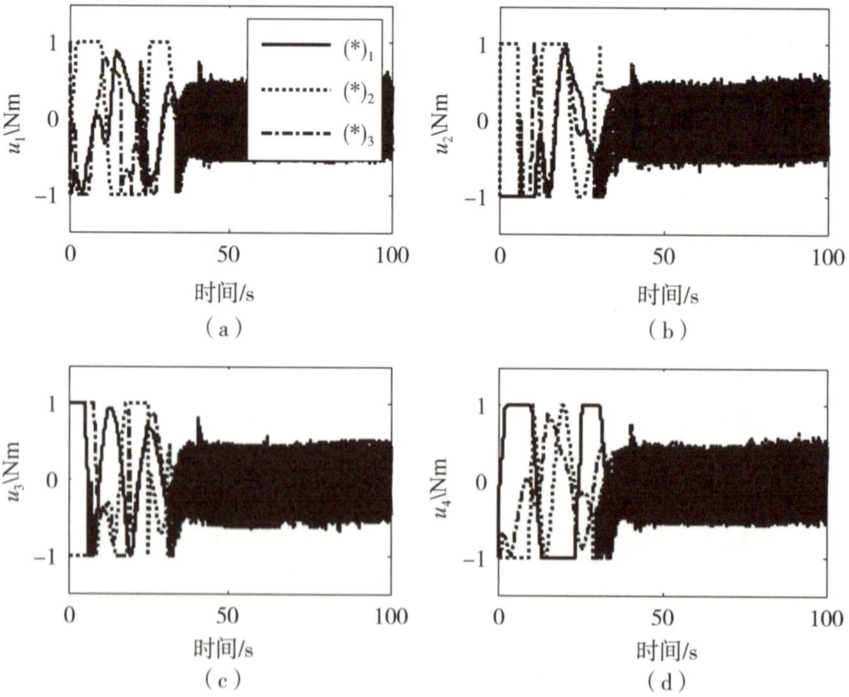

图 3－11　控制器式（3－60）的控制力矩

第二部分　首先在同样的条件下验证控制器式（3－105）的有效性。然后，为了方便分析，提出一种基于均方根算法的姿态误差表示方法来更直观地表述姿态协同误差。分别改变控制器中不同的控制参数和权重系数，通过仿真结果对各个控制参数及相对运动控制项的作用进行详细说明。

仿真条件的选取和第一部分中控制器式（3－60）的仿真条件相同，控制器中各参数的选取为：权重系数 $k_{ij}^{\ i} = 4$，$k_{ij}^{\ j} = 2$，$k_i^s = 0.001$，系数 $\delta_i = 0.3$，$\boldsymbol{\lambda}_i = 0.4$，$c_1 = 0.6$，$c_2 = 0.8$，和 $p/q = 7/9$。二进制变量 o_{ij} 给定为如下形式

$$o^{12}(t) = \begin{cases} 1, & \mathrm{mod}(t,7) \leqslant 6 \\ 0, & \mathrm{mod}(t,7) > 6 \end{cases}$$

$$\begin{aligned} o^{12}(t) &= o^{13}(t+6) = o^{14}(t+8.3) = o^{21}(t+7.2) = o^{23}(t+5.3) \\ &= o^{24}(t+4.6) = o^{31}(t+5) = o^{32}(t+3.4) = o^{34}(t+6.6) \\ &= o^{41}(t+7) = o^{42}(t+5.7) = o^{43}(t+6.8) \end{aligned}$$

用来描述一个随时间变化而切换的通信拓扑结构。仿真共分为三种情况：①在模型参数不确定、干扰力矩、通信延迟和切换网络拓扑存在的情况下，对控制器的有效性和鲁棒性进行检验；②通过改变控制参数 δ_i，$\boldsymbol{\lambda}_i$，c_1 和 c_2 来分析其对控制性能的影响；③改变权重系数 $k_{ij}^{\ i}$，以说明相对运动控制项的作用和权重系数大小对姿态协同表现的影响。

第一种情况下的仿真结果如图3－12至图3－15所示。图3－12和图3－13分别展示了罗德里格参数表示的绝对运动控制误差和相对运动控制误差，图3－14展示了控制力矩曲线。为方便后续分析，基于各卫星的绝对姿态误差和相对姿态误差分别给出整个编队姿态的绝对误差衡量标准 Θ_a 和相对误差衡量标准 Θ_r，如图3－15所示。衡量标准的计算方法如下

$$\Theta_a = \sqrt{\frac{1}{n}\sum_{i=1}^{n}\theta_{ei}^{\ 2}} \tag{3-167}$$

$$\Theta_r = \sqrt{\frac{1}{n(n-1)}\sum_{i=1}^{n}\sum_{j=1}^{n}\theta_{ij}^{\ 2}} \tag{3-168}$$

其中，$n = 4$ 表示编队中航天器的数量；θ_{ei} 是用欧拉角表示的第 i 个航天器的绝对姿态误差，可以由式（2－42）计算得出；θ_{ij} 是用欧拉角表示的第 i 个航天器和第 j 个航天器的相对姿态；Θ_a 和 Θ_r 采用了均方根的算法，分别给出了编队中绝对运动控制误差和相对运动控制误差的衡量办法。

从图3－12、图3－13可以看出，即便在相对恶劣的条件下，编队中航

天器的姿态也能够很快地收敛于期望姿态，并在姿态跟踪过程中保证星间相对姿态的协同。如图 3 - 14 所示，控制力矩的幅值被限制在 [- 1, + 1] Nm 的区间内，且得益于所设计的连续姿态协同控制器式（3 - 105），控制力矩并没有出现“抖颤”的现象。图 3 - 15 更加具体地展示了控制性能。可以看出，绝对姿态误差在 55 s 收敛并且控制精度优于 0. 06°，相对姿态误差在 40 s 左右收敛且相对姿态误差小于 0. 08°。仿真结果表明，所设计的连续姿态协同控制器是有效的，并且能够在诸多干扰因素存在的情况下保证较高的控制精度。

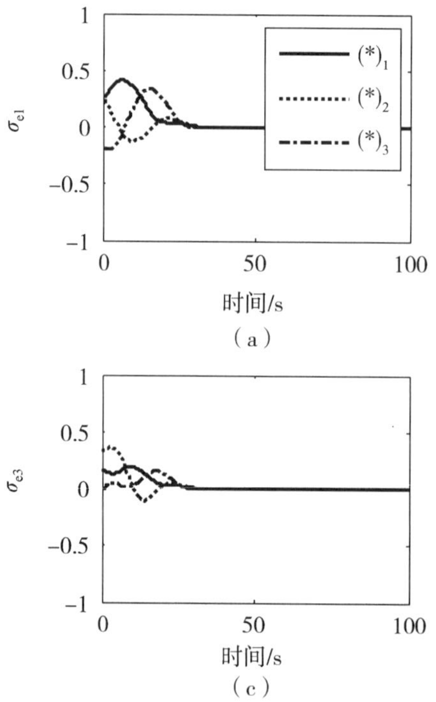

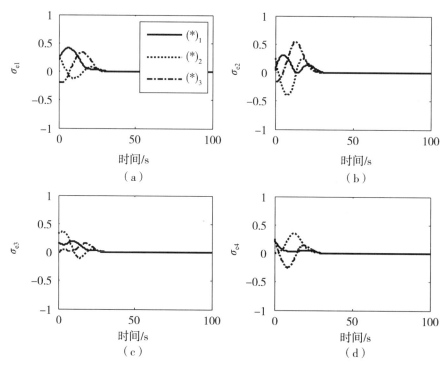

图 3 - 12　针对哪个控制器的航天器绝对运动控制误差

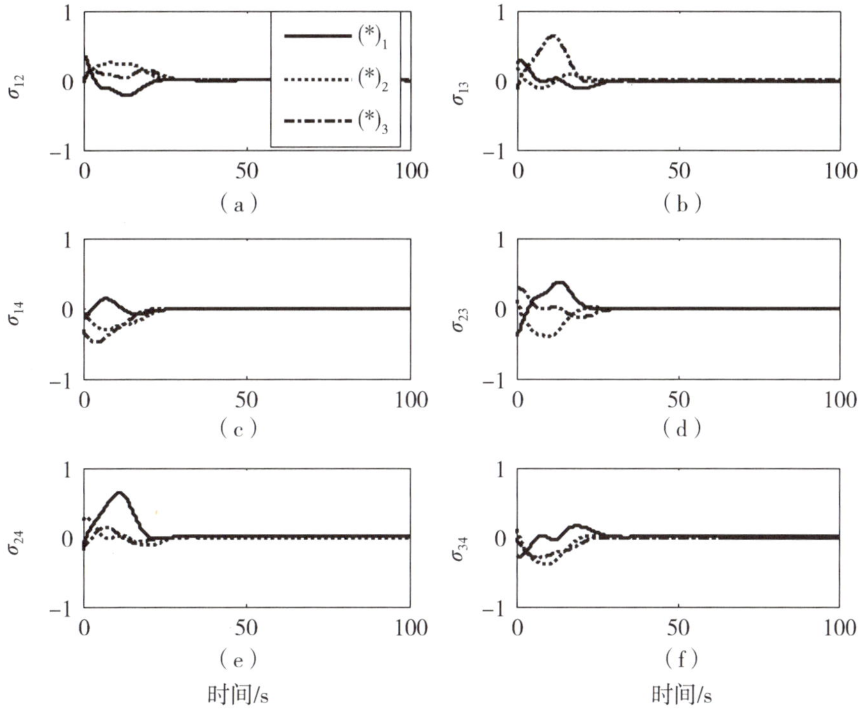

图 3-13　航天器相对运动控制误差

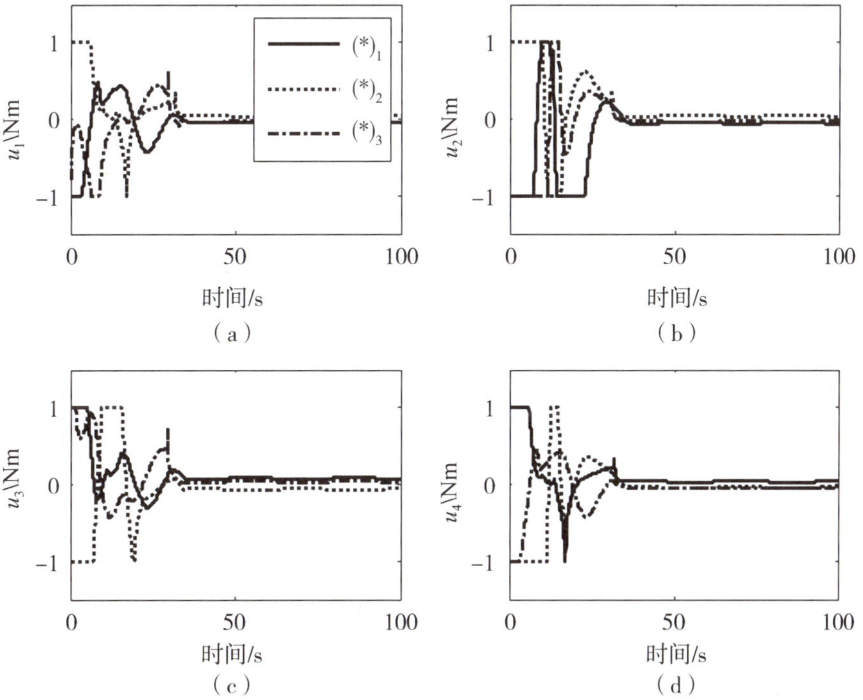

图 3-14　控制力矩

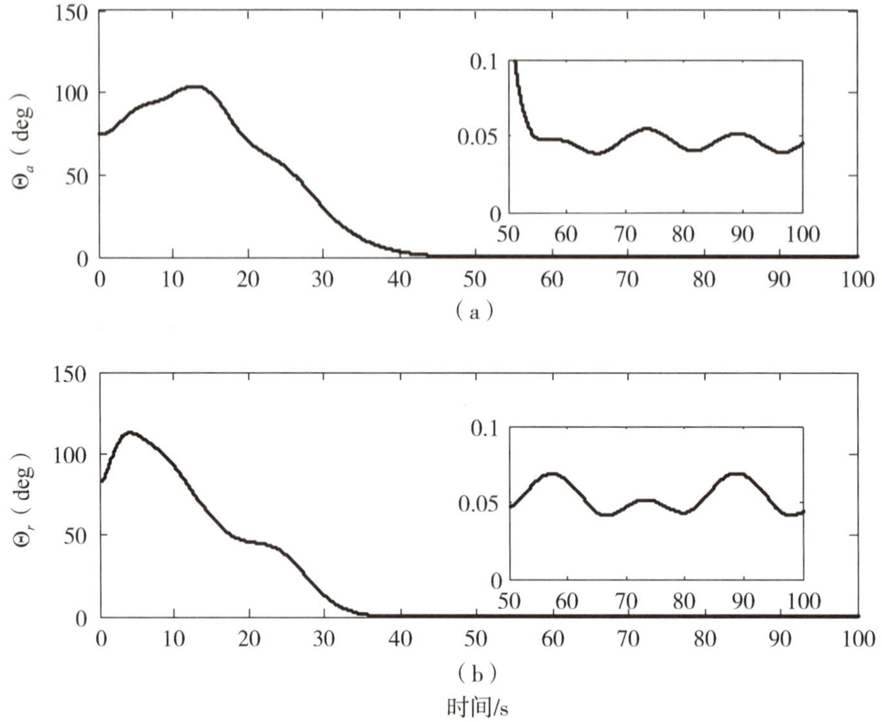

图 3－15　整个编队的绝对姿态误差和相对姿态误差

第二种情况的仿真结果如图 3－16 和图 3－17 所示。首先，将控制参数 δ_i 和 λ_i 增大一倍，即 $\delta_i=0.6$ 和 $\lambda_i=0.8$，以考察控制参数的变化对控制器性能的影响，仿真结果如图 3－16 所示。然后分别令滑模平面参数 $c_1=0$ 和 $c_2=0$，根据式（3－40）可以看出，当 $c_1=0$ 时，所提出的快速滑模平面（fast sliding mode，FSM）成为终端滑模平面（terminal sliding mode，TSM）；当 $c_2=0$ 时，成为线性滑模平面（linear sliding mode，LSM）。为使各滑模平面的仿真结果对比更加直观，仿真中忽略了模型参数不确定性、干扰力矩和通信延迟的影响，仿真结果如图 3－17 所示。从图 3－16 可以看出，当控制参数 δ_i 和 λ_i 增大一倍后，控制精度有较大幅度的提高，绝对姿态误差小于 0.015°，相对姿态误差小于 0.012°，但与此同时系统状态的收敛时间延长，这也验证了注 3－12 中的结论：较大的控制参数能够获得更好的精度，但其代价是更长的收敛时间。从图 3－17 可以看出，三种滑模平面均能够保证整个编队系统的姿态协同。线性滑模可以保证其上系统状态的渐进收敛，而快速滑模和终端滑模均能够实现有限时间内收敛，且快速滑模的收敛速度优于终端滑模，这也验证了本章之前的理论分析结果。

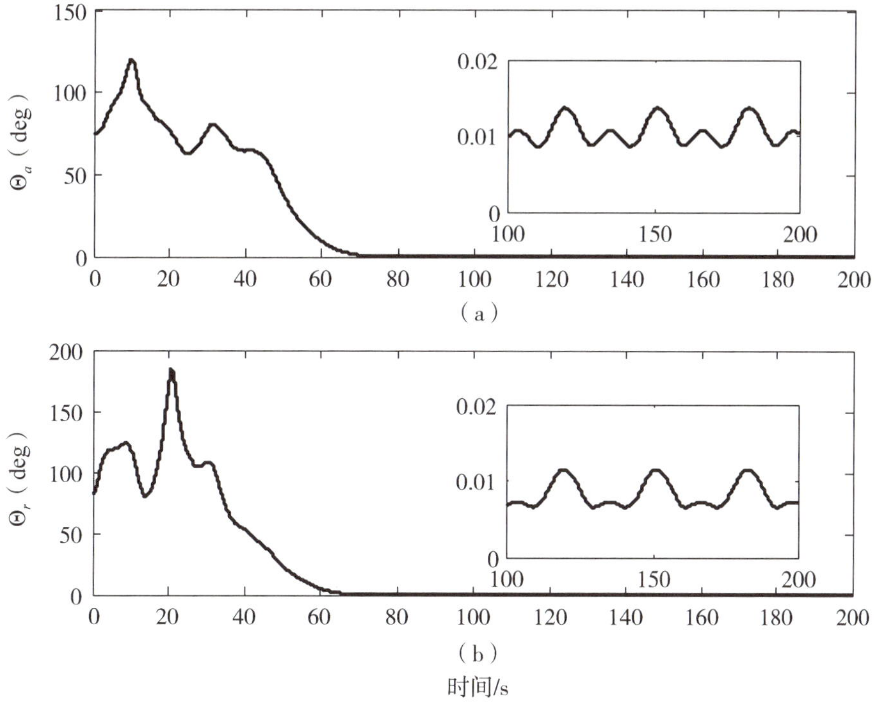

图 3 - 16　参数 δ_i 和 λ_i 翻倍后的绝对姿态误差和相对姿态误差

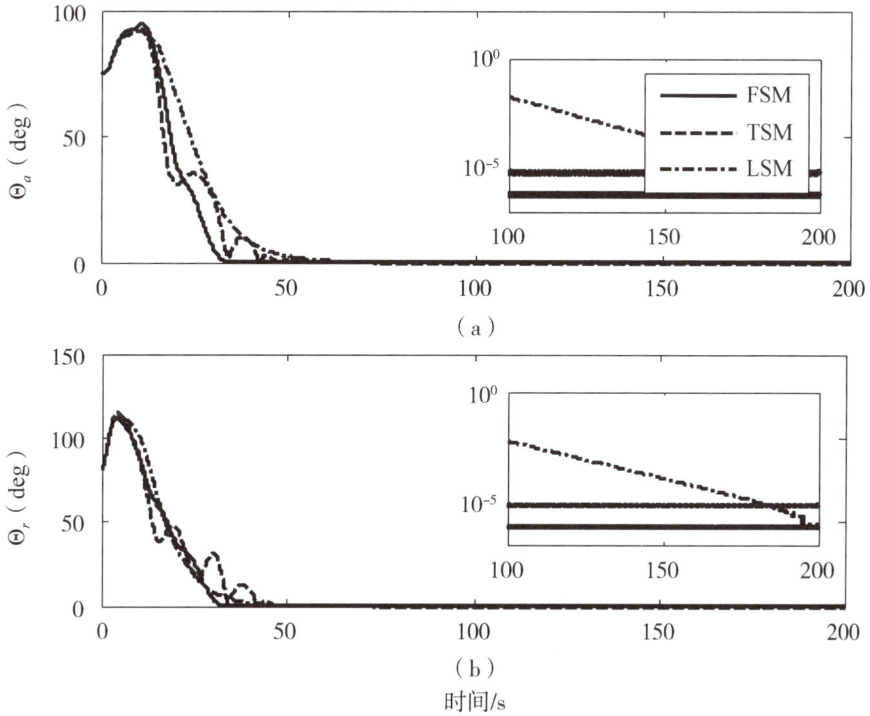

图 3 - 17　三种滑模平面的控制性能比较

第三种情况下的仿真结果如图 3－18 和图 3－19 所示。首先设定权重系数 $k_{ij}^{\,i}=0$ 以展示相对运动控制项对控制性能的影响，此时控制器中的相对运动控制项无任何作用，仿真结果如图 3－18 所示。然后分别设定权重系数 $k_{ij}^{\,i}=2,4,6$，仿真结果如图 3－19 所示。从图 3－18 中可以看出，当移除了控制器中的相对运动控制项后，绝对姿态误差和相对姿态误差都在 50 s 左右收敛，虽然能够实现姿态的协同，但相比于图 3－15，没有相对运动控制项之后，控制精度大大降低，绝对姿态控制误差约为 0. 14°，相对姿态控制误差低于 0. 18°。因此，虽然没有相对运动控制项时控制器式（3－105）也能够实现有限时间姿态协同控制，但控制性能却受到较大影响。从图 3－19 中可以看出，随着权重系数的增加，绝对姿态控制精度几乎没有变化，但其收敛时间逐渐延长，星间相对姿态的收敛速度变快，且精度有所提高。仿真结果说明，大的权重系数能够提高相对运动控制的性能，但同时绝对运动控制的收敛时间会因此而受到影响，当编队飞行任务更侧重于相对姿态保持时，可以选择较大的权重系数。相反的，小的权重系数则适用于更加注重期望姿态跟踪的飞行任务。

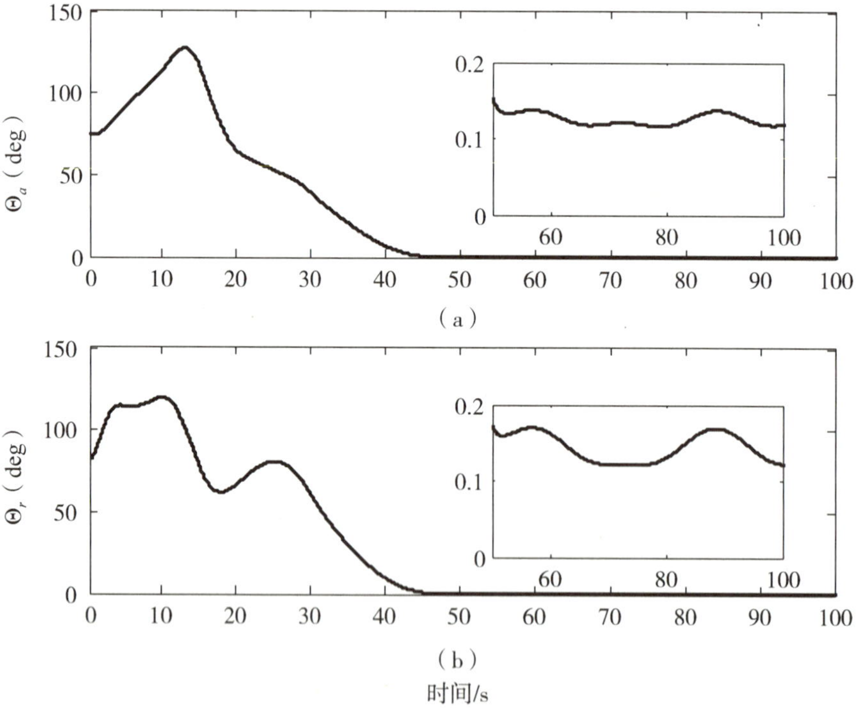

图 3－18　无相对运动控制项时的绝对姿态误差和相对姿态误差

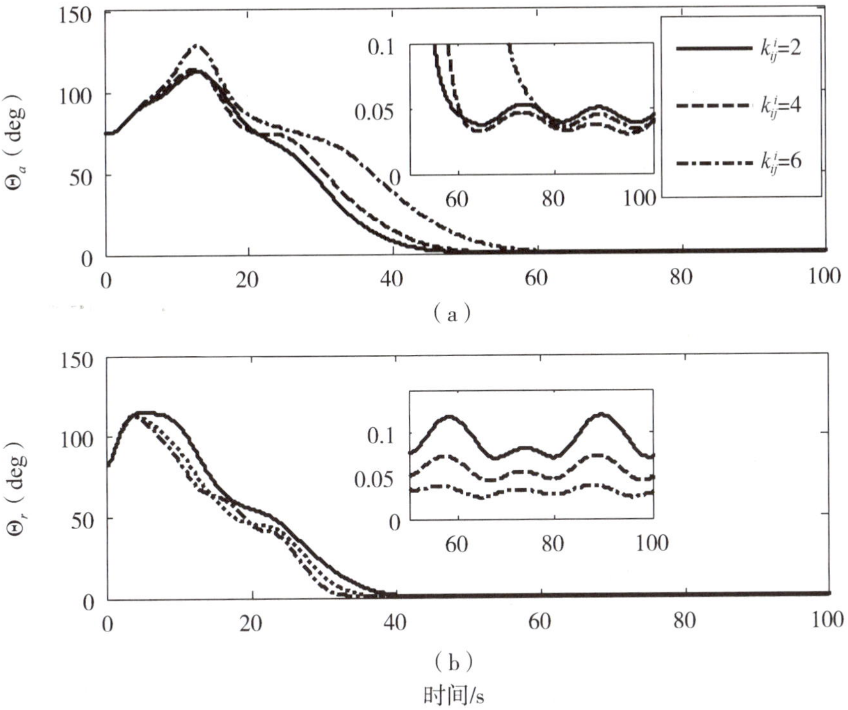

图 3－19　不同权重系数下的控制性能比较

第 4 章 刚体航天器自主编队姿态协同控制

4.1 引 言

第 3 章研究了存在期望参考姿态的航天器编队协同控制问题，本章将对无外界参考姿态的刚体航天器编队姿态协同控制问题展开研究。当编队航天器没有外界参考姿态信息时，姿态协同控制仅能够利用编队中其他成员的姿态信息来完成，这种编队称为自主编队。自主编队系统没有期望参考信息，因此无法完成有指向性的空间观测任务，但是对于编队姿态初始化阶段、故障安全模式、受到强干扰之后的系统恢复、两次空间观测间隔时期的编队稳定等，自主编队的协同方法相比于有外界参考信息的协同方法，其姿态机动路径更短、燃料消耗更少，因此，航天器自主编队的姿态协同控制具有重要的实际意义。

自主编队姿态协同控制的实现主要依靠编队中各个航天器的姿态信息。相比于第 3 章中考虑的姿态协同问题，通信拓扑和编队中其他成员的状态在自主编队姿态协同控制中显得尤为重要。由于没有外界期望姿态做参考，姿态协同必须依靠星间通信来获得其他航天器的状态，因此自主编队的通信拓扑结构必须是连通图，即编队中每两个成员之间都存在一条信息通路。但是有两个实际问题需要考虑。一是在编队成员进行信息传播与交互的过程中会存在通信延迟，使得编队中的航天器无法即时获得信息，进而根据其他成员姿态信息做出控制动作，并且通信链路在复杂的空间环境下很难保证一直畅通，进而导致通信拓扑在不同结构间进行切换。二是航天器在实际飞行过程中不可避免地会受到外界干扰力矩的影响，这也是影响编队系统性能的重要因素之一，因此所设计的姿态协同控制器需要具备鲁棒性和抗干扰能力。

4.2　一般姿态协同控制方法

4.2.1　问题描述与控制目标

考虑由 n 个刚体航天器构成的自主编队系统，且没有任何外界参考姿态信息。当采用修正罗德里格参数 σ 描述其姿态运动方程时，根据式（2-43）和式（2-44），编队系统的运动学与动力学模型分别由下式给出

$$\boldsymbol{\sigma}_i = \boldsymbol{G}(\boldsymbol{\sigma}_i) \cdot \boldsymbol{\omega}_i \tag{4-1}$$

$$\boldsymbol{J}_i \dot{\boldsymbol{\omega}}_i = -\boldsymbol{\omega}_i^{\times} \boldsymbol{J}_i \boldsymbol{\omega}_i + \boldsymbol{u}_i + \boldsymbol{d}_i \tag{4-2}$$

其中，$i = 1,2,\cdots,n$，$\boldsymbol{u}_i$ 为控制力矩向量在本体坐标系下的分量，$\boldsymbol{d}_i$ 为第 i 个航天器受到的干扰力矩，且假设干扰力矩是有界的，满足 $\boldsymbol{d}_i \leqslant \boldsymbol{v}_i$。采用四元数描述航天器的姿态运动时，编队系统的运动学模型由下式给出

$$\begin{aligned} \dot{\boldsymbol{q}}_i &= \frac{1}{2}(q_{0i}\boldsymbol{I} + \boldsymbol{q}_i^{\times}) \cdot \boldsymbol{\omega}_i \\ \dot{q}_{0i} &= -\frac{1}{2}\boldsymbol{q}_i^{\mathrm{T}} \cdot \boldsymbol{\omega}_i \end{aligned} \tag{4-3}$$

在实际飞行中，航天器编队的通信拓扑结构并非总是双向的，因此这里首先定义一个更常见的通信结构形式——平衡通信拓扑结构。如果 i 航天器能够获得 j 航天器的姿态信息，则称 j 航天器为 i 航天器的“父代”航天器，并记 i 航天器的“父代”航天器的集合为 P_i，其中元素的个数为 p_i。类似地，如果 j 航天器能够获得 i 航天器的姿态信息，则称 j 航天器为 i 航天器的“子代”航天器，并记 i 航天器的“子代”航天器的集合为 C_i，其中元素的个数为 c_i。如果对于编队中的每个航天器都有 $p_i = c_i$，$i = 1,2,\cdots,n$，则称编队的通信拓扑为平衡的。可以看出，在该定义下，双向通信拓扑可以看作平衡通信拓扑的一种特殊形式。

在干扰力矩存在且有界，编队中通信拓扑为平衡的情况下，自主编队航天器的鲁棒姿态协同控制问题可以表述为：为编队中的每个航天器设计合适的姿态协同控制律 $\boldsymbol{u}_i$，使得编队中各航天器的姿态一致，即当 $t \to \infty$ 时，$\{\boldsymbol{\sigma}_1 \to \boldsymbol{\sigma}_2 \to \cdots \to \boldsymbol{\sigma}_n, \boldsymbol{\omega}_1 \to \boldsymbol{\omega}_2 \to \cdots \to \boldsymbol{\omega}_n\}$。

4.2.2 有界干扰下协同控制器设计

对于自主编队航天器的姿态协同控制的研究，采用修正罗德里格参数描述航天器姿态运动时，传统基于双向通信拓扑结构的协同控制方法可由下式描述

$$\boldsymbol{u}_i = -\boldsymbol{G}_i^{\mathrm{T}}\sum_{j\in P_i}(\boldsymbol{\sigma}_i - \boldsymbol{\sigma}_j) - \sum_{j\in P_i}(\boldsymbol{\omega}_i - \boldsymbol{\omega}_j),\ i = 1,2,\cdots,n \tag{4-4}$$

其中，$\boldsymbol{G}_i$ 如式（2－44）所示。选取非负标量函数如下

$$V = \sum_{i=1}^{n}\left(\frac{1}{2}\boldsymbol{\omega}_i\boldsymbol{J}_i\boldsymbol{\omega}_i\right) + \frac{1}{2}\sum_{j\in P_i}(\boldsymbol{\sigma}_i - \boldsymbol{\sigma}_j)^{\mathrm{T}}(\boldsymbol{\sigma}_i - \boldsymbol{\sigma}_j) \tag{4-5}$$

计算其相对时间的一阶导数有

$$\dot{V} = -\sum_{j\in P_i}(\boldsymbol{\omega}_i - \boldsymbol{\omega}_j)^{\mathrm{T}}(\boldsymbol{\omega}_i - \boldsymbol{\omega}_j) \tag{4-6}$$

由系统的动力学模型式（4－2）可知，航天器的控制力矩满足

$$\boldsymbol{u}_i = -\boldsymbol{G}_i^{\mathrm{T}}\sum_{j\in P_i}(\boldsymbol{\sigma}_i - \boldsymbol{\sigma}_j) = 0 \tag{4-7}$$

最终，$(\boldsymbol{\sigma}_i - \boldsymbol{\sigma}_j) = 0,\ i = 1,2,\cdots,n$ 成立。从上述推导可以看出，如果动力学模型中存在干扰力矩或通信拓扑不是双向的，那么式（4－7）不成立，稳定性的结论无法得到。因此，本节将针对受干扰力矩影响的自主编队飞行航天器设计相应的姿态协同控制算法。

假设编队中的航天器均能通过测量得知自身的姿态信息 $\boldsymbol{\sigma}_i$ 和姿态角速度信息 $\boldsymbol{\omega}_i$，并通过通信网络传递这些状态信息，设计姿态协同控制器如下

$$\boldsymbol{u}_i = -\boldsymbol{J}_i\left(K_i^d\boldsymbol{\omega}_i + K_i^p\sum_{j\in P_i}\boldsymbol{\sigma}_{ij} + K\sum_{j\in P_i}\dot{\boldsymbol{\sigma}}_{ij} + K_i^v\boldsymbol{\varphi}_i\right) + \boldsymbol{\omega}_i^{\times}\boldsymbol{J}_i\boldsymbol{\omega}_i,\ i = 1,2,\cdots,n \tag{4-8}$$

其中，$\boldsymbol{\sigma}_{ij}$ 为航天器星间姿态误差，定义为 $\boldsymbol{\sigma}_{ij} = \boldsymbol{\sigma}_i - \boldsymbol{\sigma}_j$；控制参数 K_i^d，K_i^p 和 K 均为正的常数，且相互之间满足 $K_i^p/K_i^d = K$；控制参数 K_i^v 为正的常数，满足 $K_i^v = v_i\alpha_{\max}(\boldsymbol{J}_i^{-1})$，其中，$v_i$ 表示干扰力矩的上界，$\alpha_{\max}(\boldsymbol{\Lambda})$ 表示矩阵 $\boldsymbol{\Lambda}$ 的最大特征值，明显地，转动惯量矩阵的逆 $\boldsymbol{J}_i^{-1}$ 在实际情况中是存在的；$\boldsymbol{\varphi}_i$ 的定义由下面的符号函数给出

$$\boldsymbol{\varphi}_i = \mathrm{sgn}\left(\boldsymbol{\omega}_i + K\sum_{j\in P_i}\boldsymbol{\sigma}_{ij}\right) \tag{4-9}$$

于是，根据控制器式（4－8），定理 4－1 成立。

定理 4－1 对于式（4－1）和式（4－2）描述的自主编队系统，如果

编队的通信拓扑结构是平衡的，即满足 $p_i = c_i$，$i = 1,2,\cdots,n$，那么控制器式（4－8）能够在干扰力矩有界的情况下实现自主编队航天器的姿态协同。

证明　考虑如下的标量函数

$$\begin{aligned} V &= \sum_{i=1}^{n} V_i \\ &= \sum_{i=1}^{n} \frac{1}{2}(\boldsymbol{\omega}_i + K\sum_{j\in P_i}\boldsymbol{\sigma}_{ij})^{\mathrm{T}}(\boldsymbol{\omega}_i + K\sum_{j\in P_i}\boldsymbol{\sigma}_{ij}) \\ &= \frac{1}{2}\sum_{i=1}^{n}[\boldsymbol{\omega}_i^{\mathrm{T}}\boldsymbol{\omega}_i + K^2(\sum_{j\in P_i}\boldsymbol{\sigma}_{ij})^{\mathrm{T}}\sum_{j\in P_i}\boldsymbol{\sigma}_{ij} + 2\boldsymbol{\omega}_i^{\mathrm{T}}\sum_{j\in P_i}\boldsymbol{\sigma}_{ij}] \end{aligned} \tag{4-10}$$

计算 V_i 相对于时间的一阶导数，有

$$\begin{aligned} \dot{V}_i &= (\boldsymbol{\omega}_i + K\sum_{j\in P_i}\boldsymbol{\sigma}_{ij})^{\mathrm{T}}(\dot{\boldsymbol{\omega}}_i + K\sum_{j\in P_i}\dot{\boldsymbol{\sigma}}_{ij}) \\ &= (\boldsymbol{\omega}_i + K\sum_{j\in P_i}\boldsymbol{\sigma}_{ij})^{\mathrm{T}}\boldsymbol{J}_i^{-1}\boldsymbol{J}_i\dot{\boldsymbol{\omega}}_i + K\boldsymbol{\omega}_i\sum_{j\in P_i}\dot{\boldsymbol{\sigma}}_{ij} + K^2\sum_{j\in P_i}\boldsymbol{\sigma}_{ij}\sum_{j\in P_i}\dot{\boldsymbol{\sigma}}_{ij} \end{aligned} \tag{4-11}$$

结合动力学方程式（4－2）和控制器式（4－8），有

$$\begin{aligned} \dot{V}_i &= (\boldsymbol{\omega}_i + K\sum_{j\in P_i}\boldsymbol{\sigma}_{ij})^{\mathrm{T}}\boldsymbol{J}_i^{-1}(-\boldsymbol{\omega}_i^{\times}\boldsymbol{J}_i\boldsymbol{\omega}_i + \boldsymbol{u}_i + \boldsymbol{d}_i) + K\boldsymbol{\omega}_i\sum_{j\in P_i}\dot{\boldsymbol{\sigma}}_{ij} + K^2\sum_{j\in P_i}\boldsymbol{\sigma}_{ij}\sum_{j\in P_i}\dot{\boldsymbol{\sigma}}_{ij} \\ &= K\boldsymbol{\omega}_i\sum_{j\in P_i}\dot{\boldsymbol{\sigma}}_{ij} + K^2\sum_{j\in P_i}\boldsymbol{\sigma}_{ij}\sum_{j\in P_i}\dot{\boldsymbol{\sigma}}_{ij} - (\boldsymbol{\omega}_i + K\sum_{j\in P_i}\boldsymbol{\sigma}_{ij})^{\mathrm{T}}(K_i^d\boldsymbol{\omega}_i + K_i^p\sum_{j\in P_i}\boldsymbol{\sigma}_{ij}) \\ &\quad - (\boldsymbol{\omega}_i + K\sum_{j\in P_i}\boldsymbol{\sigma}_{ij})^{\mathrm{T}}(K\sum_{j\in P_i}\dot{\boldsymbol{\sigma}}_{ij} + K_i^v\boldsymbol{\varphi}_i - \boldsymbol{J}_i^{-1}\boldsymbol{d}_i) \\ &= K\boldsymbol{\omega}_i\sum_{j\in P_i}\dot{\boldsymbol{\sigma}}_{ij} + K^2\sum_{j\in P_i}\boldsymbol{\sigma}_{ij}\sum_{j\in P_i}\dot{\boldsymbol{\sigma}}_{ij} - K_i^d(\boldsymbol{\omega}_i + K\sum_{j\in P_i}\boldsymbol{\sigma}_{ij})^{\mathrm{T}}(\boldsymbol{\omega}_i + K\sum_{j\in P_i}\boldsymbol{\sigma}_{ij}) \\ &\quad - K(\boldsymbol{\omega}_i + K\sum_{j\in P_i}\boldsymbol{\sigma}_{ij})^{\mathrm{T}}\sum_{j\in P_i}\dot{\boldsymbol{\sigma}}_{ij} - K_i^v\sum_{k=1}^{3}\left|(\dot{\boldsymbol{\sigma}}_i + K\sum_{j\in P_i}\boldsymbol{\sigma}_{ij})_k\right| + (\boldsymbol{\omega}_i + K\sum_{j\in P_i}\boldsymbol{\sigma}_{ij})^{\mathrm{T}}\boldsymbol{J}_i^{-1}\boldsymbol{d}_i \\ &= -K_i^d(\boldsymbol{\omega}_i + K\sum_{j\in P_i}\boldsymbol{\sigma}_{ij})^{\mathrm{T}}(\boldsymbol{\omega}_i + K\sum_{j\in P_i}\boldsymbol{\sigma}_{ij}) \\ &\quad - K_i^v\sum_{k=1}^{3}\left|(\dot{\boldsymbol{\sigma}}_i + K\sum_{j\in P_i}\boldsymbol{\sigma}_{ij})_k\right| + (\boldsymbol{\omega}_i + K\sum_{j\in P_i}\boldsymbol{\sigma}_{ij})^{\mathrm{T}}\boldsymbol{J}_i^{-1}\boldsymbol{d}_i \\ &\leqslant -K_i^d\sum_{k=1}^{3}(\boldsymbol{\omega}_i + K\sum_{j\in P_i}\boldsymbol{\sigma}_{ij})_k^2 - [K_i^v - \alpha_{\max}(\boldsymbol{J}_i^{-1}\boldsymbol{d}_i)]\sum_{k=1}^{3}\left|(\dot{\boldsymbol{\sigma}}_i + K\sum_{j\in P_i}\boldsymbol{\sigma}_{ij})_k\right| \\ &\leqslant -K_i^d\sum_{k=1}^{3}(\boldsymbol{\omega}_i + K\sum_{j\in P_i}\boldsymbol{\sigma}_{ij})_k^2 \end{aligned} \tag{4-12}$$

由式（4－12）可知 V_i 是有界的，根据 V_i 的定义，有

$$(\boldsymbol{\omega}_i, \sum_{j\in P_i}\boldsymbol{\sigma}_{ij}) \in L_\infty^6 ; (\boldsymbol{\omega}_i + K\sum_{j\in P_i}\boldsymbol{\sigma}_{ij}) \in L_\infty^3 \tag{4-13}$$

根据系统的运动学和动力学方程，可以得出

$$(\dot{\boldsymbol{\omega}}_i, \sum_{j\in P_i}\dot{\boldsymbol{\sigma}}_{ij}) \in L_\infty^6 ; (\dot{\boldsymbol{\omega}}_i + K\sum_{j\in P_i}\dot{\boldsymbol{\sigma}}_{ij}) \in L_\infty^3 \tag{4-14}$$

对式（4－12）两端同时积分，下式成立

$$\begin{aligned} V(t) - V(0) &\leqslant - K_i^d \int_0^t \sum_{k=1}^{3} (\boldsymbol{\omega}_i + K\sum_{j\in P_i}\boldsymbol{\sigma}_{ij})_k^2 \mathrm{d}s \\ \int_0^t \sum_{k=1}^{3} (\boldsymbol{\omega}_i + K\sum_{j\in P_i}\boldsymbol{\sigma}_{ij})_k^2 \mathrm{d}s &\leqslant \frac{V(0)}{K_i^d} \end{aligned} \tag{4-15}$$

因此

$$(\boldsymbol{\omega}_i + K\sum_{j\in P_i}\boldsymbol{\sigma}_{ij}) \in L_2^3 \tag{4-16}$$

结合式（4－13）、式（4－14）和式（4－16），并由引理2－3 可知下式成立

$$\boldsymbol{\omega}_i + K\sum_{j\in P_i}\boldsymbol{\sigma}_{ij} = 0,\ i = 1,\cdots,n \tag{4-17}$$

接下来，考虑如下标量函数

$$\bar{V} = 2\sum_{i=1}^{n}\ln(1 + \boldsymbol{\sigma}_i^{\mathrm{T}}\boldsymbol{\sigma}_i) \tag{4-18}$$

计算其相对时间的一阶导数，有

$$\begin{aligned} \dot{\bar{V}} &= 4\sum_{i=1}^{n}\frac{\boldsymbol{\sigma}_i^{\mathrm{T}}\dot{\boldsymbol{\sigma}}_i}{1 + \boldsymbol{\sigma}_i^{\mathrm{T}}\boldsymbol{\sigma}_i} = 4\sum_{i=1}^{n}\frac{\boldsymbol{\sigma}_i^{\mathrm{T}}G(\boldsymbol{\sigma}_i)\boldsymbol{\omega}_i}{1 + \boldsymbol{\sigma}_i^{\mathrm{T}}\boldsymbol{\sigma}_i} = \sum_{i=1}^{n}\boldsymbol{\sigma}_i^{\mathrm{T}}\boldsymbol{\omega}_i = -\sum_{i=1}^{n}\boldsymbol{\sigma}_i^{\mathrm{T}}K\sum_{j\in P_i}\boldsymbol{\sigma}_{ij} \\ &= -K\sum_{i=1}^{n}\sum_{j\in P_i}(\boldsymbol{\sigma}_i^{\mathrm{T}}\boldsymbol{\sigma}_i - \boldsymbol{\sigma}_i^{\mathrm{T}}\boldsymbol{\sigma}_j) \end{aligned} \tag{4-19}$$

由于编队通信拓扑结构是平衡的，利用平衡通信拓扑结构的性质，即 $p_i = c_i,\ i = 1,2,\cdots,n$ ，下式成立

$$\sum_{i=1}^{n}\sum_{j\in P_i}\boldsymbol{\sigma}_i^{\mathrm{T}}\boldsymbol{\sigma}_i - \boldsymbol{\sigma}_j^{\mathrm{T}}\boldsymbol{\sigma}_j = \sum_{i=1}^{n}p_i\boldsymbol{\sigma}_i^{\mathrm{T}}\boldsymbol{\sigma}_i - c_i\boldsymbol{\sigma}_i^{\mathrm{T}}\boldsymbol{\sigma}_i = 0 \tag{4-20}$$

利用式（4－20）的结果，将 $\frac{K}{2}\sum_{i=1}^{n}\sum_{j\in P_i}(\boldsymbol{\sigma}_i^{\mathrm{T}}\boldsymbol{\sigma}_i - \boldsymbol{\sigma}_j^{\mathrm{T}}\boldsymbol{\sigma}_j)$ 加在等式（4－19）的右边，等式仍然成立，且有

$$
\begin{aligned}
\dot{\bar{V}} &= -K\sum_{i=1}^{n}\sum_{j\in P_i}(\boldsymbol{\sigma}_i^{\mathrm{T}}\boldsymbol{\sigma}_i - \boldsymbol{\sigma}_i^{\mathrm{T}}\boldsymbol{\sigma}_j) + \frac{K}{2}\sum_{i=1}^{n}\sum_{j\in P_i}(\boldsymbol{\sigma}_i^{\mathrm{T}}\boldsymbol{\sigma}_i - \boldsymbol{\sigma}_j^{\mathrm{T}}\boldsymbol{\sigma}_j) \\
&= -K\sum_{i=1}^{n}\sum_{j\in P_i}\left(\frac{1}{2}\boldsymbol{\sigma}_i^{\mathrm{T}}\boldsymbol{\sigma}_i - \boldsymbol{\sigma}_i^{\mathrm{T}}\boldsymbol{\sigma}_j - \frac{1}{2}\boldsymbol{\sigma}_j^{\mathrm{T}}\boldsymbol{\sigma}_j\right) \\
&= -\frac{K}{2}\sum_{i=1}^{n}\sum_{j\in P_i}(\boldsymbol{\sigma}_i - \boldsymbol{\sigma}_j)^{\mathrm{T}}(\boldsymbol{\sigma}_i - \boldsymbol{\sigma}_j) \\
&\leqslant 0
\end{aligned}
\tag{4-21}
$$

由式（4－21）可知 $\bar{V}$ 是有界的，即 $\boldsymbol{\sigma}_i \in L_\infty^3$ 和 $(\boldsymbol{\sigma}_i - \boldsymbol{\sigma}_j) \in L_\infty^3$ 成立，根据系统的运动学和动力学方程，$\dot{\boldsymbol{\sigma}}_i \in L_\infty^3$ 和 $(\dot{\boldsymbol{\sigma}}_i - \dot{\boldsymbol{\sigma}}_j) \in L_\infty^3$ 成立。对式（4－21）两端同时积分，可以得出

$$
\bar{V}(t) - \bar{V}(0) \leqslant -\frac{K}{2}\int_0^t \sum_{i=1}^{n}\sum_{j\in P_i}(\boldsymbol{\sigma}_i - \boldsymbol{\sigma}_j)^{\mathrm{T}}(\boldsymbol{\sigma}_i - \boldsymbol{\sigma}_j)\mathrm{d}s
$$

$$
\int_0^t \sum_{i=1}^{n}\sum_{j\in P_i}(\boldsymbol{\sigma}_i - \boldsymbol{\sigma}_j)^{\mathrm{T}}(\boldsymbol{\sigma}_i - \boldsymbol{\sigma}_j)\mathrm{d}s \leqslant \frac{2\bar{V}(0)}{K},\ i = 1,\cdots,n,\ j \in P_i
\tag{4-22}
$$

因此 $(\boldsymbol{\sigma}_i - \boldsymbol{\sigma}_j) \in L_2^3$ 。根据引理 2－3 可知，对于 $i = 1,\cdots,n$, $j \in P_i$ ，有 $\boldsymbol{\sigma}_i - \boldsymbol{\sigma}_j = 0$ 和 $\boldsymbol{\omega}_i = 0$ 成立。由于通信拓扑是连通的，进一步有 $\boldsymbol{\sigma}_i - \boldsymbol{\sigma}_j = 0$ 和 $\boldsymbol{\omega}_i = 0$, $i, j = 1,\cdots,n$ ，即当时间 $t \to \infty$ 时，$\{\boldsymbol{\sigma}_1 \to \boldsymbol{\sigma}_2 \to \cdots \to \boldsymbol{\sigma}_n, \boldsymbol{\omega}_1 \to \boldsymbol{\omega}_2 \to \cdots \to \boldsymbol{\omega}_n\}$ 。

注 4－1　对于低轨道航天器，重力梯度力矩可能起到主要作用；对于高轨道航天器，太阳光压力矩是主要的干扰力矩。此外，航天器还会受到气动力矩和剩磁力矩等的影响。因此干扰力矩的作用在控制器设计中不能忽略。在传统理论分析过程中，常将这些干扰力矩看作长周期慢时变的，并用一个常值与三角函数相加的方法代替实际的干扰力矩。但在本文控制器式（4－8）的设计中，干扰力矩可以不受这样的限制。从上述分析可以看出，只要干扰力矩是有界的，编队系统的稳定性和姿态的协同就能够得到保证。

注 4－2　控制器中的符号函数项 $\boldsymbol{\varphi}_i$ 能够保证编队系统在干扰力矩存在的情况下实现姿态协同控制，但其中的符号函数会在系统状态到达平衡点附近时使控制信号出现“抖颤”现象，在实际应用中可用饱和函数或双曲正切函数代替。

注 4－3　在式（4－20）中用到了平衡通信拓扑的性质。和绝大多数已有的研究不同，本书中并不要求编队的通信拓扑结构是双向的。这里只要编队中的每个航天器满足 $p_i = c_i$, $i = 1,2,\cdots,n$ ，那么控制器式（4－8）就是

有效的。图 4－1 给出了满足上述要求的航天器编队的几种通信结构。以四个航天器构成的编队为例，其中，各航天器图标表示编队中的航天器成员，箭头的方向表示信息传递的方向。

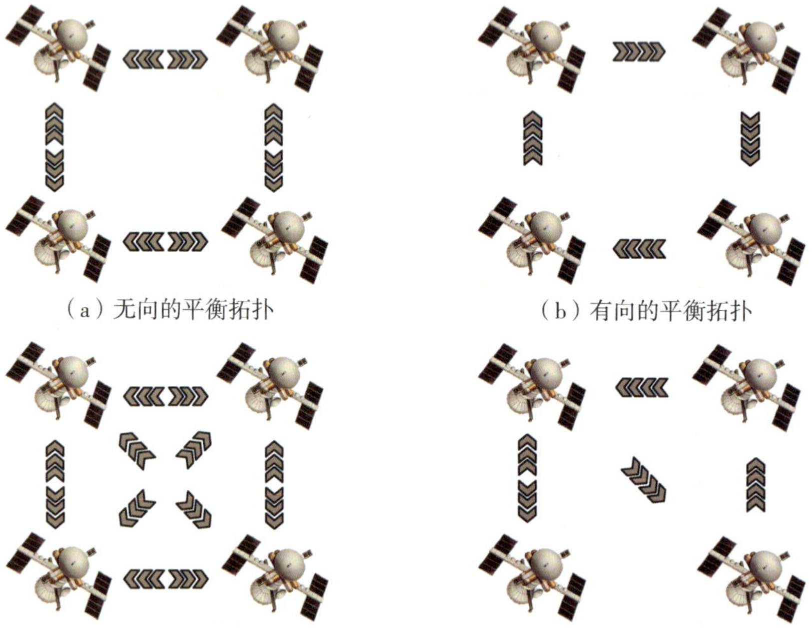

（a）无向的平衡拓扑　（b）有向的平衡拓扑

（c）全连接的平衡拓扑　（d）一般形式的平衡拓扑

图 4－1　几种平衡的通信拓扑结构

4.2.3　常值干扰下协同控制器设计

当外干扰力矩随时间变化非常缓慢时，可将其视为常值干扰来处理。这时，可以通过设计带有积分项的协同控制器来实现姿态协同控制。提出带有积分项的协同控制器如下

$$\boldsymbol{u}_i = -\boldsymbol{J}_i\left(K_i^d \boldsymbol{\omega}_i + K_i^p \sum_{j \in P_i} \boldsymbol{\sigma}_{ij} + K \sum_{j \in P_i} \dot{\boldsymbol{\sigma}}_{ij} + K_i^v \hat{\varphi}_i\right) + \boldsymbol{\omega}_i^{\times} \boldsymbol{J}_i \boldsymbol{\omega}_i,\ i = 1,2,\cdots,n \tag{4-23}$$

控制参数的定义均与控制器式（4－8）中相同，其中，$\hat{\varphi}_i$ 的定义由下面的微分方程给出

$$\dot{\hat{\varphi}}_i = \boldsymbol{\omega}_i + K \sum_{j \in P_i} \boldsymbol{\sigma}_{ij} \tag{4-24}$$

定理 4－2　对于式（4－1）和式（4－2）描述的自主编队系统，如果通信拓扑结构是平衡的，那么控制器式（4－23）能够在常值干扰力下实现自主编队航天器的姿态协同。

证明　考虑如下标量函数

$$
\begin{aligned}
V &= \sum_{i=1}^{n} V_i + \sum_{i=1}^{n} \hat{V}_i \\
&= \sum_{i=1}^{n} \frac{1}{2}\Big(\boldsymbol{\omega}_i + K\sum_{j\in P_i}\boldsymbol{\sigma}_{ij}\Big)^{\mathrm{T}}\Big(\boldsymbol{\omega}_i + K\sum_{j\in P_i}\boldsymbol{\sigma}_{ij}\Big) + \sum_{i=1}^{n}\frac{1}{2}\boldsymbol{\theta}_i^{\mathrm{T}}K_i^v\boldsymbol{\theta}_i
\end{aligned} \tag{4-25}
$$

其中，$\boldsymbol{\theta}_i$ 的定义为

$$
\boldsymbol{\theta}_i = \hat{\boldsymbol{\varphi}}_i - \frac{\boldsymbol{J}_i^{-1}}{K_i^v}\boldsymbol{d}_i \tag{4-26}
$$

分别计算 $\hat{V}_i$ 和 V_i 相对于时间的一阶导数，有

$$
\begin{aligned}
\dot{\hat{V}}_i &= \boldsymbol{\theta}_i^{\mathrm{T}}K_i^v\dot{\boldsymbol{\theta}}_i \\
&= -\Big(\boldsymbol{\omega}_i + K\sum_{j\in P_i}\boldsymbol{\sigma}_{ij}\Big)^{\mathrm{T}}\boldsymbol{J}_i^{-1}\boldsymbol{d}_i + K_i^v\Big(\boldsymbol{\omega}_i + K\sum_{j\in P_i}\boldsymbol{\sigma}_{ij}\Big)^{\mathrm{T}}\hat{\boldsymbol{\varphi}}_i
\end{aligned} \tag{4-27}
$$

$$
\begin{aligned}
\dot{V}_i &= \Big(\boldsymbol{\omega}_i + K\sum_{j\in P_i}\boldsymbol{\sigma}_{ij}\Big)^{\mathrm{T}}\Big(\dot{\boldsymbol{\omega}}_i + K\sum_{j\in P_i}\dot{\boldsymbol{\sigma}}_{ij}\Big) \\
&= \Big(\boldsymbol{\omega}_i + K\sum_{j\in P_i}\boldsymbol{\sigma}_{ij}\Big)^{\mathrm{T}}\boldsymbol{J}_i^{-1}\boldsymbol{J}_i\dot{\boldsymbol{\omega}}_i + K\boldsymbol{\omega}_i\sum_{j\in P_i}\dot{\boldsymbol{\sigma}}_{ij} + K^2\sum_{j\in P_i}\boldsymbol{\sigma}_{ij}\sum_{j\in P_i}\dot{\boldsymbol{\sigma}}_{ij}
\end{aligned} \tag{4-28}
$$

将动力学方程式（4－2）和控制器式（4－23）代入到式（4－28）中，可得

$$
\begin{aligned}
\dot{V}_i &= \Big(\boldsymbol{\omega}_i + K\sum_{j\in P_i}\boldsymbol{\sigma}_{ij}\Big)^{\mathrm{T}}\boldsymbol{J}_i^{-1}\big(-\boldsymbol{\omega}_i^{\times}\boldsymbol{J}_i\boldsymbol{\omega}_i + \boldsymbol{u}_i + \boldsymbol{d}_i\big) + K\boldsymbol{\omega}_i\sum_{j\in P_i}\dot{\boldsymbol{\sigma}}_{ij} + K^2\sum_{j\in P_i}\boldsymbol{\sigma}_{ij}\sum_{j\in P_i}\dot{\boldsymbol{\sigma}}_{ij} \\
&= K\boldsymbol{\omega}_i\sum_{j\in P_i}\dot{\boldsymbol{\sigma}}_{ij} + K^2\sum_{j\in P_i}\boldsymbol{\sigma}_{ij}\sum_{j\in P_i}\dot{\boldsymbol{\sigma}}_{ij} - \Big(\boldsymbol{\omega}_i + K\sum_{j\in P_i}\boldsymbol{\sigma}_{ij}\Big)^{\mathrm{T}}\Big(K_i^d\boldsymbol{\omega}_i + K_i^p\sum_{j\in P_i}\boldsymbol{\sigma}_{ij}\Big) \\
&\quad - \Big(\boldsymbol{\omega}_i + K\sum_{j\in P_i}\boldsymbol{\sigma}_{ij}\Big)^{\mathrm{T}}\Big(K\sum_{j\in P_i}\dot{\boldsymbol{\sigma}}_{ij} + K_i^v\hat{\varphi}_i - \boldsymbol{J}_i^{-1}\boldsymbol{d}_i\Big) \\
&= -\Big(\boldsymbol{\omega}_i + K\sum_{j\in P_i}\boldsymbol{\sigma}_{ij}\Big)^{\mathrm{T}}\Big(K_i^d\boldsymbol{\omega}_i + K_i^p\sum_{j\in P_i}\boldsymbol{\sigma}_{ij}\Big) - \Big(\boldsymbol{\omega}_i + K\sum_{j\in P_i}\boldsymbol{\sigma}_{ij}\Big)^{\mathrm{T}}\Big(K_i^v\hat{\varphi}_i - \boldsymbol{J}_i^{-1}\boldsymbol{d}_i\Big)
\end{aligned} \tag{4-29}
$$

结合式（4－27）和式（4－29），有下式成立

$$\begin{aligned}\dot{V}_i + \dot{\hat{V}}_i &= -\left(\boldsymbol{\omega}_i + K\sum_{j\in P_i}\boldsymbol{\sigma}_{ij}\right)^{\mathrm{T}}\left(K_i^d\boldsymbol{\omega}_i + K_i^p\sum_{j\in P_i}\boldsymbol{\sigma}_{ij}\right) - \left(\boldsymbol{\omega}_i + K\sum_{j\in P_i}\boldsymbol{\sigma}_{ij}\right)^{\mathrm{T}} \\ &\quad -\left(K_i^v\hat{\boldsymbol{\varphi}}_i - \boldsymbol{J}_i^{-1}\boldsymbol{d}_i\right)\left(\boldsymbol{\omega}_i + K\sum_{j\in P_i}\boldsymbol{\sigma}_{ij}\right)^{\mathrm{T}}\boldsymbol{J}_i^{-1}\boldsymbol{d}_i + K_i^v\left(\boldsymbol{\omega}_i + K\sum_{j\in P_i}\boldsymbol{\sigma}_{ij}\right)^{\mathrm{T}}\hat{\boldsymbol{\varphi}}_i \\ &= -K_i^d\sum_{k=1}^{3}\left(\boldsymbol{\omega}_i + K\sum_{j\in P_i}\boldsymbol{\sigma}_{ij}\right)_k^2 \\ &\leqslant 0 \end{aligned} \tag{4-30}$$

式（4－30）和式（4－12）的结果相似，因此，根据引理 2－3 和定理 4－1 可知，当时间 $t\to\infty$ 时，$\{\boldsymbol{\sigma}_1\to\boldsymbol{\sigma}_2\to\cdots\to\boldsymbol{\sigma}_n,\boldsymbol{\omega}_1\to\boldsymbol{\omega}_2\to\cdots\to\boldsymbol{\omega}_n\}$。

4.3 改进的姿态协同控制方法

在控制器式（4－8）中，符号函数项 sgn(∗) 的不连续性会使控制信号出现“抖颤”现象，对系统十分不利。虽然可以通过用饱和函数或双曲正切函数替换符号函数的办法减缓控制信号的“抖颤”，但其仅能够视作符号函数的一种近似方法，且系统状态在边界层内的状态特性无法分析。因此，考虑设计连续的姿态协同控制器，避免控制信号出现“抖颤”的同时保证编队系统的收敛性和鲁棒性。

4.3.1 问题描述与控制目标

仍然研究一个由式（4－1）和式（4－2）描述的 n 个刚体航天器构成的自主编队系统。假设编队为平衡通信拓扑结构，其干扰力矩是有界的且满足 $\boldsymbol{d}_i\leqslant \boldsymbol{v}_i$。自主编队航天器的姿态协同控制问题可以表述为：为编队中的每个航天器设计连续姿态协同控制律 $\boldsymbol{u}_i$，使得编队中各航天器的姿态一致，即当 $t\to\infty$ 时，$\{\boldsymbol{\sigma}_1\to\boldsymbol{\sigma}_2\to\cdots\to\boldsymbol{\sigma}_n,\boldsymbol{\omega}_1\to\boldsymbol{\omega}_2\to\cdots\to\boldsymbol{\omega}_n\}$。

4.3.2 改进的协同控制器

基于航天器的姿态信息和角速度信息，设计控制器如下所示

$$\boldsymbol{u}_i = -\boldsymbol{J}_i[K_i^d\boldsymbol{\omega}_i + K_i^p\sum_{j\in P_i}(\boldsymbol{\sigma}_i - \boldsymbol{\sigma}_j) + K_i^v\boldsymbol{\varphi}_i + K\sum_{j\in P_i}(\dot{\boldsymbol{\sigma}}_i - \dot{\boldsymbol{\sigma}}_j)] + \boldsymbol{\omega}_i^{\times}\boldsymbol{J}_i\boldsymbol{\omega}_i,\ i = 1,2,\cdots,n \tag{4-31}$$

其中，控制参数 K_i^d，K_i^p 和 K 均为正的常数，满足 $K_i^p/K_i^d = K$；控制参数 K_i^v 为正的常数，满足 $K_i^v = \upsilon_i\alpha_{\max}(\boldsymbol{J}_i^{-1})$；$\boldsymbol{\varphi}_i$ 的定义为

$$(\boldsymbol{\varphi}_i)_k = \frac{(\boldsymbol{\omega}_i + K\sum_{j\in P_i}\boldsymbol{\sigma}_{ij})_k}{\left|(\boldsymbol{\omega}_i + K\sum_{j\in P_i}\boldsymbol{\sigma}_{ij})_k\right| + (\boldsymbol{\gamma}_i)_k},\ k = 1,2,3 \tag{4-32}$$

其中，$(\boldsymbol{\gamma}_i)_k > 0$ 为一个连续的函数，满足

$$\int_0^{\infty} K_i^v\sum_{k=1}^{3}(\boldsymbol{\gamma}_i)_k\mathrm{d}t = \text{常量} < \infty \tag{4-33}$$

可以看出，由式（4－32）描述的函数 $\boldsymbol{\varphi}_i$ 是连续的。

定理 4－3　对于式（4－1）和式（4－2）描述的自主编队系统，如果编队的通信拓扑结构是平衡的，那么连续控制器式（4－31）能够实现自主编队航天器的姿态协同。

证明　考虑如下的标量函数

$$\begin{aligned} V &= \sum_{i=1}^{n} V_i \\ &= \sum_{i=1}^{n}\frac{1}{2}(\boldsymbol{\omega}_i + K\sum_{j\in P_i}\boldsymbol{\sigma}_{ij})^{\mathrm{T}}(\boldsymbol{\omega}_i + K\sum_{j\in P_i}\boldsymbol{\sigma}_{ij}) \end{aligned} \tag{4-34}$$

计算其相对时间的一阶导数，有

$$\begin{aligned} \dot{V}_i &= (\boldsymbol{\omega}_i + K\sum_{j\in P_i}\boldsymbol{\sigma}_{ij})^{\mathrm{T}}(\dot{\boldsymbol{\omega}}_i + K\sum_{j\in P_i}\dot{\boldsymbol{\sigma}}_{ij}) \\ &= (\boldsymbol{\omega}_i + K\sum_{j\in P_i}\boldsymbol{\sigma}_{ij})^{\mathrm{T}}\boldsymbol{J}_i^{-1}\boldsymbol{J}_i\dot{\boldsymbol{\omega}}_i + K\boldsymbol{\omega}_i\sum_{j\in P_i}\dot{\boldsymbol{\sigma}}_{ij} + K^2\sum_{j\in P_i}\boldsymbol{\sigma}_{ij}\sum_{j\in P_i}\dot{\boldsymbol{\sigma}}_{ij} \end{aligned} \tag{4-35}$$

将动力学方程式（4－2）和控制器式（4－31）代入上式，有

$$
\begin{aligned}
\dot{V}_i &= \left(\boldsymbol{\omega}_i + K\sum_{j\in P_i}\boldsymbol{\sigma}_{ij}\right)^{\mathrm{T}}\boldsymbol{J}_i^{-1}\left(-\boldsymbol{\omega}_i^{\times}\boldsymbol{J}_i\boldsymbol{\omega}_i + \boldsymbol{u}_i + \boldsymbol{d}_i\right) + K\boldsymbol{\omega}_i\sum_{j\in P_i}\dot{\boldsymbol{\sigma}}_{ij} + K^2\sum_{j\in P_i}\boldsymbol{\sigma}_{ij}\sum_{j\in P_i}\dot{\boldsymbol{\sigma}}_{ij} \\
&= K\boldsymbol{\omega}_i\sum_{j\in P_i}\dot{\boldsymbol{\sigma}}_{ij} + K^2\sum_{j\in P_i}\boldsymbol{\sigma}_{ij}\sum_{j\in P_i}\dot{\boldsymbol{\sigma}}_{ij} - \left(\boldsymbol{\omega}_i + K\sum_{j\in P_i}\boldsymbol{\sigma}_{ij}\right)^{\mathrm{T}}\left(K_i^d\boldsymbol{\omega}_i + K_i^p\sum_{j\in P_i}\boldsymbol{\sigma}_{ij}\right) \\
&\quad - \left(\boldsymbol{\omega}_i + K\sum_{j\in P_i}\boldsymbol{\sigma}_{ij}\right)^{\mathrm{T}}\left(K\sum_{j\in P_i}\dot{\boldsymbol{\sigma}}_{ij} + K_i^v\boldsymbol{\varphi}_i - \boldsymbol{J}_i^{-1}\boldsymbol{d}_i\right) \\
&= -K_i^d\left(\boldsymbol{\omega}_i + K\sum_{j\in P_i}\boldsymbol{\sigma}_{ij}\right)^{\mathrm{T}}\left(\boldsymbol{\omega}_i + K\sum_{j\in P_i}\boldsymbol{\sigma}_{ij}\right) - K_i^v\sum_{k=1}^{3}\left|\left(\dot{\boldsymbol{\sigma}}_i + K\sum_{j\in P_i}\boldsymbol{\sigma}_{ij}\right)_k\right| \\
&\quad + \left(\boldsymbol{\omega}_i + K\sum_{j\in P_i}\boldsymbol{\sigma}_{ij}\right)^{\mathrm{T}}\boldsymbol{J}_i^{-1}\boldsymbol{d}_i + K_i^v\sum_{k=1}^{3}\frac{\left(\boldsymbol{\gamma}_i^{\mathrm{T}}\left|\boldsymbol{\omega}_i + K\sum_{j\in P_i}\boldsymbol{\sigma}_{ij}\right|\right)_k}{\left|\left(\boldsymbol{\omega}_i + K\sum_{j\in P_i}\boldsymbol{\sigma}_{ij}\right)_k\right| + (\boldsymbol{\gamma}_i)_k} \\
&\leqslant -K_i^d\sum_{k=1}^{3}\left(\boldsymbol{\omega}_i + K\sum_{j\in P_i}\boldsymbol{\sigma}_{ij}\right)_k^2 + K_i^v\sum_{k=1}^{3}(\boldsymbol{\gamma}_i)_k \\
&\quad - \left[K_i^v - \alpha_{\max}\left(\boldsymbol{J}_i^{-1}\boldsymbol{d}_i\right)\right]\sum_{k=1}^{3}\left|\left(\dot{\boldsymbol{\sigma}}_i + K\sum_{j\in P_i}\boldsymbol{\sigma}_{ij}\right)_k\right|
\end{aligned}
\tag{4-36}
$$

根据式（4－36），下式成立

$$
\dot{V}_i \leqslant K_i^v\sum_{k=1}^{3}(\boldsymbol{\gamma}_i)_k \tag{4-37}
$$

$$
\dot{V} \leqslant -K_i^d\sum_{k=1}^{3}\left(\boldsymbol{\omega}_i + K\sum_{j\in P_i}\boldsymbol{\sigma}_{ij}\right)_k^2 + K_i^v\sum_{k=1}^{3}(\boldsymbol{\gamma}_i)_k \tag{4-38}
$$

对式（4－37）两端同时积分，有

$$
V_i(t) \leqslant V_i(0) + \int_0^t K_i^v\sum_{k=1}^{3}(\boldsymbol{\gamma}_i)_k\mathrm{d}s \tag{4-39}
$$

根据式（4－33）可知，$\int_0^{\infty}K_i^{\,v}\sum_{k=1}^{3}(\boldsymbol{\gamma}_i)_k\mathrm{d}t = \text{常量} < \infty$，因此 V_i 是有界的，于是

$$
\left(\boldsymbol{\omega}_i, \sum_{j\in P_i}\boldsymbol{\sigma}_{ij}\right) \in L_{\infty}^6;\left(\boldsymbol{\omega}_i + K\sum_{j\in P_i}\boldsymbol{\sigma}_{ij}\right) \in L_{\infty}^3 \tag{4-40}
$$

且根据式（4－1）和式（4－2），有

$$
\left(\dot{\boldsymbol{\omega}}_i, \sum_{j\in P_i}\dot{\boldsymbol{\sigma}}_{ij}\right) \in L_{\infty}^6;\left(\dot{\boldsymbol{\omega}}_i + K\sum_{j\in P_i}\dot{\boldsymbol{\sigma}}_{ij}\right) \in L_{\infty}^3 \tag{4-41}
$$

对式（4－38）两端同时积分，有

$$
V(t) - V(0) \leqslant -K_i^d\int_0^t\sum_{k=1}^{3}\left(\boldsymbol{\omega}_i + K\sum_{j\in P_i}\boldsymbol{\sigma}_{ij}\right)_k^2\mathrm{d}s + \int_0^t K_i^v\sum_{k=1}^{3}(\boldsymbol{\gamma}_i)_k\mathrm{d}s \tag{4-42}
$$

计算当 $t \to \infty$ 时，式（4－42）两端的极限，有

$$\int_0^t \sum_{k=1}^{3} \left(\boldsymbol{\omega}_i + K\sum_{j\in P_i} \boldsymbol{\sigma}_{ij}\right)_k^2 \mathrm{d}s \leqslant \frac{\text{常量} + V(0)}{K_i^d} \tag{4-43}$$

即

$$\left(\boldsymbol{\omega}_i + K\sum_{j\in P_i} \boldsymbol{\sigma}_{ij}\right) \in L_2^3 \tag{4-44}$$

结合式（4－40）和式（4－41），根据引理 2－3 可知系统状态能够到达

$$\boldsymbol{\omega}_i + K\sum_{j\in P_i} \boldsymbol{\sigma}_{ij} = 0,\ i = 1,\cdots,n \tag{4-45}$$

考虑如下非负标量函数

$$\bar{V} = 2\sum_{i=1}^{n} \ln(1 + \boldsymbol{\sigma}_i^{\mathrm{T}} \boldsymbol{\sigma}_i) \tag{4-46}$$

根据与定理 4－1 中相似的分析，可知编队系统能够实现姿态协同。

注 4－4　连续函数 $\boldsymbol{\varphi}_i$ 可以看作是对符号函数的一种改进，其中变量 $\boldsymbol{\gamma}_i$ 的选择也是灵活的，例如三角函数 $(\boldsymbol{\gamma}_i)_k = b\sin(c\cdot t)$，或者指数函数 $(\boldsymbol{\gamma}_i)_k = \mathrm{e}^{-a\cdot t}$，$k = 1,2,3$，$a > 0$ 等。从理论的角度分析，由于使用连续函数 $\boldsymbol{\varphi}_i$ 代替了原控制器中的符号函数项，因此控制器式（4－31）是连续的。但在实际使用中，控制信号不仅与控制方法有关，由于姿态控制精度、控制周期和星载机的计算能力等因素，控制信号的连续性在一定程度上受到制约并且与所选取函数 $\boldsymbol{\gamma}_i$ 的形式有关。当选取指数函数 $(\boldsymbol{\gamma}_i)_k = \mathrm{e}^{-a\cdot t}$ 时，其会在很短的时间内收敛至 0 附近，此时由于姿态误差要远大于 $\boldsymbol{\gamma}_i$ 的值，函数 $\boldsymbol{\varphi}_i$ 会退化成为符号函数，从而使控制器失去连续性；当选取三角函数 $(\boldsymbol{\gamma}_i)_k = b\sin(c\cdot t)$ 时，由于其周期性地穿过 $(\boldsymbol{\gamma}_i)_k = 0$，函数 $\boldsymbol{\varphi}_i$ 也会周期性地转化为符号函数，使得控制器会暂时失去连续性。

4.3.3　姿态协同控制中的测量误差分析

在前面设计的控制器，都用到航天器的姿态信息 $\boldsymbol{\sigma}_i$ 和 $\boldsymbol{\omega}_i$。航天器实际在轨运行过程中，这些信息都是由星上的测量元件提供的，比如 $\boldsymbol{\omega}_i$ 可由速率陀螺提供，$\boldsymbol{\sigma}_i$ 可由姿态敏感器提供。但是由这些测量元件通过测量得出的姿态信息往往是不精确的，即存在测量误差。速率陀螺的常值漂移和噪声，测量元件的安装误差和空间环境变化所带来的干扰等因素都产生测量误差。测量误差作为一种误差信号，与被测的真实信号混合在一起形成实际测量信号，直接作用于控制器上并影响控制性能。因此，分析测量误差存在下控制

系统的稳定性以及测量误差对控制性能的影响十分重要。

考虑测量误差的影响时，控制器式（4－31）可以写成如下形式

$$\begin{aligned}\boldsymbol{u}_i = & -\boldsymbol{J}_i[K_i^d(\boldsymbol{\omega}_i+\boldsymbol{e}_{di})+K_i^p\sum_{j\in P_i}(\boldsymbol{\sigma}_{ij}+\boldsymbol{e}_{pij})+K\sum_{j\in P_i}(\dot{\boldsymbol{\sigma}}_{ij}+\boldsymbol{e}_{dij})+K_i^v\boldsymbol{\varphi}_i^e] \\ & +\boldsymbol{\omega}_i^{\times}\boldsymbol{J}_i\boldsymbol{\omega}_i+\boldsymbol{e}_{di}^{\times}\boldsymbol{J}_i\boldsymbol{e}_{di}\end{aligned} \tag{4-47}$$

其中，函数 $\boldsymbol{\varphi}_i^e$ 的表达式为

$$(\boldsymbol{\varphi}_i^e)_k = \frac{(\boldsymbol{\omega}_i+K\sum_{j\in P_i}\boldsymbol{\sigma}_{ij}+\boldsymbol{e}_i)_k}{\left|(\boldsymbol{\omega}_i+K\sum_{j\in P_i}\boldsymbol{\sigma}_{ij}+\boldsymbol{e}_i)_k\right|+(\boldsymbol{\gamma}_i)_k},\ k=1,2,3 \tag{4-48}$$

其中，$\boldsymbol{e}_{di}$ 表示在角速度测量中产生的测量误差；$\boldsymbol{e}_{pi}$ 表示在姿态测量中产生的测量误差；$\boldsymbol{e}_{pij}=\boldsymbol{e}_{pi}-\boldsymbol{e}_{pj}$；$\boldsymbol{e}_{dij}=\boldsymbol{G}(\boldsymbol{e}_{pi})\boldsymbol{e}_{di}-\boldsymbol{G}(\boldsymbol{e}_{pj})\boldsymbol{e}_{dj}$；$\boldsymbol{e}_i=\boldsymbol{e}_{di}-K\sum_{j\in P_i}\boldsymbol{e}_{pij}$。

定理4－4 对于式（4－1）和式（4－2）描述的自主编队系统，如果编队的通信拓扑结构是平衡的，那么连续的控制器式（4－31）能够在干扰力矩存在且有界的情况下实现自主编队航天器的姿态协同，并且编队中各航天器的姿态满足下式

$$|(\boldsymbol{\sigma}_i-\boldsymbol{\sigma}_j)|\leqslant\Phi_i=\sqrt{\frac{6}{K}\left(\frac{\lambda_i}{K_i^d}\right)^{\frac{1}{4}}},\ i=1,2,\cdots,n\cup j\in P_i \tag{4-49}$$

其中

$$\lambda_i=K_i^v\left(\sum_{k=1}^{3}|(\boldsymbol{e}_i)_k|+\sum_{k=1}^{3}(\boldsymbol{\gamma}_i)_k\right)+|\boldsymbol{e}_i^{\mathrm{T}}\boldsymbol{\psi}_i| \tag{4-50}$$

这里

$$\boldsymbol{\psi}_i=\boldsymbol{J}_i^{-1}\boldsymbol{e}_{di}^{\times}\boldsymbol{J}_i\boldsymbol{e}_{di}+\boldsymbol{J}_i^{-1}\boldsymbol{d}_i-K\sum_{j\in P_i}\boldsymbol{e}_{dij}-\boldsymbol{e}_i \tag{4-51}$$

证明 考虑如下非负标量函数

$$V=\sum_{i=1}^{n}V_i=\sum_{i=1}^{n}\frac{1}{2}(\boldsymbol{\omega}_i+K\sum_{j\in P_i}\boldsymbol{\sigma}_{ij})^{\mathrm{T}}(\boldsymbol{\omega}_i+K\sum_{j\in P_i}\boldsymbol{\sigma}_{ij}) \tag{4-52}$$

计算 V_i 相对于时间的一阶导数并且代入动力学方程式（4－2）和控制器式（4－47），有

$$\begin{aligned}\dot{V}_i = & (\boldsymbol{\omega}_i+K\sum_{j\in P_i}\boldsymbol{\sigma}_{ij})^{\mathrm{T}}\boldsymbol{J}_i^{-1}(-\boldsymbol{\omega}_i^{\times}\boldsymbol{J}_i\boldsymbol{\omega}_i+\boldsymbol{u}_i+\boldsymbol{d}_i)+K\boldsymbol{\omega}_i\sum_{j\in P_i}\dot{\boldsymbol{\sigma}}_{ij}+K^2\sum_{j\in P_i}\boldsymbol{\sigma}_{ij}\sum_{j\in P_i}\dot{\boldsymbol{\sigma}}_{ij} \\ = & K\boldsymbol{\omega}_i\sum_{j\in P_i}\dot{\boldsymbol{\sigma}}_{ij}+K^2\sum_{j\in P_i}\boldsymbol{\sigma}_{ij}\sum_{j\in P_i}\dot{\boldsymbol{\sigma}}_{ij}-(\boldsymbol{\omega}_i+K\sum_{j\in P_i}\boldsymbol{\sigma}_{ij})^{\mathrm{T}}(K_i^d\boldsymbol{\omega}_i+K_i^p\sum_{j\in P_i}\boldsymbol{\sigma}_{ij}+K\sum_{j\in P_i}\dot{\boldsymbol{\sigma}}_{ij}) \\ & -(\boldsymbol{\omega}_i+K\sum_{j\in P_i}\boldsymbol{\sigma}_{ij})^{\mathrm{T}}(K_i^v\boldsymbol{\varphi}_i^e+K\sum_{j\in P_i}\boldsymbol{e}_{dij}+\boldsymbol{e}_i-\boldsymbol{J}_i^{-1}\boldsymbol{e}_{di}^{\times}\boldsymbol{J}_i\boldsymbol{e}_{di}-\boldsymbol{J}_i^{-1}\boldsymbol{d}_i)\end{aligned} \tag{4-53}$$

假设 $K_i^v > \alpha_{\max}(\boldsymbol{\psi}_i)$，结合式（4－52），可以推导出

$$\begin{aligned}\dot{V}_i =& -K_i^d\Big(\boldsymbol{\omega}_i + K\sum_{j\in P_i}\boldsymbol{\sigma}_{ij}\Big)^{\mathrm{T}}\Big(\boldsymbol{\omega}_i + K\sum_{j\in P_i}\boldsymbol{\sigma}_{ij}\Big) - K_i^v\Big(\boldsymbol{\omega}_i + K\sum_{j\in P_i}\boldsymbol{\sigma}_{ij} + \boldsymbol{e}_i - \boldsymbol{e}_i\Big)^{\mathrm{T}}\boldsymbol{\varphi}_i^e \\ & + \Big(\boldsymbol{\omega}_i + K\sum_{j\in P_i}\boldsymbol{\sigma}_{ij} + \boldsymbol{e}_i - \boldsymbol{e}_i\Big)^{\mathrm{T}}\Big(\boldsymbol{J}_i^{-1}\boldsymbol{e}_{di}^{\times}\boldsymbol{J}_i\boldsymbol{e}_{di} + \boldsymbol{J}_i^{-1}\boldsymbol{d}_i - K\sum_{j\in P_i}\boldsymbol{e}_{dij} - \boldsymbol{e}_i\Big) \\ =& -K_i^d\Big(\boldsymbol{\omega}_i + K\sum_{j\in P_i}\boldsymbol{\sigma}_{ij}\Big)^{\mathrm{T}}\Big(\boldsymbol{\omega}_i + K\sum_{j\in P_i}\boldsymbol{\sigma}_{ij}\Big) - K_i^v\Big|\boldsymbol{\omega}_i + K\sum_{j\in P_i}\boldsymbol{\sigma}_{ij} + \boldsymbol{e}_i\Big| + K_i^v\boldsymbol{\gamma}_i^{\mathrm{T}}\boldsymbol{\varphi}_i^e \\ & + K_i^v\boldsymbol{e}_i^{\mathrm{T}}\boldsymbol{\varphi}_i^e + \Big(\boldsymbol{\omega}_i + K\sum_{j\in P_i}\boldsymbol{\sigma}_{ij} + \boldsymbol{e}_i\Big)^{\mathrm{T}}\boldsymbol{\psi}_i - \boldsymbol{e}_i^{\mathrm{T}}\boldsymbol{\psi}_i \\ \leqslant& -K_i^d\sum_{k=1}^{3}\Big(\boldsymbol{\omega}_i + K\sum_{j\in P_i}\boldsymbol{\sigma}_{ij}\Big)_k^2 - \big[K_i^v - \alpha_{\max}(\boldsymbol{\psi}_i)\big]\sum_{k=1}^{3}\Big|\Big(\dot{\boldsymbol{\sigma}}_i + K\sum_{j\in P_i}\boldsymbol{\sigma}_{ij} + \boldsymbol{e}_i\Big)_k\Big| \\ & + K_i^v\Big(\sum_{k=1}^{3}\big|(\boldsymbol{e}_i)_k\big| + \sum_{k=1}^{3}(\boldsymbol{\gamma}_i)_k\Big) + \big|\boldsymbol{e}_i^{\mathrm{T}}\boldsymbol{\psi}_i\big|\end{aligned} \tag{4－54}$$

于是下式成立

$$\dot{V}_i \leqslant -K_i^d\sum_{k=1}^{3}\Big(\boldsymbol{\omega}_i + K\sum_{j\in P_i}\boldsymbol{\sigma}_{ij}\Big)_k^2 + \lambda_i \tag{4－55}$$

可以看出，如果 $\sum_{k=1}^{3}\Big(\boldsymbol{\omega}_i + K\sum_{j\in P_i}\boldsymbol{\sigma}_{ij}\Big)_k^2 \leqslant \dfrac{\lambda_i}{K_i^d}$，那么 $\dot{V}_i \leqslant 0$。因此，系统状态满足

$$\Big(\boldsymbol{\omega}_i + K\sum_{j\in P_i}\boldsymbol{\sigma}_{ij}\Big)_k = (\boldsymbol{\varepsilon}_i)_k \tag{4－56}$$

其中，$|(\boldsymbol{\varepsilon}_i)_k| \leqslant \left(\dfrac{\lambda_i}{K_i^d}\right)^{\frac{1}{2}}$。接下来，考虑如下非负标量函数

$$V_i = 2\ln(1 + \boldsymbol{\sigma}_i^{\mathrm{T}}\boldsymbol{\sigma}_i),\ i = 1,2,\cdots,n \tag{4－57}$$

计算其相对时间的一阶导数，有

$$\begin{aligned}\dot{V}_i &= \boldsymbol{\sigma}_i^{\mathrm{T}}\boldsymbol{\omega}_i \\ &= -\boldsymbol{\sigma}_i^{\mathrm{T}}K\sum_{j\in P_i}\boldsymbol{\sigma}_{ij} + \boldsymbol{\sigma}_i^{\mathrm{T}}\varepsilon_i\end{aligned} \tag{4－58}$$

将 $\dfrac{K}{2}\sum_{i=1}^{n}\sum_{j\in P_i}(\boldsymbol{\sigma}_i^{\mathrm{T}}\boldsymbol{\sigma}_i - \boldsymbol{\sigma}_j^{\mathrm{T}}\boldsymbol{\sigma}_j)$ 加在等式（4－58）的等号右边，等式仍然成立，有

$$
\begin{aligned}
\dot{V}_i &= -\frac{K}{2}\sum_{i=1}^{n}\sum_{j\in P_i}(\boldsymbol{\sigma}_i-\boldsymbol{\sigma}_j)^{\mathrm{T}}(\boldsymbol{\sigma}_i-\boldsymbol{\sigma}_j)+\boldsymbol{\sigma}_i^{\mathrm{T}}\varepsilon_i \\
&\leqslant -\frac{K}{2}\sum_{i=1}^{n}\sum_{j\in P_i}(\boldsymbol{\sigma}_i-\boldsymbol{\sigma}_j)^{\mathrm{T}}(\boldsymbol{\sigma}_i-\boldsymbol{\sigma}_j)+\sum_{k=1}^{3}|(\varepsilon_i)_k| \\
&= -\left(\frac{K}{2}-\frac{\sum_{k=1}^{3}|(\varepsilon_i)_k|}{\sum_{i=1}^{n}\sum_{j\in P_i}(\boldsymbol{\sigma}_i-\boldsymbol{\sigma}_j)^{\mathrm{T}}(\boldsymbol{\sigma}_i-\boldsymbol{\sigma}_j)}\right)\sum_{i=1}^{n}\sum_{j\in P_i}(\boldsymbol{\sigma}_i-\boldsymbol{\sigma}_j)^{\mathrm{T}}(\boldsymbol{\sigma}_i-\boldsymbol{\sigma}_j)
\end{aligned} \tag{4-59}
$$

根据上式可知，如果下面的不等式成立

$$
\frac{K}{2}-\frac{\sum_{k=1}^{3}|(\varepsilon_i)_k|}{\sum_{i=1}^{n}\sum_{j\in P_i}(\boldsymbol{\sigma}_i-\boldsymbol{\sigma}_j)^{\mathrm{T}}(\boldsymbol{\sigma}_i-\boldsymbol{\sigma}_j)}>0 \tag{4-60}
$$

那么 $\dot{V}_i\leqslant 0$ 。根据定理4－1中的分析与结论可知，系统状态 $(\boldsymbol{\sigma}_i-\boldsymbol{\sigma}_j)$ 将会收敛，且满足下面的不等式

$$
\begin{aligned}
&\frac{K}{2}-\frac{\sum_{k=1}^{3}|(\varepsilon_i)_k|}{\sum_{i=1}^{n}\sum_{j\in P_i}(\boldsymbol{\sigma}_i-\boldsymbol{\sigma}_j)^{\mathrm{T}}(\boldsymbol{\sigma}_i-\boldsymbol{\sigma}_j)}>0 \\
&\Rightarrow\sum_{i=1}^{n}\sum_{j\in P_i}(\boldsymbol{\sigma}_i-\boldsymbol{\sigma}_j)^{\mathrm{T}}(\boldsymbol{\sigma}_i-\boldsymbol{\sigma}_j)>\frac{2\sum_{k=1}^{3}|(\varepsilon_i)_k|}{K} \\
&\Rightarrow|(\boldsymbol{\sigma}_i-\boldsymbol{\sigma}_j)|>\left(\frac{2\sum_{k=1}^{3}|(\varepsilon_i)_k|}{K}\right)^{\frac{1}{2}}
\end{aligned} \tag{4-61}
$$

因此编队中各航天器的姿态满足 $|(\boldsymbol{\sigma}_i-\boldsymbol{\sigma}_j)|\leqslant\Phi_i=\sqrt{\frac{6}{K}\left(\frac{\lambda_i}{K_i^d}\right)^{\frac{1}{4}}}$ 。

注4－5 从上面的分析可以看出，区间 Φ_i 的大小主要取决于三个因素：测量误差 $\boldsymbol{e}_{di}$ 和 $\boldsymbol{e}_{pi}$ 、函数 $\boldsymbol{\gamma}_i$ 的值，以及干扰力矩 $\boldsymbol{d}_i$ 。由于函数 $\boldsymbol{\gamma}_i$ 满足 $\int_0^{\infty}K_i^v\sum_{k=1}^{3}(\boldsymbol{\gamma}_i)_k\mathrm{d}t<\infty$ ，因此 $\boldsymbol{\gamma}_i$ 是有界的。由于测量装置产生的误差 $\boldsymbol{e}_{di}$ 和 $\boldsymbol{e}_{pi}$ 以及空间干扰力矩 $\boldsymbol{d}_i$ 在实际情况中均为小量，因此也是有界的，进而可知区

间 Φ_i 有界。从式（4－61）可以看出，参数 K_i^d 和 K_i^p 的选择可以调整区间 Φ_i 的大小，这为高精度的控制提供便利。另外，由于转动惯量、测量误差和干扰力矩构成的项 $\boldsymbol{\psi}_i$ 也是有界的，因此参数 $K_i^v > \alpha_{\max}(\boldsymbol{\psi}_i)$ 并不会造成控制增益过大的情况。需要说明的是，在 $\lambda_i = K_i^v(\sum_{k=1}^{3}|(\boldsymbol{e}_i)_k| + \sum_{k=1}^{3}(\boldsymbol{\gamma}_i)_k) + |\boldsymbol{e}_i^{\mathrm{T}}\boldsymbol{\psi}_i|$ 中，由于测量误差和干扰力矩均为小量，所以 $|\boldsymbol{e}_i^{\mathrm{T}}\boldsymbol{\psi}_i|$ 为二阶小量，因此，姿态协同的误差主要由测量误差 $\boldsymbol{e}_i = \boldsymbol{e}_{di} - K\sum_{j\in P_i}\boldsymbol{e}_{pij}$ 决定。

4.3.4 通信延迟下的稳定性分析

在实际情况中，由于敏感器的信息采集、数据计算和信息传输等，编队飞行航天器的星间通信存在约几秒的时间延迟，因此通信无法保持极高的实时性，这会导致控制器中所用到的其他航天器的姿态信息存在一定的时延。因此接下来将对控制器式（4－31）在通信延迟情况下的稳定性进行分析。

当星间通信存在时间延迟 τ_{ij} 时（这里 τ_{ij} 表示 i 航天器接收到 j 航天器姿态信息的时间延迟），假设通信延迟 τ_{ij} 为常值，干扰力矩存在且是有界的，并且编队的通信拓扑为平衡的。自主编队航天器的姿态协同控制问题可以表述为：为编队中的每个航天器设计连续姿态协同控制律 $\boldsymbol{u}_i$，使得编队中各航天器的姿态一致，即当 $t\to\infty$ 时，$\{\boldsymbol{\sigma}_1\to\boldsymbol{\sigma}_2\to\cdots\to\boldsymbol{\sigma}_n,\boldsymbol{\omega}_1\to\boldsymbol{\omega}_2\to\cdots\to\boldsymbol{\omega}_n\}$。

当考虑星间通信时间延迟时，控制器的形式如下所示

$$\boldsymbol{u}_i = -\boldsymbol{J}_i[K_i^d\boldsymbol{\omega}_i + K_i^p\sum_{j\in P_i}(\boldsymbol{\sigma}_i - \boldsymbol{\sigma}_j(\tau_{ij})) + K\sum_{j\in P_i}(\dot{\boldsymbol{\sigma}}_i - \dot{\boldsymbol{\sigma}}_j(\tau_{ij})) + K_i^v\boldsymbol{\varphi}_i] + \boldsymbol{\omega}_i^{\times}\boldsymbol{J}_i\boldsymbol{\omega}_i \tag{4-62}$$

其中，控制参数 K_i^d，K_i^p 和 K 均为正的常数，满足 $K_i^p/K_i^d = K$；控制参数 K_i^v 为正的常数，满足 $K_i^v = \upsilon_i\alpha_{\max}(\boldsymbol{J}_i^{-1})$；$\boldsymbol{\varphi}_i$ 的定义为

$$(\boldsymbol{\varphi}_i)_k = \frac{(\boldsymbol{\omega}_i + K\sum_{j\in P_i}(\boldsymbol{\sigma}_i - \boldsymbol{\sigma}_j(\tau_{ij})))_k}{\left|(\boldsymbol{\omega}_i + K\sum_{j\in P_i}(\boldsymbol{\sigma}_i - \boldsymbol{\sigma}_j(\tau_{ij})))_k\right| + (\boldsymbol{\gamma}_i)_k},\ k = 1,2,3 \tag{4-63}$$

其中，$(\boldsymbol{\gamma}_i)_k > 0$ 且满足式（4－33）。

定理 4－5 对于式（4－1）和式（4－2）描述的自主编队系统，如果编队的通信拓扑结构是平衡的，即满足 $p_i = c_i$，$i = 1,2,\cdots,n$，那么连续的控制器式（4－62）能够在不变通信延迟 τ_{ij} 和干扰力矩存在的情况下实现自

主编队航天器的姿态协同。

证明 考虑如下标量函数

$$V_i = \sum_{i=1}^{n} \frac{1}{2}\left[\boldsymbol{\omega}_i + K\sum_{j\in P_i}(\boldsymbol{\sigma}_i - \boldsymbol{\sigma}_j(\tau_{ij}))\right]^{\mathrm{T}}\left[\boldsymbol{\omega}_i + K\sum_{j\in P_i}(\boldsymbol{\sigma}_i - \boldsymbol{\sigma}_j(\tau_{ij}))\right] \tag{4-64}$$

计算其相对时间的一阶导数，有

$$\begin{aligned}\dot{V}_i &= \left[\boldsymbol{\omega}_i + K\sum_{j\in P_i}(\boldsymbol{\sigma}_i - \boldsymbol{\sigma}_j(\tau_{ij}))\right]^{\mathrm{T}}\left[\dot{\boldsymbol{\omega}}_i + K\sum_{j\in P_i}(\dot{\boldsymbol{\sigma}}_i - \dot{\boldsymbol{\sigma}}_j(\tau_{ij}))\right] \\ &= \left[\boldsymbol{\omega}_i + K\sum_{j\in P_i}(\boldsymbol{\sigma}_i - \boldsymbol{\sigma}_j(\tau_{ij}))\right]^{\mathrm{T}}\boldsymbol{J}_i^{-1}\boldsymbol{J}_i\dot{\boldsymbol{\omega}}_i + K\boldsymbol{\omega}_i\sum_{j\in P_i}(\dot{\boldsymbol{\sigma}}_i - \dot{\boldsymbol{\sigma}}_j(\tau_{ij})) \\ &\quad + K^2\sum_{j\in P_i}(\boldsymbol{\sigma}_i - \boldsymbol{\sigma}_j(\tau_{ij}))\sum_{j\in P_i}(\dot{\boldsymbol{\sigma}}_i - \dot{\boldsymbol{\sigma}}_j(\tau_{ij}))\end{aligned} \tag{4-65}$$

将动力学方程式（4－2）和控制器合并代入上式中，有

$$\begin{aligned}\dot{V}_i &= \left[\boldsymbol{\omega}_i + K\sum_{j\in P_i}(\boldsymbol{\sigma}_i - \boldsymbol{\sigma}_j(\tau_{ij}))\right]^{\mathrm{T}}\boldsymbol{J}_i^{-1}(-\boldsymbol{\omega}_i^{\times}\boldsymbol{J}_i\boldsymbol{\omega}_i + \boldsymbol{u}_i + \boldsymbol{d}_i) \\ &\quad + K\boldsymbol{\omega}_i\sum_{j\in P_i}(\dot{\boldsymbol{\sigma}}_i - \dot{\boldsymbol{\sigma}}_j(\tau_{ij})) + K^2\sum_{j\in P_i}(\boldsymbol{\sigma}_i - \boldsymbol{\sigma}_j(\tau_{ij}))\sum_{j\in P_i}(\dot{\boldsymbol{\sigma}}_i - \dot{\boldsymbol{\sigma}}_j(\tau_{ij})) \\ &\leqslant -K_i^d\sum_{k=1}^{3}\left(\boldsymbol{\omega}_i + K\sum_{j\in P_i}(\boldsymbol{\sigma}_i - \boldsymbol{\sigma}_j(\tau_{ij}))\right)_k^2 + K_i^v\sum_{k=1}^{3}(\boldsymbol{\gamma}_i)_k \\ &\quad - \left[K_i^v - \alpha_{\max}(\boldsymbol{J}_i^{-1}\boldsymbol{d}_i)\right]\sum_{k=1}^{3}\left|\left(\dot{\boldsymbol{\sigma}}_i + K\sum_{j\in P_i}(\boldsymbol{\sigma}_i - \boldsymbol{\sigma}_j(\tau_{ij}))\right)_k\right|\end{aligned} \tag{4-66}$$

根据式（4－66），下式成立

$$\dot{V}_i \leqslant K_i^v\sum_{k=1}^{3}(\boldsymbol{\gamma}_i)_k \tag{4-67}$$

$$\dot{V}_i \leqslant -K_i^d\sum_{k=1}^{3}\left(\boldsymbol{\omega}_i + K\sum_{j\in P_i}(\boldsymbol{\sigma}_i - \boldsymbol{\sigma}_j(\tau_{ij}))\right)_k^2 + K_i^v\sum_{k=1}^{3}(\boldsymbol{\gamma}_i)_k \tag{4-68}$$

分别对式（4－67）和式（4－68）两端同时积分，有

$$V_i(t) \leqslant V_i(0) + \int_0^t K_i^v\sum_{k=1}^{3}(\boldsymbol{\gamma}_i)_k\mathrm{d}s \tag{4-69}$$

$$V_i(t) - V_i(0) \leqslant -K_i^d\int_0^t\sum_{k=1}^{3}\left(\boldsymbol{\omega}_i + K\sum_{j\in P_i}(\boldsymbol{\sigma}_i - \boldsymbol{\sigma}_j(\tau_{ij}))\right)_k^2\mathrm{d}s + \int_0^t K_i^v\sum_{k=1}^{3}(\boldsymbol{\gamma}_i)_k\mathrm{d}s \tag{4-70}$$

根据式（4－33）和式（4－69）可知 V_i 是有界的，于是根据式（4－1）和式（4－2），有

$$
\begin{aligned}
&\Big(\boldsymbol{\omega}_i, \sum_{j\in P_i}(\boldsymbol{\sigma}_i-\boldsymbol{\sigma}_j(\tau_{ij}))\Big)\in L_\infty^6;\quad \Big(\dot{\boldsymbol{\omega}}_i, \sum_{j\in P_i}(\dot{\boldsymbol{\sigma}}_i-\dot{\boldsymbol{\sigma}}_j(\tau_{ij}))\Big)\in L_\infty^6;\\
&\Big(\boldsymbol{\omega}_i+K\sum_{j\in P_i}(\boldsymbol{\sigma}_i-\boldsymbol{\sigma}_j(\tau_{ij}))\Big)\in L_\infty^3;\quad \Big(\dot{\boldsymbol{\omega}}_i+K\sum_{j\in P_i}(\dot{\boldsymbol{\sigma}}_i-\dot{\boldsymbol{\sigma}}_j(\tau_{ij}))\Big)\in L_\infty^3
\end{aligned}
\tag{4-71}
$$

计算 $t\to\infty$ 时式（4－70）两端的极限，有

$$
\int_0^\infty\sum_{k=1}^3\Big(\boldsymbol{\omega}_i+K\sum_{j\in P_i}(\boldsymbol{\sigma}_i-\boldsymbol{\sigma}_j(\tau_{ij}))\Big)_k^2\mathrm{d}s\leqslant\frac{\text{常量}+V_i(0)}{K_i^d}\tag{4-72}
$$

因此

$$
\Big(\boldsymbol{\omega}_i+K\sum_{j\in P_i}(\boldsymbol{\sigma}_i-\boldsymbol{\sigma}_j(\tau_{ij}))\Big)\in L_2^3\tag{4-73}
$$

结合式（4－71）并根据引理 2－3 可知系统状态能够到达

$$
\boldsymbol{\omega}_i+K\sum_{j\in P_i}(\boldsymbol{\sigma}_i-\boldsymbol{\sigma}_j(\tau_{ij}))=0,\ i=1,\cdots,n\tag{4-74}
$$

接下来，考虑如下标量函数

$$
\begin{aligned}
\bar{V}_i&=V_{id}+V_{ir}\\
&=2\sum_{i=1}^n\ln(1+\boldsymbol{\sigma}_i^{\mathrm{T}}\boldsymbol{\sigma}_i)+\frac{K}{2}\int_{t-\tau_{ji}}^t\sum_{i=1}^n\sum_{j\in P_i}\boldsymbol{\sigma}_i^{\mathrm{T}}\boldsymbol{\sigma}_i\mathrm{d}s
\end{aligned}
\tag{4-75}
$$

计算其相对时间的一阶导数，由于编队通信拓扑结构是平衡的，因此

$$
\begin{aligned}
\dot{\bar{V}}&=4\sum_{i=1}^n\frac{\boldsymbol{\sigma}_i^{\mathrm{T}}\dot{\boldsymbol{\sigma}}_i}{1+\boldsymbol{\sigma}_i^{\mathrm{T}}\boldsymbol{\sigma}_i}+\frac{K}{2}\sum_{i=1}^n\sum_{j\in P_i}[\boldsymbol{\sigma}_i^{\mathrm{T}}\boldsymbol{\sigma}_i-\boldsymbol{\sigma}_j(\tau_{ij})^{\mathrm{T}}\boldsymbol{\sigma}_j(\tau_{ij})]\\
&=4\sum_{i=1}^n\frac{\boldsymbol{\sigma}_i^{\mathrm{T}}\boldsymbol{G}(\boldsymbol{\sigma}_i)\boldsymbol{\omega}_i}{1+\boldsymbol{\sigma}_i^{\mathrm{T}}\boldsymbol{\sigma}_i}+\frac{K}{2}\sum_{i=1}^n\sum_{j\in P_i}[\boldsymbol{\sigma}_i^{\mathrm{T}}\boldsymbol{\sigma}_i-\boldsymbol{\sigma}_j(\tau_{ij})^{\mathrm{T}}\boldsymbol{\sigma}_j(\tau_{ij})]\\
&=\sum_{i=1}^n\boldsymbol{\sigma}_i^{\mathrm{T}}\boldsymbol{\omega}_i+\frac{K}{2}\sum_{i=1}^n\sum_{j\in P_i}[\boldsymbol{\sigma}_i^{\mathrm{T}}\boldsymbol{\sigma}_i-\boldsymbol{\sigma}_j(\tau_{ij})^{\mathrm{T}}\boldsymbol{\sigma}_j(\tau_{ij})]\\
&=-\sum_{i=1}^n\boldsymbol{\sigma}_i^{\mathrm{T}}K\sum_{j\in P_i}[\boldsymbol{\sigma}_i-\boldsymbol{\sigma}_j(\tau_{ij})]+\frac{K}{2}\sum_{i=1}^n\sum_{j\in P_i}[\boldsymbol{\sigma}_i^{\mathrm{T}}\boldsymbol{\sigma}_i-\boldsymbol{\sigma}_j(\tau_{ij})^{\mathrm{T}}\boldsymbol{\sigma}_j(\tau_{ij})]\\
&=-\sum_{i=1}^n\sum_{j\in P_i}\frac{K}{2}[\boldsymbol{\sigma}_i-\boldsymbol{\sigma}_j(\tau_{ij})]^{\mathrm{T}}[\boldsymbol{\sigma}_i-\boldsymbol{\sigma}_j(\tau_{ij})]
\end{aligned}
\tag{4-76}
$$

由此可知 $\bar{V}$ 是有界的，即 $\boldsymbol{\sigma}_i\in L_\infty^3$ 和 $(\boldsymbol{\sigma}_i-\boldsymbol{\sigma}_j(\tau_{ij}))\in L_\infty^3$，根据运动学和动力学方程，有 $\dot{\boldsymbol{\sigma}}_i\in L_\infty^3$ 和 $(\dot{\boldsymbol{\sigma}}_i-\dot{\boldsymbol{\sigma}}_j(\tau_{ij}))\in L_\infty^3$。对式（4－76）两端同时积分，得

$$\bar{V}(t) - \bar{V}(0) \leqslant -\frac{K}{2}\int_0^t \sum_{i=1}^{n}\sum_{j\in P_i}(\boldsymbol{\sigma}_i - \boldsymbol{\sigma}_j(\tau_{ij}))^{\mathrm{T}}(\boldsymbol{\sigma}_i - \boldsymbol{\sigma}_j(\tau_{ij}))\mathrm{d}s$$

$$\int_0^t \sum_{i=1}^{n}\sum_{j\in P_i}(\boldsymbol{\sigma}_i - \boldsymbol{\sigma}_j(\tau_{ij}))^{\mathrm{T}}(\boldsymbol{\sigma}_i - \boldsymbol{\sigma}_j(\tau_{ij}))\mathrm{d}s \leqslant \frac{2\bar{V}(0)}{K} \tag{4-77}$$

因此 $(\boldsymbol{\sigma}_i - \boldsymbol{\sigma}_j(\tau_{ij})) \in L_2^3$。根据引理 2－3 可知，对于 $i = 1,\cdots,n$ 和 $j \in P_i$，当 $t \to \infty$ 时，$\boldsymbol{\sigma}_i - \boldsymbol{\sigma}_j(\tau_{ij}) = 0$ 和 $\boldsymbol{\omega}_i = 0$ 成立。由于 $\boldsymbol{\sigma}_i - \boldsymbol{\sigma}_j(\tau_{ij})$ 可以写成下式的形式

$$\begin{aligned}\boldsymbol{\sigma}_i - \boldsymbol{\sigma}_j(\tau_{ij}) &= \boldsymbol{\sigma}_i - \boldsymbol{\sigma}_j + \int_{t-\tau_{ij}}^{t}\dot{\boldsymbol{\sigma}}_j\mathrm{d}s \\ &= \boldsymbol{\sigma}_i - \boldsymbol{\sigma}_j + \int_{t-\tau_{ij}}^{t}\boldsymbol{G}(\boldsymbol{\sigma}_j)\boldsymbol{\omega}_j\mathrm{d}s\end{aligned} \tag{4-78}$$

因此可知，对于 $i = 1,\cdots,n$，有 $\boldsymbol{\omega}_i = 0$ 和 $\boldsymbol{\sigma}_i - \boldsymbol{\sigma}_j = 0$，编队系统实现姿态协同。

4.4 特殊通信结构的姿态协同控制

在双向通信拓扑结构中还有一种特殊但常见的通信拓扑结构，即树状拓扑结构，这种结构的通信链路不形成闭环结构，因此需要每条通信链路均为双向的，以保证其连通性，并且通信链路的总数 $L = n - 1$，其中 n 代表编队中航天器的数量。树状通信拓扑结构如图 4－2 所示，其中图 4－2（a）为比较直观的树状通信拓扑结构，图 4－2（b）为更一般的树状拓扑结构。

（a）　　　　（b）

图 4－2　树状通信拓扑结构

在树状通信拓扑结构下，可以基于绝对角速度和相对姿态设计协同控制器以实现姿态协同。在实际应用中，相对姿态测量相比于绝对姿态测量具有一定的优势，比如视觉相机的成本要大大低于星敏感器。因此，下面将针对树状拓扑结构下利用绝对角速度信息和相对姿态信息进行姿态协同控制器设计。为方便分析，这里采用单位四元数 $\bar{\boldsymbol{q}}$ 描述航天器的姿态运动，相对姿态 $\bar{\boldsymbol{q}}_{ij}$ 可由式（2－37）计算。

设计协同控制器如下所示

$$\boldsymbol{u}_i = -K_o\boldsymbol{\omega}_i - K_q\sum_{j\in G_i}\boldsymbol{q}_{ij} - K_{vi}\mathrm{sgn}[\dot{\boldsymbol{\omega}}_i + \beta\sum_{j\in G_i}\boldsymbol{q}_{ij}],\ i = 1,2,\cdots,n \tag{4-79}$$

其中，$\boldsymbol{q}_{ij}$ 表示四元数 $\bar{\boldsymbol{q}}_{ij}$ 的矢量部分；K_o，K_q 和 K_{vi} 均为正的常值，K_{vi} 满足 $K_{vi} > v_i$；β 也为一个正的常数；G_i 表示与 i 航天器有信息交互的航天器的集合，集合内元素的个数为 m_i。

定理 4－6　对于式（4－2）和式（4－3）描述的自主编队系统，如果编队的通信拓扑结构是树状的，那么控制器式（4－79）能够实现自主编队航天器的姿态协同。

证明　考虑如下 Lyapunov 函数

$$\begin{aligned} V &= \sum_{i=1}^{n} V_i \\ &= \sum_{i=1}^{n}\Big\{\frac{1}{2}(K_q + \beta K_o)\big((\sum_{j\in G_i}(q_{ij0}-1))^2 + \sum_{j\in G_i}\boldsymbol{q}_{ij}^{\mathrm{T}}\boldsymbol{q}_{ij}\big) \\ &\quad + \boldsymbol{\omega}_i\boldsymbol{J}_i\boldsymbol{\omega}_i + \beta\sum_{j\in G_i}\boldsymbol{q}_{ij}\boldsymbol{J}_i\boldsymbol{\omega}_i\Big\} \end{aligned} \tag{4-80}$$

函数 V 满足

$$V = \sum_{i=1}^{n}\boldsymbol{\chi}_i^{\mathrm{T}}\boldsymbol{\Theta}_i\boldsymbol{\chi}_i \tag{4-81}$$

其中，$\boldsymbol{\chi}_i = (\boldsymbol{\omega}_i^{\mathrm{T}}\quad \boldsymbol{W}_{Gi}^{\mathrm{T}})^{\mathrm{T}}$，$\boldsymbol{W}_{Gi}\in\mathbf{R}^{3m_i}$ 满足 $(\boldsymbol{W}_{Gi})_j = \{\boldsymbol{q}_{ij}^{\mathrm{T}} \mid j\in G_i\}$。可以看出，$\boldsymbol{W}_{Gi}\in\mathbf{R}^{3m_i}$ 为一个含有 $3m_i$ 个分量的列向量，并且各分量是由 i 航天器及其相邻航天器的相对姿态四元数的矢量部分构成的。矩阵 $\boldsymbol{\Theta}_i$ 为

$$\boldsymbol{\Theta}_i = \begin{pmatrix} \boldsymbol{J}_i & \frac{1}{2}\boldsymbol{\Omega}_i^{\mathrm{T}} \\ \frac{1}{2}\boldsymbol{\Omega}_i & \boldsymbol{K}_i \end{pmatrix} \tag{4-82}$$

其中

$$\boldsymbol{\Omega}_i = (\beta \quad \cdots \quad \beta)^{\mathrm{T}}_{3m_i\times 3} \tag{4-83}$$

$$\boldsymbol{K}_i = 2{m_i}^2\mathrm{diag}\left((K_q+\beta K_o)\boldsymbol{I}_3 \quad \cdots \quad (K_q+\beta K_o)\boldsymbol{I}_3\right)_{3m_i\times 3m_i} \tag{4-84}$$

由表达式（4－81）可知，函数 V 是有界的。且根据定理2－1，如果 β 足够小，那么 Θ_i 是正定的，即 V 是正定的。计算 V_i 的一阶导数，有

$$\begin{aligned}\dot{V}_i &= \frac{1}{2}(K_q+\beta K_o)\sum_{j\in G_i}\boldsymbol{q}_{ij}\boldsymbol{\omega}_{ij} + \left(\boldsymbol{\omega}_i+\beta\sum_{j\in G_i}\boldsymbol{q}_{ij}\right)^{\mathrm{T}}\boldsymbol{J}_i\dot{\boldsymbol{\omega}}_i \\ &\quad + \beta\sum_{j\in G_i}^{n}\left(\frac{1}{2}\boldsymbol{q}_{ij0}\boldsymbol{\omega}_{ij}-\frac{1}{2}\boldsymbol{\omega}_{ij}^{\times}\boldsymbol{q}_{ij}\right)\boldsymbol{J}_i\boldsymbol{\omega}_i\end{aligned} \tag{4-85}$$

定义下式

$$\boldsymbol{v}_{ij} = \boldsymbol{\omega}_i + \beta\sum_{j\in G_i}\boldsymbol{q}_{ij}$$

并将动力学方程式（4－2）和控制器式（4－79）代入到式（4－85）中，有

$$\begin{aligned}\dot{V}_i &= \frac{1}{2}(K_q+\beta K_o)\sum_{j\in G_i}\boldsymbol{q}_{ij}^{\mathrm{T}}\boldsymbol{\omega}_{ij} + \boldsymbol{v}_{ij}^{\mathrm{T}}(-\boldsymbol{\omega}_i^{\times}\boldsymbol{J}_i\boldsymbol{\omega}_i+\boldsymbol{u}_i+\boldsymbol{d}_i) \\ &\quad + \beta\sum_{j\in G_i}^{n}\left(\frac{1}{2}q_{ij0}\boldsymbol{\omega}_{ij}-\frac{1}{2}\boldsymbol{\omega}_{ij}^{\times}\boldsymbol{q}_{ij}\right)^{\mathrm{T}}\boldsymbol{J}_i\boldsymbol{\omega}_i \\ &= \frac{1}{2}(K_q+\beta K_o)\sum_{j\in G_i}\boldsymbol{q}_{ij}^{\mathrm{T}}\boldsymbol{\omega}_{ij} + \boldsymbol{v}_{ij}^{\mathrm{T}}\left(-K_o\boldsymbol{\omega}_i-K_q\sum_{j\in G_i}\boldsymbol{q}_{ij}-K_{vi}\mathrm{sgn}(\boldsymbol{v}_{ij})+\boldsymbol{d}_i\right) \\ &\quad -\beta\sum_{j\in G_i}\boldsymbol{q}_{ij}^{\mathrm{T}}\boldsymbol{\omega}_i^{\times}\boldsymbol{J}_i\boldsymbol{\omega}_i+\beta\sum_{j\in G_i}\left(\frac{1}{2}q_{ij0}\boldsymbol{\omega}_{ij}-\frac{1}{2}\boldsymbol{\omega}_{ij}^{\times}\boldsymbol{q}_{ij}\right)^{\mathrm{T}}\boldsymbol{J}_i\boldsymbol{\omega}_i \\ &= \frac{1}{2}(K_q+\beta K_o)\sum_{j\in G_i}(\boldsymbol{\omega}_i-\boldsymbol{C}_{ij}\boldsymbol{\omega}_j)^{\mathrm{T}}\boldsymbol{q}_{ij} - \boldsymbol{v}_{ij}^{\mathrm{T}}\left(-K_o\boldsymbol{\omega}_i-K_q\sum_{j\in G_i}\boldsymbol{q}_{ij}\right) \\ &\quad -(K_{vi}\boldsymbol{I}_3-\boldsymbol{d}_i)|\boldsymbol{v}_{ij}|-\beta\sum_{j\in G_i}\boldsymbol{q}_{ij}^{\mathrm{T}}\boldsymbol{\omega}_i^{\times}\boldsymbol{J}_i\boldsymbol{\omega}_i+\beta\sum_{j\in G_i}\left(\frac{1}{2}q_{ij0}\boldsymbol{\omega}_{ij}-\frac{1}{2}\boldsymbol{\omega}_{ij}^{\times}\boldsymbol{q}_{ij}\right)^{\mathrm{T}}\boldsymbol{J}_i\boldsymbol{\omega}_i\end{aligned} \tag{4-86}$$

注意到 $(\boldsymbol{\omega}_i-\boldsymbol{C}_{ij}\boldsymbol{\omega}_j)^{\mathrm{T}}={\boldsymbol{\omega}_i}^{\mathrm{T}}-\boldsymbol{\omega}_j^{\mathrm{T}}\boldsymbol{C}_{ij}^{\mathrm{T}}$ 成立，因此式（4－86）可以进一步推导为

$$
\begin{aligned}
\dot{V}_i &= \frac{1}{2}(K_q+\beta K_o)\sum_{j\in G_i}(\boldsymbol{\omega}_i^{\mathrm{T}}\boldsymbol{q}_{ij}-\boldsymbol{\omega}_j^{\mathrm{T}}\boldsymbol{C}_{ji}\boldsymbol{q}_{ij})-\boldsymbol{\omega}_i^{\mathrm{T}}K_o\boldsymbol{\omega}_i-(K_q+\beta K_o)\sum_{j\in G_i}\boldsymbol{\omega}_i^{\mathrm{T}}\boldsymbol{q}_{ij}\\
&\quad+\beta\sum_{j\in G_i}\left(\frac{1}{2}q_{ij0}\boldsymbol{\omega}_{ij}-\frac{1}{2}\boldsymbol{\omega}_{ij}^{\times}\boldsymbol{q}_{ij}\right)^{\mathrm{T}}\boldsymbol{J}_i\boldsymbol{\omega}_i-(K_{vi}\boldsymbol{I}_3-\boldsymbol{d}_i)\,|\boldsymbol{v}_{ij}|\\
&\quad-\beta\sum_{j\in G_i}\boldsymbol{q}_{ij}^{\mathrm{T}}\boldsymbol{\omega}_i^{\times}\boldsymbol{J}_i\boldsymbol{\omega}_i-\beta K_q\left(\sum_{j\in G_i}\boldsymbol{q}_{ij}\right)^{\mathrm{T}}\sum_{j\in G_i}\boldsymbol{q}_{ij}\\
&= \frac{1}{2}(K_q+\beta K_o)\sum_{j\in G_i}(\boldsymbol{\omega}_i^{\mathrm{T}}\boldsymbol{q}_{ij}+\boldsymbol{\omega}_j^{\mathrm{T}}\boldsymbol{q}_{ji})-\boldsymbol{\omega}_i^{\mathrm{T}}K_o\boldsymbol{\omega}_i-(K_q+\beta K_o)\sum_{j\in G_i}\boldsymbol{\omega}_i^{\mathrm{T}}\boldsymbol{q}_{ij}\\
&\quad+\frac{\beta}{2}\sum_{j\in G_i}\boldsymbol{\omega}_i^{\mathrm{T}}(q_{ij0}\boldsymbol{I}_3+\boldsymbol{q}_{ij})^{\mathrm{T}}\boldsymbol{J}_i\boldsymbol{\omega}_i-\frac{\beta}{2}\sum_{j\in G_i}\boldsymbol{\omega}_j^{\mathrm{T}}\boldsymbol{C}_{ji}(q_{ij0}\boldsymbol{I}_3+\boldsymbol{q}_{ij}^{\times})^{\mathrm{T}}\boldsymbol{J}_i\boldsymbol{\omega}_i\\
&\quad-\beta K_q\left(\sum_{j\in G_i}\boldsymbol{q}_{ij}\right)^{\mathrm{T}}\sum_{j\in G_i}\boldsymbol{q}_{ij}-\beta\sum_{j\in G_i}\boldsymbol{q}_{ij}^{\mathrm{T}}\boldsymbol{\omega}_i^{\times}\boldsymbol{J}_i\boldsymbol{\omega}_i-\hat{\varepsilon}_i\,|\boldsymbol{v}_{ij}|
\end{aligned}
\tag{4-87}
$$

其中，$(\hat{\boldsymbol{\varepsilon}}_i)_k=\hat{K}_{vi}-(\boldsymbol{d}_i)_k$，$k=1,2,3$。由于单位四元数满足约束 $\boldsymbol{q}^{\mathrm{T}}\boldsymbol{q}+q_0^{\;2}=1$，且下式成立

$$
\begin{aligned}
&\boldsymbol{\omega}_{ij}=-\boldsymbol{C}(\boldsymbol{\sigma}_{ij})\boldsymbol{\omega}_{ji},\ \boldsymbol{\omega}_{ij}=\boldsymbol{\omega}_i-\boldsymbol{C}(\boldsymbol{\sigma}_{ij})\boldsymbol{\omega}_j\\
&\boldsymbol{q}_{ij}=-\boldsymbol{q}_{ji}=-\boldsymbol{C}(\boldsymbol{\sigma}_{ij})\boldsymbol{q}_{ji}
\end{aligned}
\tag{4-88}
$$

式（4－87）可以进一步推导为

$$
\begin{aligned}
\dot{V} &= \sum_{i=1}^{n}\dot{V}_i\\
&= \sum_{i=1}^{n}\Big\{-\boldsymbol{\omega}_i^{\mathrm{T}}K_o\boldsymbol{\omega}_i-\beta K_q\left(\sum_{j\in G_i}\boldsymbol{q}_{ij}\right)^{\mathrm{T}}\sum_{j\in G_i}\boldsymbol{q}_{ij}-\beta\sum_{j\in G_i}\boldsymbol{q}_{ij}^{\mathrm{T}}\boldsymbol{\omega}_i^{\times}\boldsymbol{J}_i\boldsymbol{\omega}_i-\hat{\varepsilon}_i\,|\boldsymbol{v}_{ij}|\\
&\quad+\frac{\beta}{2}\sum_{j\in G_i}\boldsymbol{\omega}_i^{\mathrm{T}}(q_{ij0}\boldsymbol{I}_3+\boldsymbol{q}_{ij})^{\mathrm{T}}\boldsymbol{J}_i\boldsymbol{\omega}_i-\frac{\beta}{2}\sum_{j\in G_i}\boldsymbol{\omega}_j^{\mathrm{T}}C_{ji}(q_{ij0}\boldsymbol{I}_3+\boldsymbol{q}_{ij}^{\times})^{\mathrm{T}}\boldsymbol{J}_i\boldsymbol{\omega}_i\Big\}\\
&\leqslant -\boldsymbol{\xi}^{\mathrm{T}}\boldsymbol{\Xi}\boldsymbol{\xi}-\hat{\varepsilon}_i\,|\boldsymbol{v}_{ij}|
\end{aligned}
\tag{4-89}
$$

其中

$$
\boldsymbol{\xi}=\left(\boldsymbol{\omega}_1^{\mathrm{T}}\ \cdots\ \boldsymbol{\omega}_n^{\mathrm{T}}\ \sum_{j\in G_1}\boldsymbol{q}_{1j}^{\mathrm{T}}\ \cdots\ \sum_{j\in G_n}\boldsymbol{q}_{nj}^{\mathrm{T}}\right)^{\mathrm{T}}
\tag{4-90}
$$

$$
\boldsymbol{\Xi}=\begin{pmatrix}M & 0\\ 0 & N\end{pmatrix}
\tag{4-91}
$$

其中

$$M = \begin{pmatrix} K_o - 2\beta m_1 \alpha_{\max}(\boldsymbol{J}_1) & \delta_{12}\beta\alpha_{\max}(\boldsymbol{J}_2) & \cdots & \delta_{1n}\beta\alpha_{\max}(\boldsymbol{J}_n) \\ \delta_{21}\beta\alpha_{\max}(\boldsymbol{J}_1) & \cdots & \cdots & \vdots \\ \vdots & \cdots & \cdots & \delta_{(n-1)n}\beta\alpha_{\max}(\boldsymbol{J}_n) \\ \delta_{n1}\beta\alpha_{\max}(\boldsymbol{J}_1) & \cdots & \delta_{n(n-1)}\beta\alpha_{\max}(\boldsymbol{J}_{n-1}) & K_o - 2\beta m_n \alpha_{\max}(\boldsymbol{J}_n) \end{pmatrix} \tag{4-92}$$

$$N = \operatorname{diag}(\beta K_q \boldsymbol{I}_3 \quad \cdots \quad \beta K_q \boldsymbol{I}_3)_{3n\times 3n} \tag{4-93}$$

其中，$\delta_{ij} = \delta_{ji} = \{0, 1\}$ 用于描述 i 航天器和 j 航天器之间的连接情况。如果 $(\hat{\varepsilon}_i)_k \geqslant 0$，并且系数 K_o，K_q 和 β 选择合理，使得矩阵 Ξ 是正定的，那么 $\dot{V}$ 是负定的，根据定理 2－2 可知，当 $t \to \infty$ 时，$\xi = 0$，因此有 $\boldsymbol{\omega}_i = 0$ 和 $\sum\limits_{j\in G_i} \boldsymbol{q}_{ij} = 0$。如果系数 K_o，K_q 和 β 的选择使得矩阵 Ξ 半正定，那么 $\dot{V}$ 则为半负定，这时可知函数 V 是有界的，即有 $(\boldsymbol{\omega}_i, \sum\limits_{j\in G_i} \boldsymbol{q}_{ij}) \in L_\infty^6$，$\boldsymbol{v}_{ij} \in L_\infty^3$，$\dot{v}_{ij} \in L_\infty^3$ 和 $(\dot{\boldsymbol{\omega}}_i, \sum\limits_{j\in G_i} \dot{\boldsymbol{q}}_{ij}) \in L_\infty^6$。对式（4－89）两端同时积分，有 $V(t) - V(0) \leqslant -\sum\limits_{i=1}^{n} \varepsilon_i \int_0^t |\boldsymbol{v}_{ij}(s)| \mathrm{d}s$，计算其极限有 $\boldsymbol{v}_{ij} \in L_1^3$。根据引理 2－3 可知，$\boldsymbol{v}_{ij} = 0$ 即 $\boldsymbol{v}_{ij} = \boldsymbol{\omega}_i + \beta \sum\limits_{j\in G_i} \boldsymbol{q}_{ij} = 0$。接下来选取如下标量函数

$$\hat{V} = 2\sum_{i=1}^{n} \sum_{j\in G_i} (1 - q_{ij0}) \tag{4-94}$$

计算其相对时间的一阶导数，有

$$\begin{aligned} \dot{\hat{V}} &= \sum_{i=1}^{n} \sum_{j\in G_i} \boldsymbol{\omega}_{ij}^{\mathrm{T}} \boldsymbol{q}_{ij} \\ &= \sum_{i=1}^{n} \sum_{j\in G_i} \boldsymbol{q}_{ij}^{\mathrm{T}} (\boldsymbol{\omega}_i - \boldsymbol{C}_{ij} \boldsymbol{\omega}_j) \\ &= \sum_{i=1}^{n} \sum_{j\in G_i} \boldsymbol{q}_{ij}^{\mathrm{T}} (-\sum_{j\in G_i} \boldsymbol{q}_{ij} + \sum_{j\in G_i} \boldsymbol{q}_{ji}) \\ &= -2\sum_{i=1}^{n} (\sum_{j\in G_i} \boldsymbol{q}_{ij}^{\mathrm{T}} \sum_{j\in G_i} \boldsymbol{q}_{ij}) \end{aligned} \tag{4-95}$$

因此当 $t \to \infty$ 时，$\boldsymbol{\omega}_i = 0$ 和 $\sum\limits_{j\in G_i} \boldsymbol{q}_{ij} = 0$。选取编队中任意一个航天器 x，如果

仅有一个航天器 y 与之进行通信，那么 $\sum_{j\in G_x}\boldsymbol{q}_{xj}=\boldsymbol{q}_{xy}=0$，这时航天器 x 与航天器 y 实现协同，可将其视为同一个航天器，并在通信拓扑中去掉 x 航天器以使拓扑得到简化。如此往复，最终具有树状结构的航天器编队的通信拓扑可以被简化为一个点，即编队系统实现姿态协同。简化过程如图 4－3 所示。

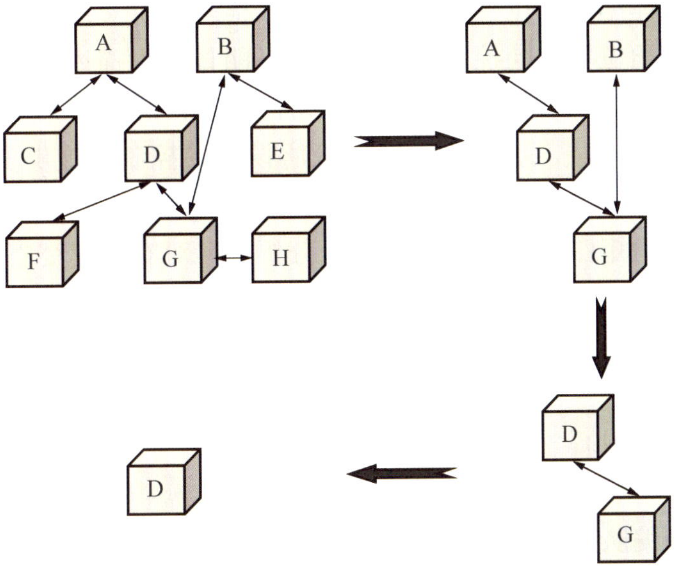

图 4－3　树状通信结构的简化

注 4－6　根据定理 4－6 可知，如果参数 K_o，K_q 和 β 选择合理，使得矩阵 $\boldsymbol{\Theta}$ 和 $\boldsymbol{\Xi}$ 是正定的，控制器式（4－79）能够实现自主编队航天器的姿态协同控制。根据定理 2－1 及矩阵 $\boldsymbol{\Theta}$ 和 $\boldsymbol{\Xi}$ 的表达式可知，可以选择足够大的控制参数 K_o 和 K_q，使得矩阵 $\boldsymbol{\Theta}$ 和 $\boldsymbol{\Xi}$ 正定，也可以选择足够小的参数 β，这样灵活的参数选取使得控制器更容易实现。

注 4－7　当采用控制器式（4－79）对自主编队飞行航天器进行姿态协同控制时，其通信拓扑结构必须为树状结构，如果通信拓扑结构不为树状，采用该控制器并不能从理论上证明其收敛性和有效性。但是，对于其他形式的通信拓扑结构，采用控制器式（4－79）能够从理论上保证系统状态的 Lyapunov 稳定而非渐进稳定。

4.5 自主编队拉格朗日系统协同控制方法

除了多刚体编队的位置协同控制之外，很多二阶系统编队控制问题，例如机械臂编队角位置协同控制等均可由拉格朗日方程描述，因此本节将对更具普遍意义的多个拉格朗日系统编队的协同控制问题进行研究。当编队系统没有外界参考信号时，基于一致性理论所设计的控制器能够实现姿态协同，但已有研究对干扰力矩的影响缺少理论分析。本节将采用 Lyapunov 方法对控制器在干扰力矩作用下的稳定性进行分析。针对有快速姿态协同任务要求的自主编队系统，根据齐次函数的特性，通过设计反馈项实现有限时间姿态协同控制。

4.5.1 问题描述与控制目标

考虑一个编队系统由 n 个刚体构成。当没有外界参考姿态信息时，编队系统的运动学与动力学模型可由式（2 -43）和式（2 -50）给出，进一步可以推导其拉格朗日形式，如式（4 -96）所示

$$\boldsymbol{A}\ddot{\boldsymbol{\sigma}} + \boldsymbol{B}\dot{\boldsymbol{\sigma}} = \boldsymbol{G}^{-\mathrm{T}}\boldsymbol{u} \tag{4-96}$$

其中，$\boldsymbol{A} = \boldsymbol{G}^{-\mathrm{T}}\boldsymbol{J}\boldsymbol{G}^{-1}$，$\boldsymbol{B} = -(\boldsymbol{G}^{-\mathrm{T}}(\boldsymbol{J}\boldsymbol{G}^{-1}\dot{\boldsymbol{\sigma}})^{\times}\boldsymbol{G}^{-1} - \boldsymbol{G}^{-\mathrm{T}}\boldsymbol{J}\dot{\boldsymbol{G}}^{-1})$。考虑系统所受的外干扰力矩可以表示为 $\boldsymbol{d}$，这时，系统的动力学模型可以写成

$$\boldsymbol{A}\ddot{\boldsymbol{\sigma}} + \boldsymbol{B}\dot{\boldsymbol{\sigma}} = \boldsymbol{G}^{-\mathrm{T}}\boldsymbol{u} + \boldsymbol{G}^{-\mathrm{T}}\boldsymbol{d} \tag{4-97}$$

假设干扰力矩是有界的，那么自主编队拉格朗日系统的姿态协同控制问题可以表述为：当存在有界的干扰力矩时，为编队中的每个成员设计合适的协同控制律 $\boldsymbol{u}_i$，使得编队中各成员间的相对姿态能够渐近地收敛。

4.5.2 变结构协同控制器设计

考虑平衡的通信拓扑结构以及成员间通信延迟为常值的情况，提出变结构姿态协同控制器如下式

$$\boldsymbol{u}_i = \boldsymbol{G}_i^{\mathrm{T}}\{(\boldsymbol{B}_i - K_i^d\boldsymbol{A}_i)\dot{\boldsymbol{\sigma}}_i - K_i^p\boldsymbol{A}_i\sum_{j\in P_i}\boldsymbol{\sigma}_{ij}(\tau_{ij}) - K\boldsymbol{A}_i\sum_{j\in P_i}\dot{\boldsymbol{\sigma}}_{ij}(\tau_{ij}) - K_i^v\boldsymbol{A}_i\boldsymbol{\varphi}_i\} \tag{4-98}$$

其中，$\boldsymbol{\sigma}_{ij}(\tau_{ij})=\boldsymbol{\sigma}_i-\boldsymbol{\sigma}_j(\tau_{ij})$，$\tau_{ij}$ 表示成员 i 与成员 j 间的通信延迟；K_i^d，K_i^p 和 K_i^v 均为控制参数，并且满足 $K_i^p/K_i^d=K$ 和 $K_i^v\geqslant \boldsymbol{G}_i\boldsymbol{J}_i^{-1}\boldsymbol{d}_i$；$\boldsymbol{\varphi}_i$ 的表达式为

$$(\boldsymbol{\varphi}_i)_k=\frac{(\boldsymbol{\omega}_i+K\sum\limits_{j\in P_i}(\boldsymbol{\sigma}_i-\boldsymbol{\sigma}_j(\tau_{ij})))_k}{\left|(\boldsymbol{\omega}_i+K\sum\limits_{j\in P_i}(\boldsymbol{\sigma}_i-\boldsymbol{\sigma}_j(\tau_{ij})))_k\right|+(\boldsymbol{\gamma}_i)_k},\ k=1,2,3 \tag{4-99}$$

其中，$(\boldsymbol{\gamma}_i)_k>0$ 满足

$$\int_0^{\infty}K_i^v\sum_{k=1}^{3}(\boldsymbol{\gamma}_i)_k\mathrm{d}t=\text{常数}<\infty \tag{4-100}$$

定理 4-7 对于式（4-97）描述的自主编队系统，如果通信拓扑结构是平衡的，那么控制器式（4-98）能够在通信延迟的情况下实现自主编队系统的姿态协同。

证明 考虑非负标量函数为

$$V=\sum_{i=1}^{n}V_i=\sum_{i=1}^{n}\frac{1}{2}(\dot{\boldsymbol{\sigma}}_i+K\sum_{j\in P_i}\boldsymbol{\sigma}_{ij}(\tau_{ij}))^2 \tag{4-101}$$

计算其相对时间的一阶导数，有

$$\begin{aligned}\dot{V}&=\sum_{i=1}^{n}(\dot{\boldsymbol{\sigma}}_i+K\sum_{j\in P_i}\boldsymbol{\sigma}_{ij}(\tau_{ij}))^{\mathrm{T}}(\ddot{\boldsymbol{\sigma}}_i+K\sum_{j\in P_i}\dot{\boldsymbol{\sigma}}_{ij}(\tau_{ij}))\\&=\sum_{i=1}^{n}[(\dot{\boldsymbol{\sigma}}_i+K\sum_{j\in P_i}\boldsymbol{\sigma}_{ij}(\tau_{ij}))^{\mathrm{T}}\ddot{\boldsymbol{\sigma}}_i+K\dot{\boldsymbol{\sigma}}_i\sum_{j\in P_i}\dot{\boldsymbol{\sigma}}_{ij}(\tau_{ij})\\&\quad+K^2\sum_{j\in P_i}\boldsymbol{\sigma}_{ij}(\tau_{ij})\sum_{j\in P_i}\dot{\boldsymbol{\sigma}}_{ij}(\tau_{ij})]\end{aligned} \tag{4-102}$$

将动力学方程式（4-97）和控制器式（4-98）代入到上式中，可以得到

$$\begin{aligned}\dot{V}&=\sum_{i=1}^{n}[(\dot{\boldsymbol{\sigma}}_i+K\sum_{j\in P_i}\boldsymbol{\sigma}_{ij}(\tau_{ij}))^{\mathrm{T}}\boldsymbol{A}_i^{-1}(-\boldsymbol{B}_i\dot{\boldsymbol{\sigma}}_i+\boldsymbol{G}_i^{-\mathrm{T}}\boldsymbol{u}_i+\boldsymbol{G}_i^{-\mathrm{T}}\boldsymbol{d}_i)\\&\quad+K\dot{\boldsymbol{\sigma}}_i\sum_{j\in P_i}\dot{\boldsymbol{\sigma}}_{ij}(\tau_{ij})+K^2\sum_{j\in P_i}\boldsymbol{\sigma}_{ij}(\tau_{ij})\sum_{j\in P_i}\dot{\boldsymbol{\sigma}}_{ij}(\tau_{ij})]\\&=\sum_{i=1}^{n}[K^2\sum_{j\in P_i}\boldsymbol{\sigma}_{ij}(\tau_{ij})\sum_{j\in P_i}\dot{\boldsymbol{\sigma}}_{ij}(\tau_{ij})-(\dot{\boldsymbol{\sigma}}_i+K\sum_{j\in P_i}\boldsymbol{\sigma}_{ij}(\tau_{ij}))^{\mathrm{T}}(K_i^d\dot{\boldsymbol{\sigma}}_i+K_i^p\sum_{j\in P_i}\boldsymbol{\sigma}_{ij}(\tau_{ij}))\\&\quad+K\dot{\boldsymbol{\sigma}}_i\sum_{j\in P_i}\dot{\boldsymbol{\sigma}}_{ij}(\tau_{ij})-(\dot{\boldsymbol{\sigma}}_i+K\sum_{j\in P_i}\boldsymbol{\sigma}_{ij}(\tau_{ij}))^{\mathrm{T}}(K\sum_{j\in P_i}\dot{\boldsymbol{\sigma}}_{ij}(\tau_{ij})+K_i^v\boldsymbol{\varphi}_i-\boldsymbol{A}_i^{-1}\boldsymbol{G}_i^{-\mathrm{T}}\boldsymbol{d}_i)]\\&=-\sum_{i=1}^{n}[K_i^d(\dot{\boldsymbol{\sigma}}_i+K\sum_{j\in P_i}\boldsymbol{\sigma}_{ij}(\tau_{ij}))^{\mathrm{T}}(\dot{\boldsymbol{\sigma}}_i+K\sum_{j\in P_i}\boldsymbol{\sigma}_{ij}(\tau_{ij}))\\&\quad+(\dot{\boldsymbol{\sigma}}_i+K\sum_{j\in P_i}\boldsymbol{\sigma}_{ij}(\tau_{ij}))^{\mathrm{T}}(K_i^v\boldsymbol{\varphi}_i-\boldsymbol{A}_i^{-1}\boldsymbol{G}_i^{-\mathrm{T}}\boldsymbol{d}_i)]\\&\leqslant-\sum_{i=1}^{n}[K_i^d(\dot{\boldsymbol{\sigma}}_i+K\sum_{j\in P_i}\boldsymbol{\sigma}_{ij}(\tau_{ij}))^{\mathrm{T}}(\dot{\boldsymbol{\sigma}}_i+K\sum_{j\in P_i}\boldsymbol{\sigma}_{ij}(\tau_{ij}))-K_i^v\sum_{k=1}^{3}(\boldsymbol{\gamma}_i)_k\end{aligned}$$

$$+ (K_i^v - \boldsymbol{G}_i \boldsymbol{J}_i^{-1} \boldsymbol{d}_i) \sum_{k=1}^{3} \left| (\dot{\boldsymbol{\sigma}}_i + K \sum_{j \in P_i} \boldsymbol{\sigma}_{ij}(\tau_{ij}))_k \right|] \tag{4-103}$$

由式（4－103）可知，下面两个不等式成立

$$\dot{V}_i \leqslant K_i^v \sum_{k=1}^{3} (\boldsymbol{\gamma}_i)_k \tag{4-104}$$

$$\dot{V} \leqslant - K_i^d \sum_{k=1}^{3} (\dot{\boldsymbol{\sigma}}_i + K \sum_{j \in P_i} \boldsymbol{\sigma}_{ij}(\tau_{ij}))_k^2 + K_i^v \sum_{k=1}^{3} (\boldsymbol{\gamma}_i)_k \tag{4-105}$$

对式（4－104）两端同时积分可知 V_i 是有界的，于是

$$(\dot{\boldsymbol{\sigma}}_i + K \sum_{j \in P_i} \boldsymbol{\sigma}_{ij}(\tau_{ij})) \in L_\infty^3, (\ddot{\boldsymbol{\sigma}}_i + K \sum_{j \in P_i} \dot{\boldsymbol{\sigma}}_{ij}(\tau_{ij})) \in L_\infty^3 \tag{4-106}$$

对式（4－105）两端积分并计算极限，有

$$\int_0^t \sum_{k=1}^{3} (\dot{\boldsymbol{\sigma}}_i + K \sum_{j \in P_i} \boldsymbol{\sigma}_{ij}(\tau_{ij}))_k^2 \mathrm{d}s \leqslant \frac{\text{常数} + V(0)}{K_i^d} \tag{4-107}$$

因此

$$(\dot{\boldsymbol{\sigma}}_i + K \sum_{j \in P_i} \boldsymbol{\sigma}_{ij}(\tau_{ij})) \in L_2^3 \tag{4-108}$$

根据引理 2－3 可知系统状态能够到达

$$\dot{\boldsymbol{\sigma}}_i + K \sum_{j \in P_i} \boldsymbol{\sigma}_{ij}(\tau_{ij}) = 0, \ i = 1, \cdots, n \tag{4-109}$$

接下来，考虑如下标量函数

$$\begin{aligned} \overline{V}_i &= V_{id} + V_{ir} \\ &= \frac{1}{2} \sum_{i=1}^{n} \boldsymbol{\sigma}_i^{\mathrm{T}} \boldsymbol{\sigma}_i + \frac{K}{2} \int_{t-\tau_{ji}}^{t} \sum_{i=1}^{n} \sum_{j \in P_i} \boldsymbol{\sigma}_i^{\mathrm{T}} \boldsymbol{\sigma}_i \mathrm{d}s \end{aligned} \tag{4-110}$$

计算其相对时间的一阶导数，有

$$\begin{aligned} \dot{\overline{V}} &= \sum_{i=1}^{n} \boldsymbol{\sigma}_i^{\mathrm{T}} \dot{\boldsymbol{\sigma}}_i + \frac{K}{2} \sum_{i=1}^{n} \sum_{j \in P_i} (\boldsymbol{\sigma}_i^{\mathrm{T}} \boldsymbol{\sigma}_i - \boldsymbol{\sigma}_j(\tau_{ij})^{\mathrm{T}} \boldsymbol{\sigma}_j(\tau_{ij})) \\ &= - \sum_{i=1}^{n} \boldsymbol{\sigma}_i^{\mathrm{T}} K \sum_{j \in P_i} \boldsymbol{\sigma}_{ij}(\tau_{ij}) + \frac{K}{2} \sum_{i=1}^{n} \sum_{j \in P_i} (\boldsymbol{\sigma}_i^{\mathrm{T}} \boldsymbol{\sigma}_i - \boldsymbol{\sigma}_j(\tau_{ij})^{\mathrm{T}} \boldsymbol{\sigma}_j(\tau_{ij})) \\ &= - \sum_{i=1}^{n} \sum_{j \in P_i} \frac{K}{2} \boldsymbol{\sigma}_{ij}(\tau_{ij})^{\mathrm{T}} \boldsymbol{\sigma}_{ij}(\tau_{ij}) \leqslant 0 \end{aligned} \tag{4-111}$$

可知 $\overline{V}$ 是有界的，即 $\boldsymbol{\sigma}_{ij}(\tau_{ij}) \in L_\infty^3$ 和 $\dot{\boldsymbol{\sigma}}_{ij}(\tau_{ij}) \in L_\infty^3$。对式（4－111）两端同时积分，有

$$\bar{V}(t) - \bar{V}(0) \leqslant -\frac{K}{2}\int_0^t \sum_{i=1}^{n} \sum_{j\in P_i} \boldsymbol{\sigma}_{ij}(\tau_{ij})^{\mathrm{T}} \boldsymbol{\sigma}_{ij}(\tau_{ij})\mathrm{d}s$$
$$\int_0^t \sum_{i=1}^{n} \sum_{j\in P_i} \boldsymbol{\sigma}_{ij}(\tau_{ij})^{\mathrm{T}} \boldsymbol{\sigma}_{ij}(\tau_{ij})\mathrm{d}s \leqslant \frac{2\bar{V}(0)}{K} \tag{4-112}$$

可知 $\boldsymbol{\sigma}_{ij}(\tau_{ij}) \in L_2^3$。根据引理 2－3，系统收敛至 $\boldsymbol{\sigma}_{ij}(\tau_{ij}) = 0$ 且 $\dot{\boldsymbol{\sigma}}_i = 0$。其中，$\boldsymbol{\sigma}_{ij}(\tau_{ij})$ 可以写成

$$\begin{aligned}\boldsymbol{\sigma}_{ij}(\tau_{ij}) &= \boldsymbol{\sigma}_i - \boldsymbol{\sigma}_j(\tau_{ij}) \\ &= \boldsymbol{\sigma}_i - \boldsymbol{\sigma}_j + \int_{t-\tau_{ij}}^{t} \dot{\boldsymbol{\sigma}}_j \mathrm{d}s\end{aligned} \tag{4-113}$$

因此当 $t \to \infty$ 时，$\boldsymbol{\omega}_i = 0$，$\boldsymbol{\sigma}_i - \boldsymbol{\sigma}_j = \boldsymbol{\sigma}_i - \boldsymbol{\sigma}_j(\tau_{ij}) = 0$，系统实现协同控制。

4.5.3　有限时间协同控制器设计

对于有快速机动任务要求的自主编队拉格朗日系统，考虑双向通信拓扑结构，假设编队中的第 i 个成员能与 m_i 个成员（集合 P_i）进行信息交互，控制目标可以描述为：针对由式（4－96）描述的自主编队系统，为编队中的每个成员设计协同控制律 $\boldsymbol{u}_i$，使得编队中各成员间相对姿态能够在有限时间内收敛。

为解决上述姿态协同控制问题，设计控制器如下式所示

$$\boldsymbol{u}_i = -\boldsymbol{G}_i^{\mathrm{T}}\left[K_i^p \sum_{j\in P_i} \boldsymbol{\Gamma}^{\alpha_1}(\boldsymbol{\sigma}_i - \boldsymbol{\sigma}_j) + K_i^d \boldsymbol{\Gamma}^{\alpha_2}(\dot{\boldsymbol{\sigma}}_i)\right],\ i = 1,2,\cdots,n \tag{4-114}$$

其中，K_i^d 和 K_i^p 均为正的控制增益；α_1 和 α_2 均为正数且小于 1，并且满足关系 $\alpha_2 = \dfrac{p}{q}$，其中 p 和 q 均为奇数，$\alpha_1 = \dfrac{\alpha_2}{2-\alpha_2} = \dfrac{p}{2q-p}$。

定理 4－8　对于式（4－97）描述的自主编队拉格朗日系统，控制器式（4－114）能够实现编队系统的有限时间姿态协同。

证明　首先将拉格朗日方程式（4－97）改写成如下形式

$$\ddot{\boldsymbol{\sigma}}_i = -\boldsymbol{A}_i^{-1}\boldsymbol{B}_i\dot{\boldsymbol{\sigma}}_i + \boldsymbol{A}_i^{-1}\boldsymbol{G}_i^{-\mathrm{T}}\boldsymbol{u}_i,\ i = 1,2,\cdots,n \tag{4-115}$$

将控制器式（4－114）代入到上式中，可得如下闭环系统方程

$$\ddot{\boldsymbol{\sigma}}_i = -\boldsymbol{A}_i^{-1}\left[K_i^p \sum_{j\in P_i} \boldsymbol{\Gamma}^{\alpha_1}(\boldsymbol{\sigma}_i - \boldsymbol{\sigma}_j) + K_i^d \boldsymbol{\Gamma}^{\alpha_2}(\dot{\boldsymbol{\sigma}}_i)\right] - \boldsymbol{A}_i^{-1}\boldsymbol{B}_i\dot{\boldsymbol{\sigma}}_i \tag{4-116}$$

为使分析过程更加直观，定义

$$\begin{aligned} \boldsymbol{x}_i &= \boldsymbol{\sigma}_i - \boldsymbol{\sigma}_j \\ \boldsymbol{y}_i &= \dot{\boldsymbol{\sigma}}_i \end{aligned} \tag{4-117}$$

由式（4－116）可得出如下两个系统方程

$$\ddot{\boldsymbol{\sigma}}_i = \dot{y}_i = -\boldsymbol{A}_i^{-1}(0)\left[K_i^p \sum_{j \in P_i} \boldsymbol{\Gamma}^{\alpha_1}(\boldsymbol{x}_i) + K_i^d \boldsymbol{\Gamma}^{\alpha_2}(\boldsymbol{y}_i)\right] + \hat{f}(\boldsymbol{x}_i, \boldsymbol{y}_i) \tag{4-118}$$

$$\ddot{\boldsymbol{\sigma}}_i = \dot{y}_i = -\boldsymbol{A}_i^{-1}(0)\left[K_i^p \sum_{j \in P_i} \boldsymbol{\Gamma}^{\alpha_1}(\boldsymbol{x}_i) + K_i^d \boldsymbol{\Gamma}^{\alpha_2}(\boldsymbol{y}_i)\right] \tag{4-119}$$

其中

$$\begin{aligned} \hat{f}(\boldsymbol{x}_i, \boldsymbol{y}_i) = &-(\boldsymbol{A}_i^{-1}(\boldsymbol{x}_i) - \boldsymbol{A}_i^{-1}(0))\left[K_i^p \sum_{j \in P_i} \boldsymbol{\Gamma}^{\alpha_1}(\boldsymbol{x}_i) + K_i^d \boldsymbol{\Gamma}^{\alpha_2}(\boldsymbol{y}_i)\right] \\ &- \boldsymbol{A}_i^{-1}(\boldsymbol{x}_i)\boldsymbol{B}_i(\boldsymbol{x}_i, \boldsymbol{y}_i)\boldsymbol{y}_i \end{aligned} \tag{4-120}$$

根据引理2－5，证明过程分为以下四步：

（1）由于$\alpha_1 = \alpha_2/(2-\alpha_2)$且$0 < \alpha_2 < 1$，根据定义2－16并进一步分析，式（4－119）相对于扩张向量$(2-\alpha_2, 1)$是$\kappa = \alpha_2 - 1 < 0$次齐次的。

（2）根据表达式（4－120），当$\boldsymbol{x}_i = 0, \boldsymbol{y}_i = 0$时，$\hat{f}(0,0) = 0$成立。

（3）考察系统（4－118），针对编队中的每个成员，选取 Lyapunov 函数如下

$$V_i = \sum_{k=1}^{3} \sum_{j \in P_i} \frac{K_i^p}{2(\alpha_1 + 1)} (|\boldsymbol{x}_i|)_k^{\alpha_1 + 1} + \frac{1}{2} \boldsymbol{y}_i^{\mathrm{T}} \boldsymbol{A}_i \boldsymbol{y}_i \tag{4-121}$$

计算其相对时间的一阶导数，有

$$\dot{V}_i = \frac{K_i^p}{2} \sum_{k=1}^{3} \sum_{j \in P_i} (\dot{\boldsymbol{x}}_i)_k \boldsymbol{\Gamma}^{\alpha_1}(\boldsymbol{x}_i)_k + \frac{1}{2} \boldsymbol{y}_i^{\mathrm{T}} \dot{\boldsymbol{A}}_i \boldsymbol{y}_i + \boldsymbol{y}_i^{\mathrm{T}} \boldsymbol{A}_i \dot{y}_i \tag{4-122}$$

利用性质2－6并结合系统方程（4－118），式（4－122）可以进一步推导为

$$\begin{aligned} \dot{V}_i &= K_i^p \sum_{j \in P_i} \boldsymbol{y}_i^{\mathrm{T}} \boldsymbol{\Gamma}^{\alpha_1}(\boldsymbol{x}_i) + \frac{1}{2} \boldsymbol{y}_i^{\mathrm{T}} \dot{A}_i \boldsymbol{y}_i - \boldsymbol{y}_i^{\mathrm{T}} \boldsymbol{B}_i \boldsymbol{y}_i - \boldsymbol{y}_i^{\mathrm{T}}\left[K_i^p \sum_{j \in P_i} \boldsymbol{\Gamma}^{\alpha_1}(\boldsymbol{x}_i)\right. \\ &\qquad \left. + K_i^d \boldsymbol{\Gamma}^{\alpha_2}(\boldsymbol{y}_i)\right] \\ &= \frac{1}{2} \boldsymbol{y}_i^{\mathrm{T}} (\dot{A}_i - 2\boldsymbol{B}_i) \boldsymbol{y}_i - K_i^d \boldsymbol{y}_i^{\mathrm{T}} \boldsymbol{\Gamma}^{\alpha_2}(\boldsymbol{y}_i) \\ &= -K_i^d \boldsymbol{y}_i^{\mathrm{T}} \boldsymbol{\Gamma}^{\alpha_2}(\boldsymbol{y}_i) \leqslant 0 \end{aligned} \tag{4-123}$$

由定理 2－3 可知 $\boldsymbol{y}_i=0$，再结合式（4－118）可知 $\sum\limits_{j\in G_i}\boldsymbol{\Gamma}^{\alpha_1}(\boldsymbol{x}_i)=0$，因此

$$\boldsymbol{\sigma}_i^{\mathrm{T}}\sum_{j\in P_i}\boldsymbol{\Gamma}^{\alpha_1}(\boldsymbol{\sigma}_i-\boldsymbol{\sigma}_j)=\sum_{j\in P_i}(\boldsymbol{\sigma}_i-\boldsymbol{\sigma}_j)^{\mathrm{T}}\boldsymbol{\Gamma}^{\alpha_1}(\boldsymbol{\sigma}_i-\boldsymbol{\sigma}_j)=\sum_{j\in P_i}\boldsymbol{\Gamma}^{\alpha_1+1}(\boldsymbol{\sigma}_i-\boldsymbol{\sigma}_j)=0 \tag{4-124}$$

于是 $\boldsymbol{x}_i=\boldsymbol{\sigma}_i-\boldsymbol{\sigma}_j=0$。然后考察系统（4－119），选取 Lyapunov 函数如下

$$V_i=\sum_{k=1}^{3}\sum_{j\in P_i}\frac{K_i^p}{2(\alpha_1+1)}(|\boldsymbol{x}_i|)_k^{\alpha_1+1}+\frac{1}{2}\boldsymbol{y}_i^{\mathrm{T}}\boldsymbol{A}_i(0)\boldsymbol{y}_i \tag{4-125}$$

计算其相对时间的一阶导数，有

$$\begin{aligned}\dot{V}_i&=\frac{K_i^p}{2}\sum_{k=1}^{3}\sum_{j\in P_i}(\dot{\boldsymbol{x}}_i)_k\boldsymbol{\Gamma}^{\alpha_1}(\boldsymbol{x}_i)_k+\boldsymbol{y}_i^{\mathrm{T}}\boldsymbol{A}_i(0)\dot{y}_i\\&=K_i^p\sum_{j\in P_i}\dot{y}_i\boldsymbol{\Gamma}^{\alpha_1}(\boldsymbol{x}_i)-\boldsymbol{y}_i^{\mathrm{T}}\Big[K_i^p\sum_{j\in P_i}\boldsymbol{\Gamma}^{\alpha_1}(\boldsymbol{x}_i)+K_i^d\boldsymbol{\Gamma}^{\alpha_2}(\boldsymbol{y}_i)\Big]\\&=-K_i^d\boldsymbol{\Gamma}^{\alpha_2+1}(\boldsymbol{y}_i)\leqslant 0\end{aligned} \tag{4-126}$$

结合上面相同的分析可知，系统（4－118）也是渐进稳定的。

（4）根据表达式（4－120），有

$$\lim_{\varepsilon\to 0}\frac{\boldsymbol{A}_i^{-1}(\varepsilon^{r1}\boldsymbol{x}_i)\boldsymbol{B}_i(\varepsilon^{r1}\boldsymbol{x}_i,\varepsilon^{r2}\boldsymbol{y}_i)\varepsilon^{r2}\boldsymbol{y}_i}{\varepsilon^{\kappa+r2}}=\lim_{\varepsilon\to 0}\boldsymbol{A}_i^{-1}(0)\boldsymbol{B}_i(0,0)\boldsymbol{y}_i\varepsilon^{-\kappa}=0 \tag{4-127}$$

根据均值不等式，有

$$(\boldsymbol{A}_i^{-1}(\varepsilon^{r1}\boldsymbol{x}_i)-\boldsymbol{A}_i^{-1}(0))=O(\varepsilon^{r1}) \tag{4-128}$$

因此

$$\begin{aligned}&\lim_{\varepsilon\to 0}\frac{(\boldsymbol{A}_i^{-1}(\varepsilon^{r1}\boldsymbol{x}_i)-\boldsymbol{A}_i^{-1}(0))\Big[K_i^p\sum\limits_{j\in G_i}\boldsymbol{\Gamma}^{\alpha_1}(\varepsilon^{r1}\boldsymbol{x}_i)+K_i^d\boldsymbol{\Gamma}^{\alpha_2}(\varepsilon^{r2}\boldsymbol{y}_i)\Big]}{\varepsilon^{\kappa+r2}}\\&=\lim_{\varepsilon\to 0}\varepsilon^{r1-\kappa-r2}=0\end{aligned} \tag{4-129}$$

结合式（4－127）和式（4－129），有 $\lim\limits_{\varepsilon\to 0}\hat{f}(\varepsilon^{r1}\boldsymbol{x}_i,\varepsilon^{r2}\boldsymbol{y}_i)/\varepsilon^{\kappa+r2}=0$。

4.6 仿真验证及结果分析

这节将对本章提出的姿态协同控制器进行数值仿真与分析，以验证所提出的控制器的性能。针对本章中提出的控制器式（4－8）、（4－31）、（4－79）和（4－114），考虑一个由六颗卫星构成的编队系统，各卫星的转动惯量取值如下

$$\boldsymbol{J}_1=\begin{pmatrix}30&0&2\\0&35&0\\2&0&40\end{pmatrix}\text{kg}\cdot\text{m}^2\qquad \boldsymbol{J}_2=\begin{pmatrix}32&1&0.5\\1&34&3\\0.5&3&42\end{pmatrix}\text{kg}\cdot\text{m}^2$$

$$\boldsymbol{J}_3=\begin{pmatrix}35&0.8&2\\0.8&39&1\\2&1&41\end{pmatrix}\text{kg}\cdot\text{m}^2\qquad \boldsymbol{J}_4=\begin{pmatrix}33&0.4&0\\0.4&36&1\\0&1&38\end{pmatrix}\text{kg}\cdot\text{m}^2$$

$$\boldsymbol{J}_5=\begin{pmatrix}37&0.6&2\\0.6&36&0\\2&0&40\end{pmatrix}\text{kg}\cdot\text{m}^2\qquad \boldsymbol{J}_6=\begin{pmatrix}39&2&0\\2&34&0.8\\0&0.8&36\end{pmatrix}\text{kg}\cdot\text{m}^2$$

这里考虑的编队飞行任务为编队飞行航天器在受到较大干扰后的编队姿态恢复。在较大干扰过后，编队没有外界期望参考信号，且编队中各航天器的初始姿态均不相同并具有较大的姿态角速度。各航天器的初始姿态如表4－1所示。

表4－1 各航天器初始姿态

	角速度 $\boldsymbol{\omega}_i$(rad/s)	姿态参数 $\boldsymbol{\sigma}_i$
S/C 1	$(0.85\quad -0.43\quad 0.77)^{\mathrm{T}}$	$(0.3\quad -0.4\quad -0.1)^{\mathrm{T}}$
S/C 2	$(0.52\quad -0.26\quad 0.33)^{\mathrm{T}}$	$(0.2\quad -0.3\quad 0.3)^{\mathrm{T}}$
S/C 3	$(-0.26\quad 0.22\quad -0.13)^{\mathrm{T}}$	$(0.2\quad -0.1\quad -0.1)^{\mathrm{T}}$
S/C 4	$(0.45\quad 0.33\quad -0.57)^{\mathrm{T}}$	$(-0.2\quad 0.4\quad 0.1)^{\mathrm{T}}$
S/C 5	$(-0.15\quad 0.62\quad -0.41)^{\mathrm{T}}$	$(0.5\quad -0.1\quad 0.3)^{\mathrm{T}}$
S/C 6	$(-0.76\quad 0.12\quad -0.37)^{\mathrm{T}}$	$(0.3\quad -0.2\quad -0.2)^{\mathrm{T}}$

仿真中干扰力矩的形式设定由常值干扰力矩和由三角函数表示的周期性干扰力矩叠加构成，$\boldsymbol{d}_i=\boldsymbol{d}_i^c+\boldsymbol{d}_i^v$，其中，$\boldsymbol{d}_i^c$ 为干扰力矩中的常值部分，$\boldsymbol{d}_i^v$ 为干扰力矩中的变化部分，用于表示其他力矩的影响。每个卫星所受的干扰力

矩取值如下

$$\boldsymbol{d}_1^c = (0.012 \quad -0.018 \quad 0.012)^{\mathrm{T}}\mathrm{N}\cdot\mathrm{m}$$

$$\boldsymbol{d}_2^c = (0.01 \quad 0.014 \quad -0.017)^{\mathrm{T}}\mathrm{N}\cdot\mathrm{m}$$

$$\boldsymbol{d}_3^c = (-0.013 \quad 0.016 \quad -0.01)^{\mathrm{T}}\mathrm{N}\cdot\mathrm{m}$$

$$\boldsymbol{d}_4^c = (0.015 \quad -0.014 \quad -0.013)^{\mathrm{T}}\mathrm{N}\cdot\mathrm{m}$$

$$\boldsymbol{d}_5^c = (-0.011 \quad 0.012 \quad 0.01)^{\mathrm{T}}\mathrm{N}\cdot\mathrm{m}$$

$$\boldsymbol{d}_6^c = (0.014 \quad 0.017 \quad -0.012)^{\mathrm{T}}\mathrm{N}\cdot\mathrm{m}$$

$$\boldsymbol{d}_i^v = \frac{1}{5}\begin{pmatrix} (\boldsymbol{d}_i^c)_1\sin\left(\dfrac{t}{12}\right) \\ (\boldsymbol{d}_i^c)_2\cos\left(\dfrac{t}{15}\right) \\ (\boldsymbol{d}_i^c)_3\sin\left(\dfrac{t}{10}\right)\cos\left(\dfrac{t}{15}\right) \end{pmatrix},\ i = 1,2,3,4,5,6$$

控制力矩满足 $|(\boldsymbol{u}_i)_k| \leqslant 1\mathrm{N}\cdot\mathrm{m},\ k = 1,2,3$ 。由于编队中航天器数量较多，因此采用相对角速度误差和相对姿态误差两种度量标准来表示姿态协同的控制性能，度量标准的计算方法如下

$$\Omega_r(\mathrm{deg/s}) = \sqrt{\frac{1}{n(n-1)}\sum_{i=1}^{n}\sum_{j=1}^{n}\boldsymbol{\omega}_{ij}^{\ 2}}$$

$$\Theta_r(\mathrm{deg}) = \sqrt{\frac{1}{n(n-1)}\sum_{i=1}^{n}\sum_{j=1}^{n}\theta_{ij}^{\ 2}}$$

其中，Ω_r 为相对角速度度量标准；Θ_r 为相对姿态度量标准；$n = 6$ 表示编队中航天器的数量；$\boldsymbol{\omega}_{ij}$ 是第 i 个航天器和第 j 个航天器的相对角速度；θ_{ij} 是用欧拉角表示的第 i 个航天器和第 j 个航天器的相对姿态，可由式（2－42）计算得出。

在控制器式（4－8）的仿真中，假设编队系统的通信拓扑每 10 s 在如图 4－4 所示的三个平衡的拓扑结构中切换一次。控制器式（4－8）的各参数选取为 $K_i^p = 1.2$ ，$K_i^d = 8.4$ 和 $K_i^v = 0.1$ ，并用 $\mu = 0.001$ 的饱和函数代替控制器中的符号函数项。仿真结果如图 4－5 和图 4－6 所示，图 4－5 为相对角速度度量标准和相对姿态度量标准的变化曲线，图 4－6 是作用于编队中各航天器上的控制力矩曲线。从图 4－5 可以看出，编队的姿态在约 100 s 后收敛，相对角速度误差小于 0.002°/s，相对姿态误差小于 0.05°。仿真结果表明，在干扰力矩有界的情况下，控制器式（4－8）仍然能够在通信拓扑结构切换的情况下实现自主编队航天器的姿态协同。从图 4－6 可以看出，控制器中使用饱和

函数代替了符号函数项，因此控制信号没有发生抖颤。

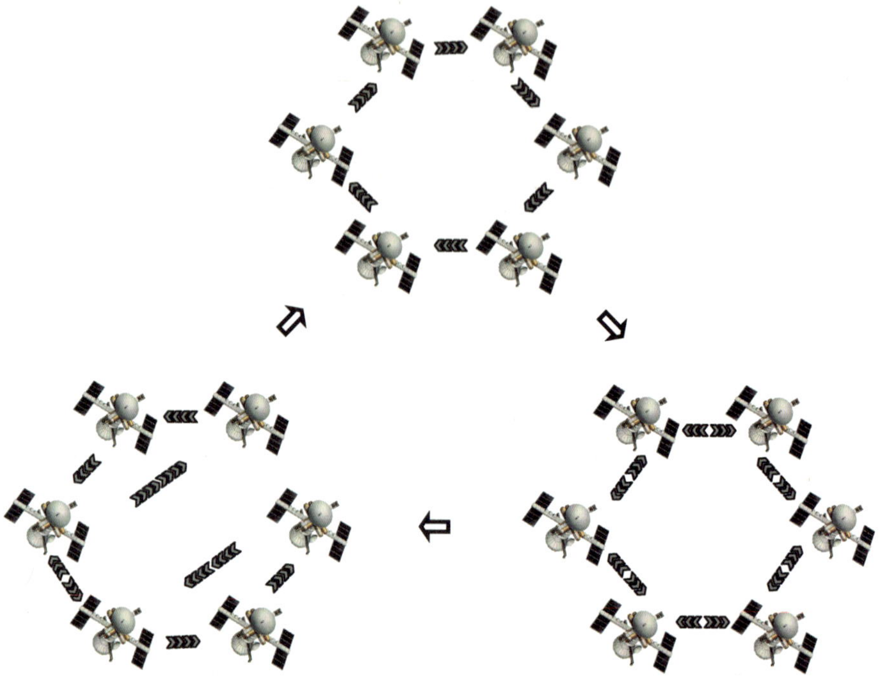

图 4-4　编队飞行过程中通信拓扑的切换

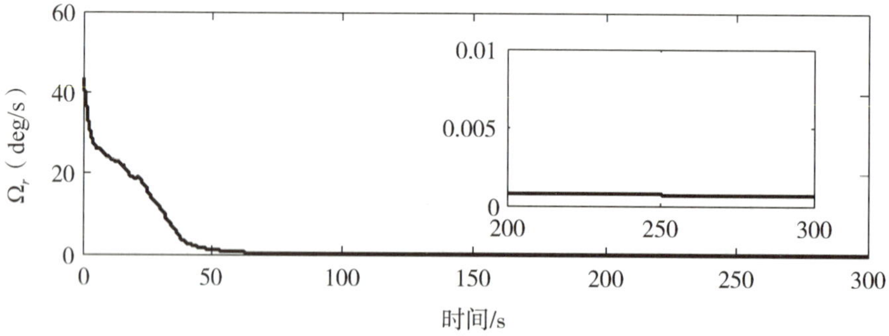

（a）

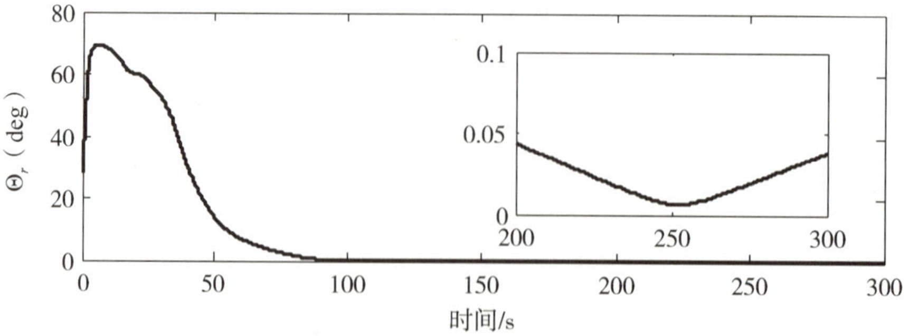

（b）

图 4-5　控制器式（4-8）的相对角速度和相对姿态度量标准

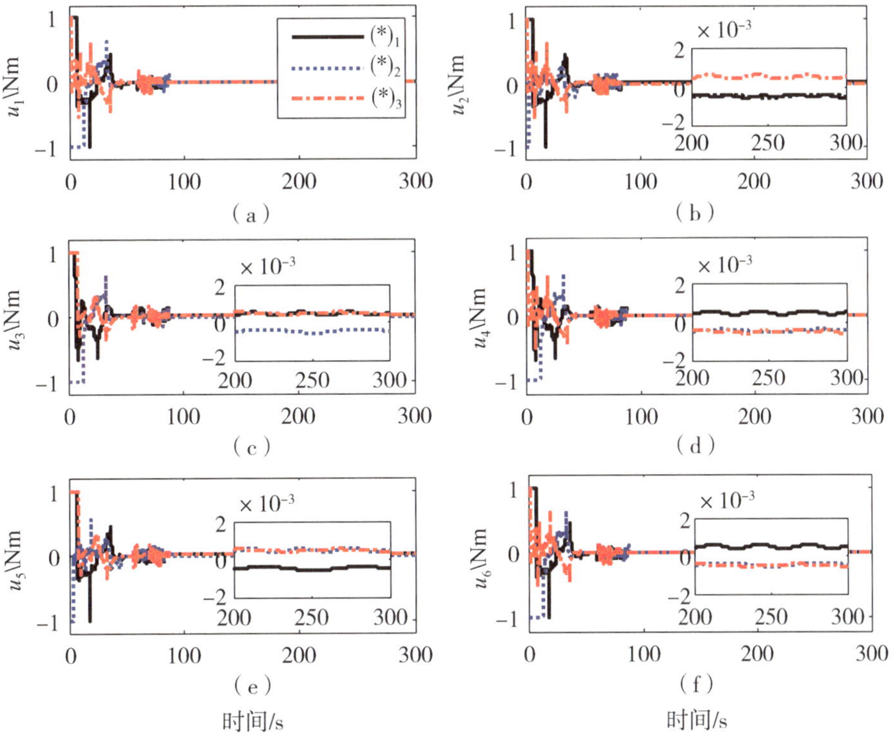

图 4-6　控制器式（4-8）的控制力矩

在控制器式（4-31）的仿真中，考虑了测量误差和通信延迟的情况。假设各航天器的角速度由速率陀螺提供，其测量误差包括两部分：标准差为 $\sqrt{10}\times10^{-5}$ rad/s 的高斯白噪声和由标准差为 $\sqrt{10}\times10^{-10}$ rad/s^2 的高斯白噪声积分得到的陀螺漂移，其中陀螺漂移的初值设定为 0.1°/h 。航天器的姿态信息由星敏感器提供，其测量噪声由一个均值为零、标准差为 $\sqrt{1/360°}$ 的高斯函数表示。编队中各航天器间的通信延迟情况如表 4-2 所示。

表 4-2　编队中的通信延迟

τ_{ij}/s	S/C 1	S/C 2	S/C 3	S/C 4	S/C 5	S/C 6
S/C 1	–	3. 2	4. 3	5. 1	2. 8	3. 6
S/C 2	2. 3	–	2. 4	3. 3	4. 1	6. 2
S/C 3	5. 4	6. 3	–	1. 8	3. 5	2. 5
S/C 4	2. 4	5. 2	3. 9	–	1. 4	5. 5
S/C 5	3. 8	4. 1	2. 1	3. 9	–	4. 6
S/C 6	2. 9	3. 7	6. 5	5. 8	4. 7	–

控制器（4-31）各控制参数选取与控制器（4-8）相同，其中函数 $\boldsymbol{\gamma}_i$

的选择为

$$(\boldsymbol{\gamma}_i)_k = 0.002\sin(t/10) > 0,\ k = 1,2,3 \tag{4-130}$$

仿真结果如图4－7和图4－8所示，图4－7分别展示了相对角速度和相对姿态衡量标准的响应曲线。从图中可以看出，航天器编队的星间相对姿态在120 s左右收敛，相对角速度控制误差小于0.1°/s，相对姿态控制误差小于0.2°，即使在诸多干扰因素的影响下，控制器式（4－31）仍然能够实现自主编队航天器的姿态协同控制，相较于图4－5中的仿真结果，由于星间通信延迟和测量噪声的影响，控制性能有所下降，主要体现在收敛时间变长和控制精度降低两方面。图4－8展示了控制力矩的变化情况可以看出，除了在开始的姿态机动阶段需要较大的控制力矩，稳定时的控制力矩较小。由于所设计控制器式（4－31）具有连续性，控制信号中并没有出现“抖颤”现象，但需要说明的是，由于函数 $\boldsymbol{\gamma}_i$ 是一个周期约为62.8 s、幅值为0.002的正弦函数，因此在每个函数周期内其曲线将穿过坐标轴 $\boldsymbol{\gamma}_i = 0$ 两次，这时所设计的连续函数 $\boldsymbol{\varphi}_i$ 将变为符号函数，控制器失去连续性。从图4－8也能够看出，控制信号虽然没有“抖颤”现象，但姿态协同后的控制力矩并非光滑的，而是有尖点的，并且每两个尖点之间的间隔约为31.4 s，这也验证了注4－4中的结论。

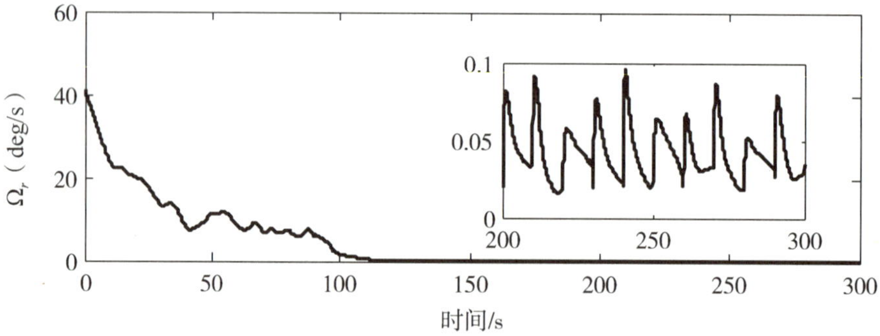

（a）

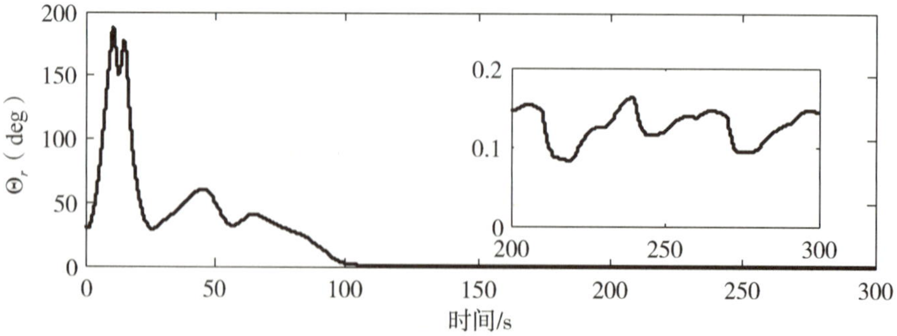

（b）

图4－7　控制器式（4－31）的相对角速度和相对姿态度量标准

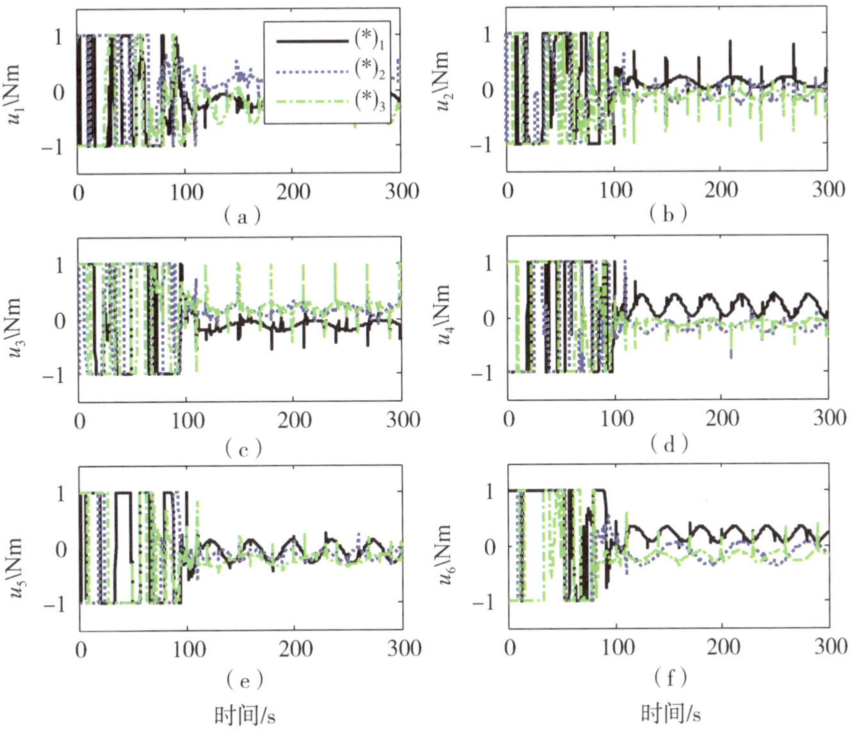

图 4-8　控制器式（4-31）的控制力矩

在控制器式（4-79）的仿真中，考虑如图 4-3 所示的树状通信拓扑结构，控制器各参数选取为 $K_q = 0.4$，$K_o = 1.6$，$K_{vi} = 0.01$ 和 $\beta = 0.3$。采用和控制器式（4-8）中相同的饱和函数来代替控制器中的符号函数，仿真结果如图 4-9 和图 4-10 所示。图 4-9 展示了编队的相对角速度度量和相对姿态度量，可以看出，编队航天器的相对姿态在 90 s 左右收敛，且相对角速度精度优于 0.004°/s，相对姿态精度优于 0.01°，控制器（4-79）能够在树状通信拓扑结构下实现自主航天器编队的姿态协同。编队中各卫星的控制力矩如图 4-10 所示，经过很短的姿态机动过程后，控制力矩也随之减小，姿态稳定后，控制力矩主要用于抵消干扰力矩带来的影响，并且由于饱和函数的使用，控制力矩的“抖颤”问题也得以解决。

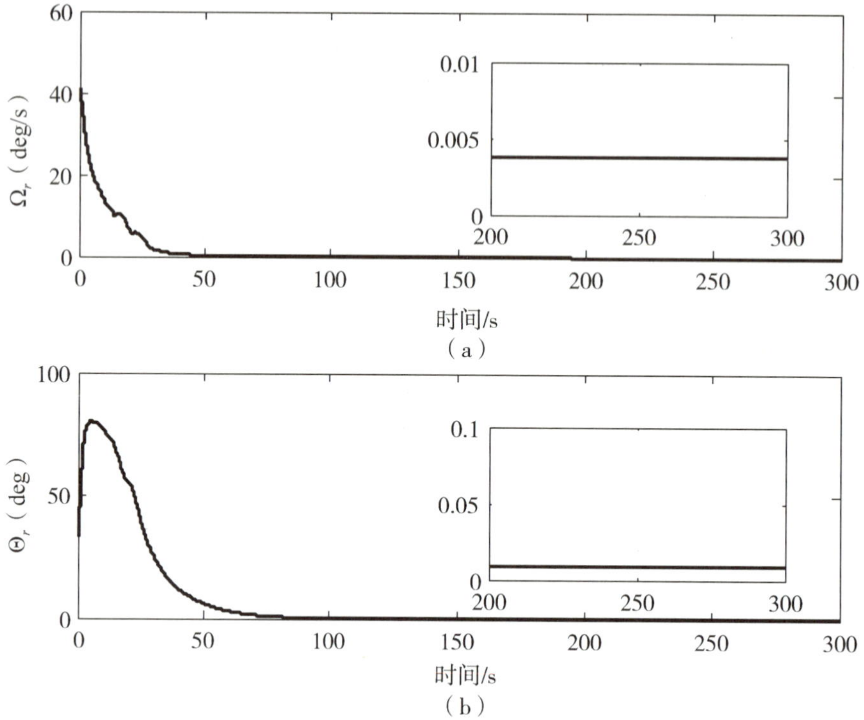

图4-9　控制器式（4-79）的相对角速度和相对姿态度量标准

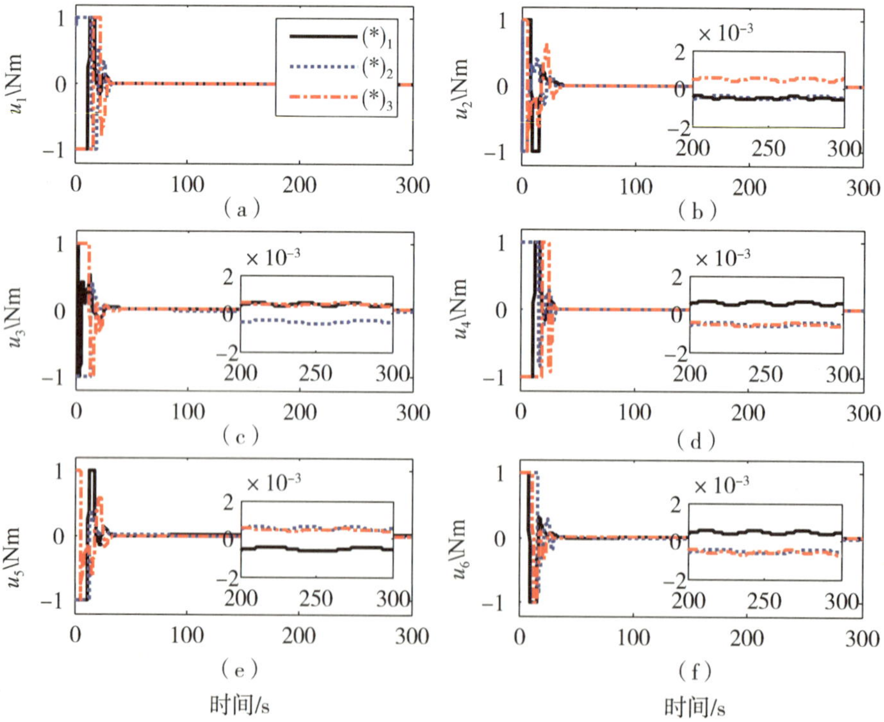

图4-10　控制器式（4-79）的控制力矩

接下来仿真分析有限时间控制器式（4－114），控制参数选取为 $K_i^d = 28$，$K_i^p = 10$，$\alpha_1 = 5/9$ 和 $\alpha_2 = 5/7$，在不考虑干扰力矩的情况下，仿真结果如图4－11和图4－12所示。图4－11展示了自主编队系统的相对角速度误差和相对姿态误差曲线，可以看出，编队系统的相对角速度误差和相对姿态误差均在90 s左右收敛，能够完成姿态协同任务，在没有外界干扰力矩作用的情况下，相对角速度控制精度优于0.02°/s，相对姿态控制精度优于0.01°。仿真结果表明，所设计的有限时间姿态协同控制器能够实现自主编队拉格朗日系统的姿态协同。作用于各成员上的控制力矩如图4－12所示，控制力矩限幅为 $|(\boldsymbol{u}_i)_k| \leqslant 2\text{N}\cdot\text{m}$，由于控制器式（4－114）是连续的，除在姿态机动阶段控制力矩出现较大波动，姿态稳定后控制力矩一直保持在一个较小的范围内。

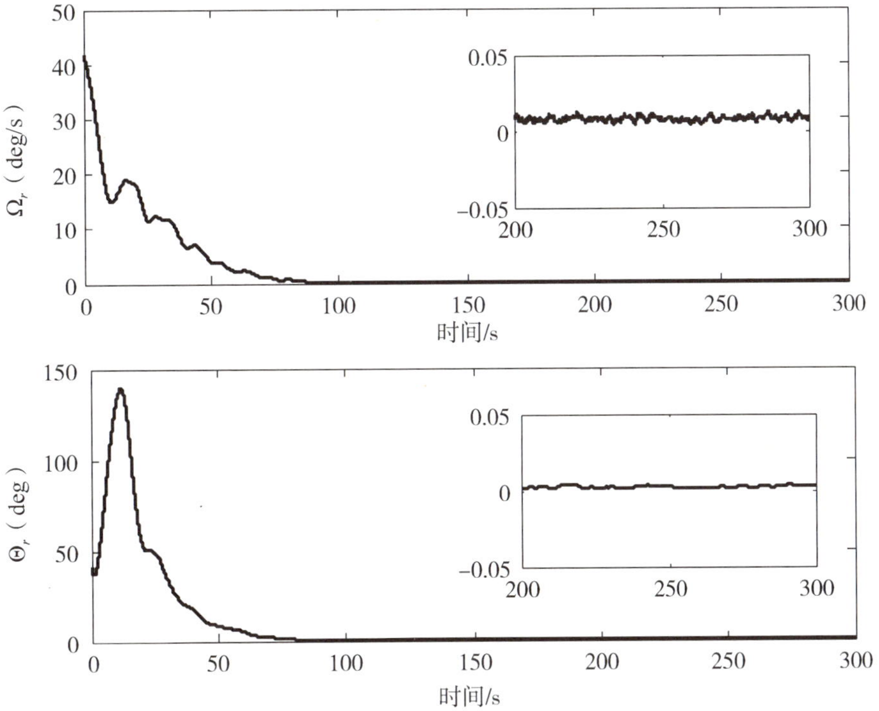

图4－11　控制器式（4－114）的绝对运动控制与相对运动控制误差

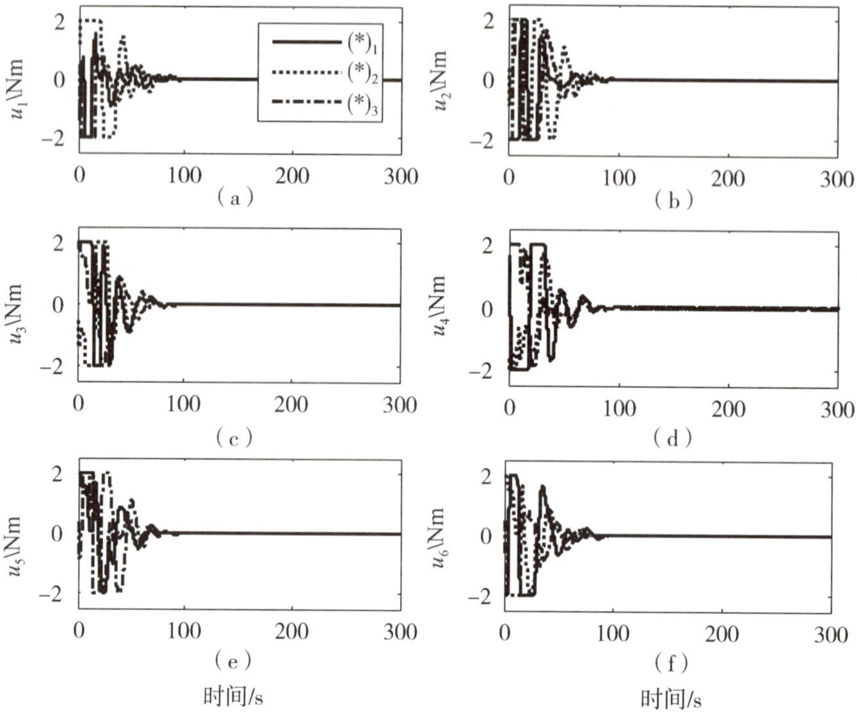

图 4－12 控制器式（4－114）的控制力矩

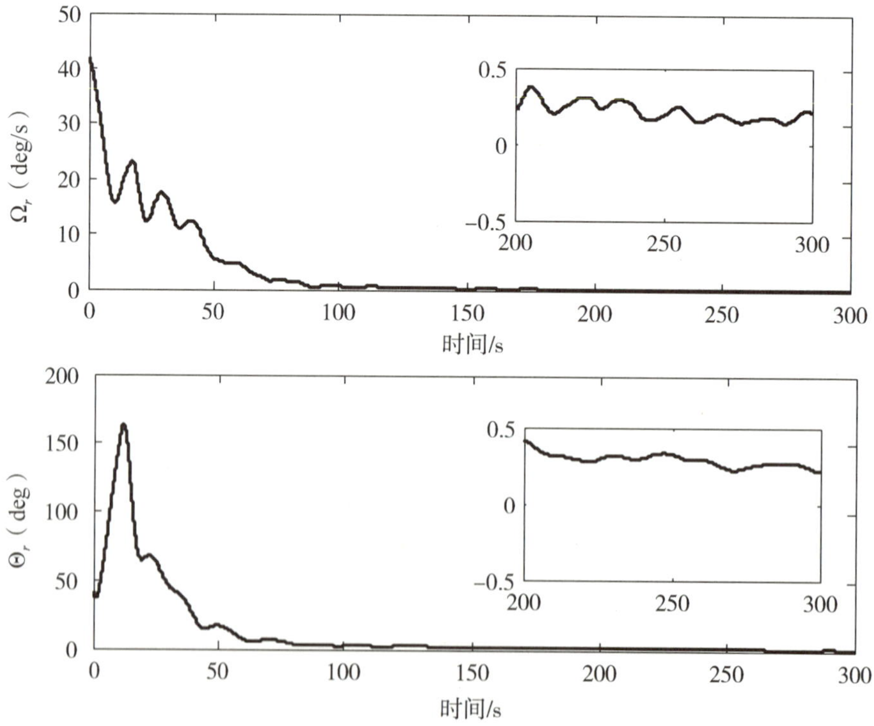

图 4－13 控制器式（4－114）的绝对运动控制与相对运动控制误差

在考虑外干扰力矩影响后，编队系统的姿态协同如图 4 - 13 所示。可以看出，在干扰力矩存在时，控制器（4 - 114）仍然能够实现编队系统的姿态协同，但受到干扰力矩的影响，控制精度有所下降：相对角速度误差小于 0. 5°/s，相对姿态误差小于 0. 5°。

第 5 章　挠性航天器编队姿态协同控制

5.1 引　　言

在前面的章节中，将编队中各成员看作刚体而使得问题在分析过程中得以简化，并对刚体航天器编队或拉格朗日系统编队的姿态协同控制问题进行了研究。但是对于某些航天器编队，这种近似的方法会使问题描述与分析不准确，甚至导致任务失败。例如，近地分布式 SAR 的航天器通常会携带较大的通信天线，因此系统具有较强的挠性，对这种姿态协同问题的分析不能将航天器视作刚体。本章将针对挠性航天器编队在有外界期望参考姿态信息时的姿态协同控制问题进行研究。

考虑呈簇状拓扑结构的挠性航天器，即航天器以中心刚体为核心，并附有若干挠性附件的一类构型，可认为航天器动力学模型分为中心刚体与挠性附件两部分，其动力学模型可以根据叠加的原理给出。当编队存在外界参考姿态信息时，协同控制包括绝对运动控制与相对运动控制两部分，因此采用行为方式协同策略。当参考姿态信息为常值时，绝对运动控制通过采用误差动力学模型将问题简化为姿态调节控制。当参考姿态信息为一般时变信号时，情况变得复杂，但仍然可以通过选取合适的 Lyapunov 函数对问题进行分析。航天器在轨运行过程中，由于空间环境的复杂性、测量方法的限制以及燃料的消耗等因素，难免会受到环境干扰力矩、模型参数不确定性的影响，因此星间通信的实时性也很难保证，针对此问题，可以通过在控制器中引入切换函数以及选择合适的控制参数来增强系统的鲁棒性。同时对于某些有快速机动、快速稳定要求的飞行任务，由于挠性航天器动力学模型的复杂性而增大了问题分析的难度，但通过合理地设计基于终端滑模控制方法的有限时间姿态协同控制器，可以实现挠性航天器编队的姿态协同控制。

5.2　模型独立的姿态协同控制方法

5.2.1　问题描述与控制目标

考虑由 n 个带有挠性附件的挠性航天器构成的编队系统，如果存在外界期望参考姿态（$\boldsymbol{\omega}_d, \boldsymbol{\sigma}_d$），那么姿态协同控制包含绝对运动控制和相对运动控制两个控制目标，即期望姿态的到达和星间相对姿态的保持。采用姿态四元数描述姿态运动方程时，运动学与动力学模型可由下式给出

$$\begin{aligned}\dot{\boldsymbol{q}} &= \frac{1}{2}(q_0\boldsymbol{I} + \boldsymbol{q}^{\times}) \cdot \boldsymbol{\omega} \\ \dot{q}_0 &= -\frac{1}{2}\boldsymbol{q}^{\mathrm{T}} \cdot \omega\end{aligned} \tag{5-1}$$

$$\boldsymbol{J}^{*}\dot{\boldsymbol{\omega}} = -\boldsymbol{\omega}^{\times}(\boldsymbol{J}^{*}\boldsymbol{\omega} + \boldsymbol{H\zeta}) + \boldsymbol{L\zeta} - \boldsymbol{M\omega} + \boldsymbol{u} \tag{5-2}$$

$$\dot{\boldsymbol{\zeta}} = \boldsymbol{A\zeta} + \boldsymbol{B\omega} \tag{5-3}$$

其中，各项符号的定义及表达式已在第 2 章中给出。那么挠性航天器编队的姿态协同控制问题可以表述为：为编队中的每个航天器设计合适的协同控制律 $\boldsymbol{u}_i$，使得编队中航天器的姿态能够渐近地收敛于期望姿态并保持一定的相对姿态控制精度，即当 $t \to \infty$ 时，$\{\boldsymbol{\sigma}_1 \to \boldsymbol{\sigma}_2 \to \cdots \to \boldsymbol{\sigma}_n \to \boldsymbol{\sigma}_d, \boldsymbol{\omega}_1 \to \boldsymbol{\omega}_2 \to \cdots \to \boldsymbol{\omega}_n \to \boldsymbol{\omega}_d\}$。

5.2.2　协同控制器的基本形式

假设外界参考姿态信息为常值，即 $\boldsymbol{\omega}_d = 0$，这时控制器中对期望姿态的跟踪问题可以简化为姿态调节控制问题。为解决上述姿态协同问题，针对式（5-1）、式（5-2）和式（5-3）所描述的挠性航天器编队系统，提出基于行为方式协同策略的协同控制器如下

$$\boldsymbol{u}_i = \boldsymbol{u}_i^{sk} + \boldsymbol{u}_i^{fk},\ i = 1,2,\cdots,n \tag{5-4}$$

其中，$\boldsymbol{u}_i^{sk}$ 是绝对运动控制项，由下式给出

$$\boldsymbol{u}_i^{sk} = -K_{pi}\boldsymbol{q}_{ei} - K_{di}\boldsymbol{\omega}_i \tag{5-5}$$

$\boldsymbol{u}_i^{fk}$ 是相对运动控制项，由下式给出

$$\boldsymbol{u}_i^{fk} = -\sum_{j=1}^{n}(K_{pij}\boldsymbol{q}_{ij} + K_{dij}\boldsymbol{\omega}_{ij}) \tag{5-6}$$

控制器式（5－4）中，$\boldsymbol{q}_{ei}$ 为航天器的绝对姿态误差，$\boldsymbol{\omega}_i$ 为绝对角速度，$\boldsymbol{\omega}_{ij} = \boldsymbol{\omega}_i - \boldsymbol{\omega}_j$ 和 $\boldsymbol{q}_{ij} = \boldsymbol{q}_{ei} - \boldsymbol{q}_{ej}$ 分别为相对角速度和相对姿态，$K_{pi}, K_{di} > 0$ 为绝对运动控制参数，考虑双向通信拓扑结构，$K_{pij} = K_{pji} > 0, K_{dij} = K_{dji} > 0$ 为相对运动控制参数，并且满足关系式 $K_{pij}/K_{dij} = \rho$，其中 ρ 为正的常数。为方便后续分析，将控制器式（5－4）等价改写为下面的形式

$$\begin{aligned}\boldsymbol{u}_i &= \boldsymbol{u}_i^{sk} + \boldsymbol{u}_i^{fk} \\ &= -K_{pi}\boldsymbol{q}_{ei} - K_{di}\boldsymbol{\omega}_i - \sum_{j=1}^{n}K_{dij}(\rho\boldsymbol{q}_{ij} + \boldsymbol{\omega}_{ij})\end{aligned} \tag{5-7}$$

定理 5－1 对于式（5－1）、式（5－2）和式（5－3）所描述的挠性航天器编队，控制器式（5－7）能够在双向通信拓扑结构下实现姿态协同。

证明 考虑 Lyapunov 函数如下

$$V = \sum_{i=1}^{n} V_i \tag{5-8}$$

其中

$$V_i = 2(K_{pi} + \rho K_{di})(1 - q_{0ei}) + \frac{1}{2}\boldsymbol{\omega}_i^{\mathrm{T}}\boldsymbol{J}_i^{*}\boldsymbol{\omega}_i + \rho\boldsymbol{q}_{ei}^{\mathrm{T}}\boldsymbol{J}_i^{*}\boldsymbol{\omega}_i + \frac{1}{2}\boldsymbol{\zeta}_i^{\mathrm{T}}\boldsymbol{P}_i\boldsymbol{\zeta}_i \tag{5-9}$$

其中，$\boldsymbol{P}_i$ 是正定矩阵，是 Lyapunov 方程 $\boldsymbol{A}_i^{\mathrm{T}}\boldsymbol{P}_i + \boldsymbol{P}_i\boldsymbol{A}_i = -\boldsymbol{Q}_i$ 的解，且 $\boldsymbol{Q}_i$ 也为正定矩阵。于是，V_i 可由下式界定

$$V_i \geqslant \frac{1}{2}\boldsymbol{\xi}_i^{\mathrm{T}}\boldsymbol{\Theta}_i\boldsymbol{\xi}_i \tag{5-10}$$

式（5－10）中

$$\boldsymbol{\xi}_i = (\|\boldsymbol{q}_{ei}\| \quad \|\boldsymbol{\omega}_i\| \quad \|\zeta_i\|)^{\mathrm{T}} \tag{5-11}$$

$$\boldsymbol{\Theta}_i = \begin{pmatrix} 4(K_{pi} + \rho K_{di}) & -\rho\alpha_{\max}(\boldsymbol{J}_i^{*}) & 0 \\ -\rho\alpha_{\max}(\boldsymbol{J}_i^{*}) & \alpha_{\min}(\boldsymbol{J}_i^{*}) & 0 \\ 0 & 0 & \alpha_{\min}(\boldsymbol{P}_i) \end{pmatrix} \tag{5-12}$$

由定理 2－1 可知，如果下面不等式成立

$$4(K_{pi} + \rho K_{di})\alpha_{\min}(\boldsymbol{J}_i^{*}) > \rho^2\alpha_{\max}{}^2(\boldsymbol{J}_i^{*}) \tag{5-13}$$

那么矩阵 $\boldsymbol{\Theta}_i$ 则为正定的。因此，如果 ρ 选择合适，那么 Lyapunov 函数 V_i 和 V 则为正定的。

计算 V 相对时间的一阶导数，有

$$
\begin{aligned}
\dot{V} &= \sum_{i=1}^{n} \dot{V}_i \\
&= \sum_{i=1}^{n} [(K_{pi} + \rho K_{di}) \boldsymbol{q}_{ei}^{\mathrm{T}} \boldsymbol{\omega}_i + \boldsymbol{\omega}_i^{\mathrm{T}} \boldsymbol{J}_i^* \dot{\boldsymbol{\omega}}_i + \rho \boldsymbol{q}_{ei}^{\mathrm{T}} \boldsymbol{J}_i^* \dot{\boldsymbol{\omega}}_i \\
&\quad + \rho (q_{0ei} \boldsymbol{I} + \boldsymbol{q}_{ei}^{\times}) \boldsymbol{J}_i^* \boldsymbol{\omega}_i + \zeta_i^{\mathrm{T}} \boldsymbol{P}_i \dot{\zeta}_i]
\end{aligned} \tag{5-14}
$$

将动力学方程和控制器代入上式中，有

$$
\begin{aligned}
\dot{V} &= \sum_{i=1}^{n} \Big\{ (K_{pi} + \rho K_{di}) \boldsymbol{q}_{ei}^{\mathrm{T}} \boldsymbol{\omega}_i + \boldsymbol{\omega}_i^{\mathrm{T}} [- \boldsymbol{\omega}_i^{\times} (\boldsymbol{J}_i^* \boldsymbol{\omega}_i + \boldsymbol{H} \boldsymbol{\zeta}) + \boldsymbol{L} \boldsymbol{\zeta} - \boldsymbol{M} \boldsymbol{\omega}_i + \boldsymbol{u}_i] \\
&\quad + \rho \boldsymbol{q}_{ei}^{\mathrm{T}} [- \boldsymbol{\omega}_i^{\times} (\boldsymbol{J}_i^* \boldsymbol{\omega}_i + \boldsymbol{H} \zeta) + \boldsymbol{L} \zeta - \boldsymbol{M} \boldsymbol{\omega}_i + \boldsymbol{u}_i] \\
&\quad + \rho (q_{0ei} \boldsymbol{I} + \boldsymbol{q}_{ei}^{\times}) \boldsymbol{\omega}_i^{\mathrm{T}} \boldsymbol{J}_i^* \boldsymbol{\omega}_i + \zeta_i^{\mathrm{T}} \boldsymbol{P}_i (\boldsymbol{A}_i \zeta_i + \boldsymbol{B}_i \boldsymbol{\omega}_i) \Big\} \\
&= \sum_{i=1}^{n} \Big\{ \boldsymbol{\omega}_i^{\mathrm{T}} [\boldsymbol{L}_i \zeta_i - \boldsymbol{M}_i \boldsymbol{\omega}_i - K_{pi} \boldsymbol{q}_{ei} - K_{di} \boldsymbol{\omega}_i - \sum_{j=1}^{n} K_{dij} (\boldsymbol{\omega}_{ij} + \rho \boldsymbol{q}_{ij})] + \rho \boldsymbol{q}_{ei}^{\mathrm{T}} \boldsymbol{L}_i \boldsymbol{\zeta}_i \\
&\quad + \rho \boldsymbol{q}_{ei}^{\mathrm{T}} [- \boldsymbol{\omega}_i^{\times} (\boldsymbol{J}_i^* \boldsymbol{\omega}_i + \boldsymbol{H}_i \zeta_i) - \boldsymbol{M}_i \boldsymbol{\omega}_i - K_{pi} \boldsymbol{q}_{ei} - K_{di} \boldsymbol{\omega}_i - \sum_{j=1}^{n} K_{dij} (\boldsymbol{\omega}_{ij} + \rho \boldsymbol{q}_{ij})] \\
&\quad + (K_{pi} + \rho K_{di}) \boldsymbol{q}_{ei}^{\mathrm{T}} \boldsymbol{\omega}_i + \frac{1}{2} \rho (q_{0ei} \boldsymbol{I} + \boldsymbol{q}_{ei}^{\times}) \boldsymbol{\omega}_i^{\mathrm{T}} \boldsymbol{J}_i^* \boldsymbol{\omega}_i - \frac{1}{2} \boldsymbol{\zeta}_i^{\mathrm{T}} \boldsymbol{Q}_i \boldsymbol{\zeta}_i + \boldsymbol{\zeta}_i^{\mathrm{T}} \boldsymbol{P}_i \boldsymbol{B}_i \boldsymbol{\omega}_i \Big\} \\
&= \sum_{i=1}^{n} \Big\{ - \rho K_{pi} \boldsymbol{q}_{ei}^{\mathrm{T}} \boldsymbol{q}_{ei} - \boldsymbol{\omega}_i^{\mathrm{T}} \boldsymbol{M}_i \boldsymbol{\omega}_i - K_{di} \boldsymbol{\omega}_i^{\mathrm{T}} \boldsymbol{\omega}_i + \frac{1}{2} \rho (q_{0ei} \boldsymbol{I} + \boldsymbol{q}_{ei}^{\times}) \boldsymbol{\omega}_i^{\mathrm{T}} \boldsymbol{J}_i^* \boldsymbol{\omega}_i \\
&\quad - \frac{1}{2} \zeta_i^{\mathrm{T}} \boldsymbol{Q}_i \zeta_i - \rho \boldsymbol{q}_{ei}^{\mathrm{T}} \boldsymbol{\omega}_i^{\times} \boldsymbol{J}_i^* \boldsymbol{\omega}_i - \rho \boldsymbol{q}_{ei}^{\mathrm{T}} \boldsymbol{M}_i \boldsymbol{\omega}_i + \rho \boldsymbol{q}_{ei}^{\mathrm{T}} \boldsymbol{L}_i \zeta_i - \rho \boldsymbol{q}_{ei}^{\mathrm{T}} \boldsymbol{\omega}_i^{\times} \boldsymbol{H}_i \zeta_i \\
&\quad + \boldsymbol{\omega}_i^{\mathrm{T}} \boldsymbol{L}_i \zeta_i + \zeta_i^{\mathrm{T}} \boldsymbol{P}_i \boldsymbol{B}_i \boldsymbol{\omega}_i - (\boldsymbol{\omega}_i + \rho \boldsymbol{q}_{ei}) \sum_{j=1}^{n} K_{dij} (\boldsymbol{\omega}_{ij} + \rho \boldsymbol{q}_{ij}) \Big\}
\end{aligned} \tag{5-15}
$$

根据双向通信拓扑的性质，式（5－15）可以进一步推导为

$$
\begin{aligned}
\dot{V} &= \sum_{i=1}^{n} \{ - \boldsymbol{\xi}_i^{\mathrm{T}} \boldsymbol{\Xi}_i \boldsymbol{\xi}_i - (\boldsymbol{\omega}_i + \rho \boldsymbol{q}_{ei}) \sum_{j=1}^{n} K_{dij} (\boldsymbol{\omega}_{ij} + \rho \boldsymbol{q}_{ij}) \} \\
&= - \sum_{i=1}^{n} \boldsymbol{\xi}_i^{\mathrm{T}} \boldsymbol{\Xi}_i \boldsymbol{\xi}_i - \sum_{i=1}^{n} \sum_{j=1}^{n} K_{dij} (\boldsymbol{\omega}_i + \rho \boldsymbol{q}_{ei}) (\boldsymbol{\omega}_{ij} + \rho \boldsymbol{q}_{ij}) \\
&= - \sum_{i=1}^{n} \boldsymbol{\xi}_i^{\mathrm{T}} \boldsymbol{\Xi}_i \boldsymbol{\xi}_i - \frac{1}{2} \sum_{i=1}^{n} \sum_{j=1}^{n} K_{dij} (\boldsymbol{\omega}_{ij} + \rho \boldsymbol{q}_{ij})^{\mathrm{T}} (\boldsymbol{\omega}_{ij} + \rho \boldsymbol{q}_{ij}) \\
&\leqslant - \sum_{i=1}^{n} \boldsymbol{\xi}_i^{\mathrm{T}} \boldsymbol{\Xi}_i \boldsymbol{\xi}_i
\end{aligned} \tag{5-16}
$$

其中

$$\boldsymbol{\Xi}_i = \begin{pmatrix} \rho K_{pi}\boldsymbol{I} & \frac{1}{2}\rho \boldsymbol{M}_i & -\frac{1}{2}\rho \boldsymbol{L}_i \\ \frac{1}{2}\rho \boldsymbol{M}_i & K_{di}\boldsymbol{I} + \boldsymbol{M}_i - \frac{1}{2}\rho \boldsymbol{J}_i^* & -\frac{1}{2}(\boldsymbol{L}_i + \boldsymbol{B}_i^{\mathrm{T}}\boldsymbol{P}_i) - \frac{1}{2}\rho \boldsymbol{H}_i \\ -\frac{1}{2}\rho \boldsymbol{L}_i & -\frac{1}{2}(\boldsymbol{L}_i + \boldsymbol{B}_i^{\mathrm{T}}\boldsymbol{P}_i) - \frac{1}{2}\rho \boldsymbol{H}_i & \frac{1}{2}\boldsymbol{Q}_i \end{pmatrix} \tag{5-17}$$

将矩阵 $\boldsymbol{\Xi}_i$ 分块，并定义

$$\boldsymbol{D}_i = \begin{pmatrix} \rho K_{pi}\boldsymbol{I} & \frac{1}{2}\rho \boldsymbol{M}_i \\ \frac{1}{2}\rho \boldsymbol{M}_i & K_{di}\boldsymbol{I} + \boldsymbol{M}_i - \frac{1}{2}\rho \boldsymbol{J}_i^* \end{pmatrix}, \boldsymbol{E}_i = \begin{pmatrix} -\frac{1}{2}\rho \boldsymbol{L}_i \\ -\frac{1}{2}(\boldsymbol{L}_i + \boldsymbol{B}_i^{\mathrm{T}}\boldsymbol{P}_i) -- \frac{1}{2}\rho \boldsymbol{H}_i \end{pmatrix},$$

$$\boldsymbol{F}_i = \frac{1}{2}\boldsymbol{Q}_i \tag{5-18}$$

则有

$$\boldsymbol{\Xi}_i = \begin{pmatrix} \boldsymbol{D}_i & \boldsymbol{E}_i \\ \boldsymbol{E}_i^{\mathrm{T}} & \boldsymbol{F}_i \end{pmatrix} \tag{5-19}$$

根据定理 2-1 可知，如果

$$\rho K_{pi}\boldsymbol{I}(K_{di}\boldsymbol{I} + \boldsymbol{M}_i - \frac{1}{2}\rho \boldsymbol{J}_i^*) - \frac{1}{4}\rho^2 \boldsymbol{M}_i^{\mathrm{T}}\boldsymbol{M}_i > 0 \tag{5-20}$$

并且 $\boldsymbol{D}_i - \boldsymbol{E}_i\boldsymbol{F}_i^{-1}\boldsymbol{E}_i^{\mathrm{T}}$ 为正定的，那么矩阵 $\boldsymbol{\Xi}_i$ 是正定的。对于矩阵 $\boldsymbol{D}_i - \boldsymbol{E}_i\boldsymbol{F}_i^{-1}\boldsymbol{E}_i^{\mathrm{T}}$，$\forall \delta \in \mathbf{R}^n$，下式成立

$$\delta^{\mathrm{T}}(\boldsymbol{D}_i - \boldsymbol{E}_i\boldsymbol{F}_i^{-1}\boldsymbol{E}_i^{\mathrm{T}})\delta \geqslant \|\delta\|^2\left(\alpha_{\min}(\boldsymbol{D}_i) - \frac{\alpha_{\max}{}^2(\boldsymbol{E}_i)}{\alpha_{\min}(\boldsymbol{F}_i)}\right) \tag{5-21}$$

因此，如果 $\alpha_{\min}(\boldsymbol{D}_i)\alpha_{\min}(\boldsymbol{F}_i) > \alpha_{\max}{}^2(\boldsymbol{E}_i)$，那么 $\boldsymbol{D}_i - \boldsymbol{E}_i\boldsymbol{F}_i^{-1}\boldsymbol{E}_i^{\mathrm{T}}$ 为正定的。从矩阵 $\boldsymbol{\Xi}_i$ 的表达式中可以看出，对于选择合适的参数 ρ，K_{pi} 和 K_{di}，能够保证矩阵 $\boldsymbol{\Xi}_i$ 的正定。于是，式（5-16）可以写成如下形式

$$\dot{V} \leqslant -\sum_{i=1}^{n}\sigma_{\min}(\boldsymbol{\Xi}_i)\,\boldsymbol{\xi}_i^{\mathrm{T}}\boldsymbol{\xi}_i \tag{5-22}$$

根据定理 2-3 和推论 2-1 可知，当 $t \to \infty$ 时，有 $\xi_i \to 0$，即 $\{\boldsymbol{\omega}_i \to 0, \boldsymbol{q}_{ei} \to 0, \zeta_i \to 0\}$，挠性航天器编队实现姿态协同。

注 5-1 定理 5-1 的分析证明过程用到了下面的结论

$$\sum_{i=1}^{n}\sum_{j=1}^{n}K_{dij}(\boldsymbol{\omega}_i + \rho\boldsymbol{q}_{ei})^{\mathrm{T}}(\boldsymbol{\omega}_{ij} + \rho\boldsymbol{q}_{ij}) = \frac{1}{2}\sum_{i=1}^{n}\sum_{j=1}^{n}K_{dij}(\boldsymbol{\omega}_{ij} + \rho\boldsymbol{q}_{ij})^{\mathrm{T}}(\boldsymbol{\omega}_{ij} + \rho\boldsymbol{q}_{ij}) \tag{5-23}$$

对于双向通信拓扑结构以及控制器中相对状态变量的定义，式（5－23）是成立的。选择编队中任意两个有通信链路的航天器 i 和 j，下式成立

$$\begin{aligned}&K_{dij}\left(\boldsymbol{\omega}_i+\rho\boldsymbol{q}_{ei}\right)^{\mathrm{T}}\left(\boldsymbol{\omega}_{ij}+\rho\boldsymbol{q}_{ij}\right)+K_{dji}\left(\boldsymbol{\omega}_j+\rho\boldsymbol{q}_{ej}\right)^{\mathrm{T}}\left(\boldsymbol{\omega}_{ji}+\rho\boldsymbol{q}_{ji}\right)\\&=K_{dij}\left(\boldsymbol{\omega}_i+\rho\boldsymbol{q}_{ei}\right)^{\mathrm{T}}\left(\boldsymbol{\omega}_{ij}+\rho\boldsymbol{q}_{ij}\right)-K_{dij}\left(\boldsymbol{\omega}_j+\rho\boldsymbol{q}_{ej}\right)^{\mathrm{T}}\left(\boldsymbol{\omega}_{ij}+\rho\boldsymbol{q}_{ij}\right)\\&=K_{dij}\left(\boldsymbol{\omega}_{ij}+\rho\boldsymbol{q}_{ij}\right)^{\mathrm{T}}\left(\boldsymbol{\omega}_{ij}+\rho\boldsymbol{q}_{ij}\right)\end{aligned}\tag{5-24}$$

将式（5－24）的结果推广至整个编队中，式（5－23）显然成立。

5.2.3　协同控制器的改进形式

上文中所设计的协同控制器式（5－7）能够解决双向通信拓扑结构下挠性航天器编队的姿态协同控制问题，但是在实际情况中并不能够保证双向通信拓扑结构。此外，航天器在编队飞行过程中，还会受到环境干扰力矩以及星间通信延迟的影响。考虑干扰力矩存在的情况，挠性航天器动力学模型中式（5－2）可以写成如下形式

$$\boldsymbol{J}^*\dot{\boldsymbol{\omega}}=-\boldsymbol{\omega}^{\times}\left(\boldsymbol{J}^*\boldsymbol{\omega}+\boldsymbol{H}\zeta\right)+\boldsymbol{L}\zeta-\boldsymbol{M}\boldsymbol{\omega}+\boldsymbol{u}+\boldsymbol{d}\tag{5-25}$$

针对上述不利因素，设计改进的姿态协同控制器如下

$$\begin{aligned}\boldsymbol{u}_i&=\boldsymbol{u}_i^{sk}+\boldsymbol{u}_i^{fk}\\&=-K_{pi}\boldsymbol{q}_{ei}-K_{di}\boldsymbol{\omega}_i-K_{si}\mathrm{sgn}(\boldsymbol{s}_i)-\sum_{j=1}^{n}\left[K_{ij}^{i}\boldsymbol{s}_i-K_{ij}^{j}\boldsymbol{s}_j(t-\tau_{ij})\right]\end{aligned}\tag{5-26}$$

其中，K_{si}，$K_{ij}^{\ i}$ 以及 $K_{ij}^{\ j}$ 均为正的常数，$\boldsymbol{s}_i=\boldsymbol{\omega}_i+\rho\boldsymbol{q}_{ei}$，$\boldsymbol{s}_j(t-\tau_{ij})$ 表示 i 航天器接收到带有时间延迟的 j 航天器的姿态信息。

定理 5－2　针对由式（5－1）、式（5－25）和式（5－3）所描述的动力学系统，控制器（5－26）能够解决编队系统的姿态协同控制问题，如果满足下列条件：

(1) $K_{si}>\upsilon$，其中 υ 表示干扰力矩上界；

(2) $K_{ij}^{\ i}>\beta_{ij}$，其中 β_{ij} 为任意正的常数；

(3) $4\beta_{ij}(K_{ij}^{\ i}-\beta_{ij})(1-\dot{\tau}_{ij})>(K_{ij}^{\ j})^2$，其中 $\dot{\tau}_{ij}<1$ 为通信延迟的变化率。

证明　考虑 Lyapunov 函数如下

$$V=V_1+V_2\tag{5-27}$$

其中

$$
\begin{aligned}
V_1 &= \sum_{i=1}^{n} V_i \\
&= \sum_{i=1}^{n} \left[2(K_{pi} + \rho K_{di})(1 - q_{0ei}) + \frac{1}{2} \boldsymbol{\omega}_i^{\mathrm{T}} \boldsymbol{J}_i^* \boldsymbol{\omega}_i + \rho \boldsymbol{q}_{ei}^{\mathrm{T}} \boldsymbol{J}_i^* \boldsymbol{\omega}_{ei} + \frac{1}{2} \boldsymbol{\zeta}_i^{\mathrm{T}} \boldsymbol{P}_i \boldsymbol{\zeta}_i \right]
\end{aligned} \tag{5-28}
$$

$$
V_2 = \sum_{i=1}^{n} \sum_{j=1}^{n} \int_{t-\tau_{ij}}^{t} \beta_{ij} \boldsymbol{s}_i^{\mathrm{T}} \boldsymbol{s}_i \mathrm{d}x \tag{5-29}
$$

根据定理5－1中的分析，计算 V_1 相对于时间的一阶导数可知，对于选择合适的参数 ρ，K_{pi} 和 K_{di}，下式成立

$$
\dot{V}_1 \leqslant - \sum_{i=1}^{n} \boldsymbol{\xi}_i^{\mathrm{T}} \boldsymbol{\Xi}_i \boldsymbol{\xi}_i - \sum_{i=1}^{n} \boldsymbol{s}_i^{\mathrm{T}} \left[K_{si} \mathrm{sgn}(\boldsymbol{s}_i) + \sum_{j=1}^{n} (K_{ij}^{i} \boldsymbol{s}_i - K_{ij}^{j} \boldsymbol{s}_j(t - \tau_{ij})) - \boldsymbol{d}_i \right] \tag{5-30}
$$

由于 $K_{si} > \upsilon$，因此

$$
\dot{V}_1 \leqslant - \sum_{i=1}^{n} \boldsymbol{\xi}_i^{\mathrm{T}} \boldsymbol{\Xi}_i \boldsymbol{\xi}_i - \sum_{i=1}^{n} (K_{si} - \upsilon) \| \boldsymbol{s}_i \| - \sum_{i=1}^{n} \boldsymbol{s}_i^{\mathrm{T}} \sum_{j=1}^{n} \left[K_{ij}^{i} \boldsymbol{s}_i - K_{ij}^{j} \boldsymbol{s}_j(t - \tau_{ij}) \right] \tag{5-31}
$$

计算 V 相对于时间的一阶导数，有

$$
\begin{aligned}
\dot{V} &= \dot{V}_1 + \dot{V}_2 \\
&\leqslant - \sum_{i=1}^{n} \left[\boldsymbol{\xi}_i^{\mathrm{T}} \boldsymbol{\Xi}_i \boldsymbol{\xi}_i + (K_{si} - \upsilon) \| \boldsymbol{s}_i \| \right] - \sum_{i=1}^{n} \sum_{j=1}^{n} \boldsymbol{s}_i^{\mathrm{T}} \left[K_{ij}^{\ i} \boldsymbol{s}_i - K_{ij}^{\ j} \boldsymbol{s}_j(t - \tau_{ij}) \right] \\
&\quad + \sum_{i=1}^{n} \sum_{j=1}^{n} \beta_{ij} \left[\boldsymbol{s}_i^{\mathrm{T}} \boldsymbol{s}_i - (1 - \dot{\tau}_{ij}) \boldsymbol{s}_j^{\mathrm{T}}(t - \tau_{ij}) \boldsymbol{s}_j(t - \tau_{ij}) \right] \\
&= - \sum_{i=1}^{n} \left[\boldsymbol{\xi}_i^{\mathrm{T}} \boldsymbol{\Xi}_i \boldsymbol{\xi}_i + (K_{si} - \upsilon) \| \boldsymbol{s}_i \| \right] \\
&\quad - \sum_{i=1}^{n} \sum_{j=1}^{n} \left[\boldsymbol{\zeta}_{ij}^{\mathrm{T}} \boldsymbol{\zeta}_{ij} + \left(\beta_{ij}(1 - \dot{\tau}_{ij}) - \frac{(k_j^{\ i})^2}{4(k_i^{\ i} - \beta_{ij})} \right) \boldsymbol{s}_j^{\mathrm{T}}(t - \tau_{ij}) \boldsymbol{s}_j(t - \tau_{ij}) \right] \\
&\leqslant - \sum_{i=1}^{n} \left[\boldsymbol{\xi}_i^{\mathrm{T}} \boldsymbol{\Xi}_i \boldsymbol{\xi}_i + (K_{si} - \upsilon) \| \boldsymbol{s}_i \| \right] - \sum_{i=1}^{n} \sum_{j=1}^{n} \boldsymbol{\zeta}_{ij}^{\mathrm{T}} \boldsymbol{\zeta}_{ij}
\end{aligned} \tag{5-32}
$$

其中

$$
\boldsymbol{\zeta}_{ij} = \sqrt{K_{ij}^{\ i} - \beta_{ij}} \, \boldsymbol{s}_i - \frac{K_{ij}^{\ j}}{2\sqrt{K_{ij}^{\ i} - \beta_{ij}}} \boldsymbol{s}_j(t - \tau_{ij}) \tag{5-33}
$$

当参数 ρ , K_{pi} 和 K_{di} 选择合适而使矩阵 $\boldsymbol{\Xi}_i$ 正定时，定理5－2 显然成立。当选择参数 ρ , K_{pi} 和 K_{di} 而使矩阵 $\boldsymbol{\Xi}_i$ 半正定时，那么 $\dot{V}$ 为半负定的，Lyapunov 函数 V 为有界的，根据 Lyapunov 函数的表达式（5－27）可知，$(\boldsymbol{q}_{ei},\boldsymbol{\omega}_i)\in L_\infty^6$ 并且 $\boldsymbol{s}_i\in L_\infty^3$ 。再由系统的运动学与动力学方程式（5－1）、式（5－25）和式（5－3）可知，$(\dot{\boldsymbol{q}}_{ei},\dot{\boldsymbol{\omega}}_i)\in L_\infty^6$ 并且 $\dot{\boldsymbol{s}}_i\in L_\infty^3$ 。由式（5－32）可知

$$\dot{V}\leqslant-\sum_{i=1}^{n}(K_{si}-\upsilon)\|\boldsymbol{s}_i\| \tag{5-34}$$

对上式两端同时积分，得

$$\int_0^t\sum_{i=1}^{n}(K_{si}-\upsilon)\|\boldsymbol{s}_i\|\mathrm{d}x\leqslant V(0)-V(t) \tag{5-35}$$

由于 V 是有界的，计算上式极限可知，$\boldsymbol{s}_i\in L_1^3$ ，因此根据引理2－2，$\lim\limits_{t\to\infty}\boldsymbol{s}_i\to 0$ ，于是 $\lim\limits_{t\to\infty}(\boldsymbol{q}_{ei},\boldsymbol{\omega}_i)\to 0$ ，再根据式（5－3）可知矩阵 $\boldsymbol{A}$ 为 Hurwitz 矩阵，因此，当 $\lim\limits_{t\to\infty}\boldsymbol{\omega}_i\to 0$ 时，有 $\lim\limits_{t\to\infty}\boldsymbol{\zeta}_i\to 0$ 。

注5－2　从控制器式（5－4）和控制器式（5－26）的形式可以看出，所设计的控制器结构清晰简洁。控制器的设计理论均是基于行为方式协同理论，因此包含绝对运动控制 $\boldsymbol{u}_i^{sk}$ 和相对运动控制 $\boldsymbol{u}_i^{fk}$ 两部分，并且每一部分都是由 PD 控制或类似 PD 控制的形式构成的。另外需要指出的是，虽然控制器是基于姿态四元数描述的运动学所设计，但采用其他姿态参数描述时，所设计的控制器仍然有效，具体的分析过程这里不再赘述。

注5－3　对于所研究的系统，控制目标 $\lim\limits_{t\to\infty}(\boldsymbol{q}_{ei},\boldsymbol{\omega}_i,\boldsymbol{\zeta}_i)\to 0$ 能够由所提出的控制器实现，如果控制参数 ρ , K_{pi} 和 K_{di} 选择合适并且满足 $K_{si}>\upsilon$, $K_{ij}^{\ i}>\beta_{ij}$, $4\beta_{ij}(K_{ij}^{\ i}-\beta_{ij})(1-\dot{\tau}_{ij})>(K_{ij}^{\ j})^2$ 。在稳定性分析过程中，选择合适的控制参数 ρ , K_{pi} 和 K_{di} 可以保证矩阵 $\boldsymbol{\Xi}_i$ 的正定性，并且得益于控制参数 ρ，在控制器设计中不仅可以选择足够大的 K_{pi} 和 K_{di} 以保证矩阵 $\boldsymbol{\Xi}_i$ 的正定性，也可以选择足够小的参数 ρ 和适中的控制增益 K_{pi} 和 K_{di} ，这给控制器的实现提供了方便。选择参数 $K_{si}>\upsilon$ 可以使系统对于干扰力矩具有较强的鲁棒性，在这种设定下，编队系统姿态能够在外干扰力矩有界的情况下实现姿态协同。同时在稳定性分析过程中可以看出，选取参数 $K_{ij}^{\ i}>\beta_{ij}$, $4\beta_{ij}(K_{ij}^{\ i}-\beta_{ij})(1-\dot{\tau}_{ij})>(K_{ij}^{\ j})^2$ ，能够保证控制器在星间通信存在延迟情况下的有效性，且对于任意权重系数 $K_{ij}^{\ i}>\beta_{ij}$ ，由于 $(1-\dot{\tau}_{ij})>0$ ，因此满足上述不等式的合适系数 $K_{ij}^{\ i}$ 能够找到。此外，即使通信延迟的变化率 $\dot{\tau}_{ij}$ 在有限的时间段内出现 $\dot{\tau}_{ij}>1$ 的情况，系统仍然能够实现姿态协同，因为不等式 $4\beta_{ij}(K_{ij}^{\ i}-\beta_{ij})(1-\dot{\tau}_{ij})>$

$(K_{ij}^{j})^2$ 将会在 $\dot{\tau}_{ij} > 1$ 的时间段后成立，$\dot{V}$ 届时也会为半负定或负定的，进而控制目标 $\lim\limits_{t\to\infty}(\boldsymbol{q}_{ei},\boldsymbol{\omega}_i,\boldsymbol{\zeta}_i)\to 0$ 能够得以实现。

注5－4 在控制器式（5－26）中，由于符号函数的使用使得系统具有较强的鲁棒性。特别地，可以将系统方程式（5－2）写成下面的形式

$$\boldsymbol{J}^*\dot{\boldsymbol{\omega}} = -\boldsymbol{\omega}^\times(\boldsymbol{J}^*\boldsymbol{\omega}+\boldsymbol{H}\boldsymbol{\zeta})+\boldsymbol{L}\boldsymbol{\zeta}-\boldsymbol{M}\boldsymbol{\omega}+\boldsymbol{u}+\tilde{\boldsymbol{d}} \tag{5-36}$$

其中，$\tilde{\boldsymbol{d}}$ 表示广义干扰，由外界干扰力矩和模型参数不确定性等干扰变量构成。当外界干扰力矩有界并且挠性航天器的中心刚体存在有界的模型参数不确定性时，广义干扰 $\tilde{\boldsymbol{d}}$ 是有界的，这时可以选择控制参数 $K_{si} > \max(\tilde{\boldsymbol{d}})$，使得控制器具有较强的鲁棒性，并在干扰力矩及模型参数不确定性都存在的情况下实现挠性航天器编队的姿态协同。符号函数的使用也不利于系统稳定，当系统状态到达平衡点附近时，符号函数会使控制器结构快速切换进而导致控制信号的"抖颤"问题。为解决这个问题，可以通过式（5－37）所示的饱和函数或双曲正切函数代替符号函数

$$\mathrm{sgn}(x)\to\mathrm{sat}(x)=\begin{cases}1, & x>\mu\\ x/\mu, & |x|\leqslant\mu\\ -1, & x<-\mu\end{cases} \tag{5-37}$$

$$\text{或 } \mathrm{sgn}(x)\to\tanh\left(\frac{x}{\mu}\right)$$

注5－5 除上述的边界层方法外，也可以对符号函数项进行改进，得到如下所示的控制器

$$\boldsymbol{u}_i = -K_{pi}\boldsymbol{q}_{ei}-K_{di}\boldsymbol{\omega}_i-K_{si}\mathrm{cont}(\boldsymbol{s}_i)-\sum_{j=1}^{n}[K_{ij}^{i}\boldsymbol{s}_i-K_{ij}^{j}\boldsymbol{s}_j(t-\tau_{ij})] \tag{5-38}$$

其中

$$\mathrm{cont}(\boldsymbol{s}_i)=\frac{\boldsymbol{s}_i}{|\boldsymbol{s}_i|+\boldsymbol{\psi}_i} \tag{5-39}$$

并且 $\boldsymbol{\psi}_i$ 满足 $(\boldsymbol{\psi}_i)_k > 0$，$k = 1,2,3$ 和

$$\int_0^\infty\left(\sum_{k=1}^{3}K_{si}(\boldsymbol{\psi}_i)_k\right)\mathrm{d}t = M < +\infty \tag{5-40}$$

其中，M 为一个正的常数。仍然考虑 Lyapunov 函数（5－27），经过与定理 5－2 相同的分析过程，有

$$\begin{aligned}\dot{V} &\leqslant -\sum_{i=1}^{n}\left(\alpha_{\min}(\boldsymbol{\Xi}_i)\boldsymbol{\xi}_i^{\mathrm{T}}\boldsymbol{\xi}_i+\boldsymbol{s}_i^{\mathrm{T}}K_{si}\frac{\boldsymbol{s}_i}{|\boldsymbol{s}_i|+\boldsymbol{\psi}_i}-\boldsymbol{s}_i^{\mathrm{T}}\boldsymbol{d}_i\right)\\ &\leqslant -\sum_{i=1}^{n}\left(\alpha_{\min}(\boldsymbol{\Xi}_i)\boldsymbol{\xi}_i^{\mathrm{T}}\boldsymbol{\xi}_i+(K_{si}-\upsilon)|\boldsymbol{s}_i|-\frac{K_{si}|\boldsymbol{s}_i|^{\mathrm{T}}\boldsymbol{\psi}_i}{|\boldsymbol{s}_i|+\boldsymbol{\psi}_i}\right)\\ &\leqslant -\sum_{i=1}^{n}\left(\alpha_{\min}(\boldsymbol{\Xi}_i)\boldsymbol{\xi}_i^{\mathrm{T}}\boldsymbol{\xi}_i+(K_{si}-\upsilon)|\boldsymbol{s}_i|-K_{si}\boldsymbol{\psi}_i\right)\end{aligned} \tag{5-41}$$

式（5－41）可以进一步写成下面两个不等式

$$\dot{V}\leqslant -\sum_{i=1}^{n}\left[(K_{si}-\upsilon)|\boldsymbol{s}_i|-K_{si}\boldsymbol{\psi}_i\right] \tag{5-42}$$

$$\dot{V}\leqslant \sum_{i=1}^{n}K_{si}\boldsymbol{\psi}_i \tag{5-43}$$

根据式（5－40）可知 Lyapunov 函数 V 是有界的，对式（5－42）两端同时积分可知 $\boldsymbol{s}_i\in L_{\infty}^{3}$ 。因此，根据引理 2－2，控制目标 $\lim\limits_{t\to\infty}(\boldsymbol{q}_{ei},\boldsymbol{\omega}_i,\boldsymbol{\zeta}_i)\to 0$ ，编队系统姿态协同得以实现。

上面分析了外界期望参考姿态是常值的情况，当其为一般的时变信号时，形式如同控制器（5－26）也能够实现挠性航天器编队的姿态协同。考虑带有广义干扰的挠性航天器动力学模型（5－36），当期望姿态为时变信号时，可将其写成如下形式

$$\begin{aligned}\boldsymbol{J}_0^{*}\boldsymbol{\omega}_e &= -\boldsymbol{\omega}_e^{\times}(\boldsymbol{J}_0^{*}\boldsymbol{\omega}_e)-\boldsymbol{\omega}_e^{\times}(\boldsymbol{J}_0^{*}\boldsymbol{C}_{bd}\boldsymbol{\omega}_d)-(\boldsymbol{C}_{bd}\boldsymbol{\omega}_d)^{\times}(\boldsymbol{J}_0^{*}\boldsymbol{\omega}_e)\\ &-\boldsymbol{\omega}_e^{\times}(\boldsymbol{H}\zeta)-\boldsymbol{M}\boldsymbol{\omega}_e+\boldsymbol{J}_0^{*}\boldsymbol{\omega}_e^{\times}\boldsymbol{C}_{bd}\boldsymbol{\omega}_d-(\boldsymbol{C}_{bd}\boldsymbol{\omega}_d)^{\times}(\boldsymbol{J}_0^{*}\boldsymbol{C}_{bd}\boldsymbol{\omega}_d)\\ &-(\boldsymbol{C}_{bd}\boldsymbol{\omega}_d)\times(\boldsymbol{H}\zeta)+\boldsymbol{L}\zeta-\boldsymbol{M}\boldsymbol{C}_{bd}\boldsymbol{\omega}_d-\boldsymbol{J}_0^{*}\boldsymbol{C}_{bd}\dot{\boldsymbol{\omega}}_d+\boldsymbol{u}+\tilde{\boldsymbol{d}}\end{aligned} \tag{5-44}$$

控制器如下式所示

$$\begin{aligned}\boldsymbol{u}_i &= \boldsymbol{u}_i^{sk}+\boldsymbol{u}_i^{fk}\\ &= -K_{pi}\boldsymbol{q}_{ei}-K_{di}\boldsymbol{\omega}_{ei}-K_{si}\mathrm{sgn}(\boldsymbol{s}_i)-\sum_{j=1}^{n}\left(K_{ij}^{i}\boldsymbol{s}_i-K_{ij}^{j}\boldsymbol{s}_j(t-\tau_{ij})\right)\end{aligned} \tag{5-45}$$

其中，$\boldsymbol{s}_i=\boldsymbol{\omega}_{ei}+\rho\boldsymbol{q}_{ei}$ ，其他参数定义与控制器式（5－26）的相同。

定理 5－3　针对由式（5－1）、式（5－44）和式（5－3）所描述的动力学系统，如果期望参考角速度及角加速度 $\boldsymbol{\omega}_d$ 和 $\dot{\boldsymbol{\omega}}_d$ 是有界的，那么控制器（5－45）能够解决编队系统的姿态协同控制问题。

证明　首先考虑 Lyapunov 函数如下

$$
\begin{aligned}
V &= \sum_{i=1}^{n} V_i + \sum_{i=1}^{n}\sum_{j=1}^{n} V_{\beta ij} \\
&= \sum_{i=1}^{n}\left[2(K_{pi}+\rho\cdot K_{di})(1-q_{0ei}) + \frac{1}{2}\zeta_i^{\mathrm{T}}\boldsymbol{P}_i\zeta_i + \frac{1}{2}\boldsymbol{\omega}_{ei}^{\mathrm{T}}\boldsymbol{J}_{0i}^{*}\boldsymbol{\omega}_{ei} + \rho\,\boldsymbol{q}_{ei}^{\mathrm{T}}\boldsymbol{J}_{0i}^{*}\boldsymbol{\omega}_{ei}\right] \\
&\quad + \sum_{i=1}^{n}\sum_{j=1}^{n}\int_{t-\tau_{ij}}^{t}\beta_{ij}\boldsymbol{s}_i^{\mathrm{T}}\boldsymbol{s}_i\mathrm{d}x
\end{aligned}
\tag{5-46}
$$

可以看出 $V_\beta \geqslant 0$ 且 V_i 满足下面不等式

$$
\frac{1}{2}\alpha_{\min}(\boldsymbol{\Theta}_{i1})\|\xi_i\|^2 \leqslant V_i \leqslant \frac{1}{2}\alpha_{\max}(\boldsymbol{\Theta}_{i2})\|\xi_i\|^2 \tag{5-47}
$$

其中

$$
\xi_i = [\|\boldsymbol{q}_{ei}\|, \|\boldsymbol{\omega}_{ei}\|, \|\zeta_i\|]^{\mathrm{T}} \tag{5-48}
$$

$$
\boldsymbol{\Theta}_{i1} = \begin{bmatrix} 2(K_{pi}+\rho\cdot K_{di}) & -\rho\alpha_{\max}(\boldsymbol{J}_{0i}^{*}) & 0 \\ -\rho\alpha_{\max}(\boldsymbol{J}_{0i}^{*}) & \alpha_{\min}(\boldsymbol{J}_{0i}^{*}) & 0 \\ 0 & 0 & \alpha_{\min}(\boldsymbol{P}_i) \end{bmatrix} \tag{5-49}
$$

$$
\boldsymbol{\Theta}_{i2} = \begin{bmatrix} 4(K_{pi}+\rho\cdot K_{di}) & \rho\alpha_{\max}(\boldsymbol{J}_{0i}^{*}) & 0 \\ \rho\alpha_{\max}(\boldsymbol{J}_{0i}^{*}) & \alpha_{\max}(\boldsymbol{J}_{0i}^{*}) & 0 \\ 0 & 0 & \alpha_{\max}(\boldsymbol{P}_i) \end{bmatrix} \tag{5-50}
$$

由定理2－1可知，可以选择合适的参数ρ，K_{pi} 和 K_{di} 以保证矩阵 $\boldsymbol{\Theta}_{i1}$ 和 $\boldsymbol{\Theta}_{i2}$ 为正定的，进而保证函数 V 是正定的。

计算 V_i 相对时间的一阶导数，有

$$
\begin{aligned}
\dot{V}_i &= 2(K_{pi}+\rho\cdot K_{di})(-\dot{q}_{0ei}) + \boldsymbol{\zeta}_i^{\mathrm{T}}\boldsymbol{P}_i\dot{\boldsymbol{\zeta}}_i + \boldsymbol{\omega}_{ei}^{\mathrm{T}}\boldsymbol{J}_{0i}^{*}\dot{\boldsymbol{\omega}}_{ei} + \rho\,\dot{\boldsymbol{q}}_{ei}^{\mathrm{T}}\boldsymbol{J}_{0i}^{*}\boldsymbol{\omega}_{ei} + \rho\,\boldsymbol{q}_{ei}^{\mathrm{T}}\boldsymbol{J}_{0i}^{*}\dot{\boldsymbol{\omega}}_{ei} \\
&= (K_{pi}+\rho\cdot K_{di})\boldsymbol{q}_{ei}^{\mathrm{T}}\cdot\boldsymbol{\omega}_{ei} + \boldsymbol{\zeta}_i^{\mathrm{T}}(\boldsymbol{P}_i\boldsymbol{A}_i\boldsymbol{\zeta}_i + \boldsymbol{P}_i\boldsymbol{B}_i\boldsymbol{\omega}_{ei} + \boldsymbol{P}_i\boldsymbol{B}_i\boldsymbol{C}_{bd}\boldsymbol{\omega}_d) \\
&\quad + \boldsymbol{\omega}_{ei}^{\mathrm{T}}[-\boldsymbol{\omega}_{ei}^{\times}\boldsymbol{J}_{0i}^{*}\boldsymbol{\omega}_{ei} - \boldsymbol{\omega}_{ei}^{\times}\boldsymbol{J}_{0i}^{*}\boldsymbol{C}_{bd}\boldsymbol{\omega}_d - (\boldsymbol{C}_{bd}\boldsymbol{\omega}_d)^{\times}\boldsymbol{J}_{0i}^{*}\boldsymbol{\omega}_{ei} - \boldsymbol{\omega}_{ei}^{\times}\boldsymbol{H}_i\boldsymbol{\zeta}_i \\
&\quad - \boldsymbol{M}_i\boldsymbol{\omega}_{ei} + \boldsymbol{J}_{0i}^{*}\boldsymbol{\omega}_{ei}^{\times}\boldsymbol{C}_{bd}\boldsymbol{\omega}_d - (\boldsymbol{C}_{bd}\boldsymbol{\omega}_d)^{\times}\boldsymbol{H}_i\boldsymbol{\zeta}_i + \boldsymbol{L}_i\boldsymbol{\zeta}_i - (\boldsymbol{C}_{bd}\boldsymbol{\omega}_d)^{\times}\boldsymbol{J}_{0i}^{*}\boldsymbol{C}_{bd}\boldsymbol{\omega}_d \\
&\quad - \boldsymbol{M}_i\boldsymbol{C}_{bd}\boldsymbol{\omega}_d - \boldsymbol{J}_{0i}^{*}\boldsymbol{C}_{bd}\dot{\boldsymbol{\omega}}_d + \boldsymbol{u}_i + \tilde{\boldsymbol{d}}_i] + \frac{\rho}{2}\boldsymbol{\omega}_{ei}^{\mathrm{T}}(q_{0ei}\boldsymbol{I} - \boldsymbol{q}_{ei}^{\times})\boldsymbol{J}_{0i}^{*}\boldsymbol{\omega}_{ei} \\
&\quad + \rho\,\boldsymbol{q}_{ei}^{\mathrm{T}}[-\boldsymbol{\omega}_{ei}^{\times}\boldsymbol{J}_{0i}^{*}\boldsymbol{\omega}_{ei} - \boldsymbol{\omega}_{ei}^{\times}\boldsymbol{J}_{0i}^{*}\boldsymbol{C}_{bd}\dot{\boldsymbol{\omega}}_d - \boldsymbol{M}_i\boldsymbol{\omega}_{ei} \\
&\quad - (\boldsymbol{C}_{bd}\boldsymbol{\omega}_d)^{\times}\boldsymbol{J}_{0i}^{*}\boldsymbol{\omega}_{ei} - \boldsymbol{\omega}_{ei}^{\times}\boldsymbol{H}_i\zeta_i + \boldsymbol{J}_{0i}^{*}\boldsymbol{\omega}_{ei}^{\times}\boldsymbol{C}_{bd}\boldsymbol{\omega}_d + \boldsymbol{L}_i\zeta_i - (\boldsymbol{C}_{bd}\boldsymbol{\omega}_d)^{\times}\boldsymbol{H}_i\boldsymbol{\zeta}_i \\
&\quad - (\boldsymbol{C}_{bd}\boldsymbol{\omega}_d)^{\times}\boldsymbol{J}_{0i}^{*}\boldsymbol{C}_{bd}\boldsymbol{\omega}_d - \boldsymbol{M}_i\boldsymbol{C}_{bd}\boldsymbol{\omega}_d - \boldsymbol{J}_{0i}^{*}\boldsymbol{C}_{bd}\dot{\boldsymbol{\omega}}_d + \boldsymbol{u}_i + \tilde{\boldsymbol{d}}_i]
\end{aligned}
\tag{5-51}
$$

注意到下式成立

$$\frac{\rho}{2}\boldsymbol{\omega}_{ei}^{\mathrm{T}}(q_{0ei}\boldsymbol{I}-\boldsymbol{q}_{ei}^{\times})\boldsymbol{J}_{0i}^{*}\boldsymbol{\omega}_{ei}-\rho\boldsymbol{q}_{ei}^{\mathrm{T}}\boldsymbol{\omega}_{ei}^{\times}\boldsymbol{J}_{0i}^{*}\boldsymbol{\omega}_{ei}=\frac{\rho}{2}\boldsymbol{\omega}_{ei}^{\mathrm{T}}(q_{0ei}\boldsymbol{I}+\boldsymbol{q}_{ei}^{\times})\boldsymbol{J}_{0i}^{*}\boldsymbol{\omega}_{ei} \tag{5-52}$$

式（5－51）可以进一步推导为

$$\begin{aligned}\dot{V}_i=&(K_{pi}+\rho\cdot K_{di})\boldsymbol{q}_{ei}^{\mathrm{T}}\cdot\boldsymbol{\omega}_{ei}+\boldsymbol{q}_{ei}^{\mathrm{T}}\boldsymbol{Z}_1\boldsymbol{\omega}_{ei}+\boldsymbol{q}_{ei}^{\mathrm{T}}\boldsymbol{Z}_2\boldsymbol{\zeta}_i+\boldsymbol{\omega}_{ei}^{\mathrm{T}}\boldsymbol{Z}_3\boldsymbol{\zeta}_i-\boldsymbol{\omega}_{ei}^{\mathrm{T}}\boldsymbol{Z}_4\boldsymbol{\omega}_{ei}\\&+\frac{1}{2}\rho\boldsymbol{\omega}_{ei}^{\mathrm{T}}(q_{0ei}\boldsymbol{I}+\boldsymbol{q}_{ei}^{\times})\boldsymbol{J}_{0i}^{*}\boldsymbol{\omega}_{ei}+\zeta_i^{\mathrm{T}}\boldsymbol{P}_i\boldsymbol{B}_i\boldsymbol{C}_{bd}\boldsymbol{\omega}_d+\zeta_i^{\mathrm{T}}\boldsymbol{P}_i\boldsymbol{A}_i\zeta_i\\&+(\boldsymbol{\omega}_{ei}+\rho\boldsymbol{q}_{ei})^{\mathrm{T}}(\boldsymbol{u}_i+\boldsymbol{\Sigma}_i)\end{aligned} \tag{5-53}$$

其中

$$\begin{aligned}\boldsymbol{\Sigma}_i&=\tilde{\boldsymbol{d}}_i-\boldsymbol{M}_i\boldsymbol{C}_{bd}\boldsymbol{\omega}_d-\boldsymbol{J}_{0i}^{*}\boldsymbol{C}_{bd}\dot{\boldsymbol{\omega}}_d-(\boldsymbol{C}_{bd}\boldsymbol{\omega}_d)^{\times}\boldsymbol{J}_{0i}^{*}\boldsymbol{C}_{bd}\boldsymbol{\omega}_d\\\boldsymbol{Z}_1&=\rho[(\boldsymbol{J}_{0i}^{*}\boldsymbol{C}_{bd}\boldsymbol{\omega}_d)^{\times}-(\boldsymbol{C}_{bd}\boldsymbol{\omega}_d)^{\times}\boldsymbol{J}_{0i}^{*}-\boldsymbol{M}_i-\boldsymbol{J}_{0i}^{*}(\boldsymbol{C}_{bd}\boldsymbol{\omega}_d)^{\times}]\\\boldsymbol{Z}_2&=\rho[\boldsymbol{L}_i-(\boldsymbol{C}_{bd}\boldsymbol{\omega}_d)^{\times}\boldsymbol{H}_i]\\\boldsymbol{Z}_3&=\boldsymbol{B}_i^{\mathrm{T}}\boldsymbol{P}_i-(\boldsymbol{C}_{bd}\boldsymbol{\omega}_d)^{\times}\boldsymbol{H}_i+\boldsymbol{L}_i+\rho\boldsymbol{q}_{ei}^{\times}\boldsymbol{H}_i\\\boldsymbol{Z}_4&=(\boldsymbol{C}_{bd}\boldsymbol{\omega}_d)^{\times}\boldsymbol{J}_{0i}^{*}+\boldsymbol{M}_i+\boldsymbol{J}_{0i}^{*}(\boldsymbol{C}_{bd}\boldsymbol{\omega}_d)^{\times}\end{aligned} \tag{5-54}$$

将控制器式（5－45）代入式（5－53），有

$$\begin{aligned}\dot{V}_i=&(K_{pi}+\rho\cdot K_{di})\boldsymbol{q}_{ei}^{\mathrm{T}}\cdot\boldsymbol{\omega}_{ei}+\boldsymbol{q}_{ei}^{\mathrm{T}}\boldsymbol{Z}_1\boldsymbol{\omega}_{ei}+\boldsymbol{q}_{ei}^{\mathrm{T}}\boldsymbol{Z}_2\boldsymbol{\zeta}_i+\boldsymbol{\omega}_{ei}^{\mathrm{T}}\boldsymbol{Z}_3\boldsymbol{\zeta}_i-\boldsymbol{\omega}_{ei}^{\mathrm{T}}\boldsymbol{Z}_4\boldsymbol{\omega}_{ei}\\&+\frac{1}{2}\rho\boldsymbol{\omega}_{ei}^{\mathrm{T}}(q_{0ei}\boldsymbol{I}+\boldsymbol{q}_{ei}^{\times})\boldsymbol{J}_{0i}^{*}\boldsymbol{\omega}_{ei}+\boldsymbol{\zeta}_i^{\mathrm{T}}\boldsymbol{P}_i\boldsymbol{B}_i\boldsymbol{C}_{bd}\boldsymbol{\omega}_d+\boldsymbol{\zeta}_i^{\mathrm{T}}\boldsymbol{P}_i\boldsymbol{A}_i\boldsymbol{\zeta}_i\\&-(K_{pi}+\rho\cdot K_{di})\boldsymbol{q}_{ei}^{\mathrm{T}}\cdot\boldsymbol{\omega}_{ei}-\rho K_{pi}\boldsymbol{q}_{ei}^{\mathrm{T}}\boldsymbol{q}_{ei}-K_{di}\boldsymbol{\omega}_{ei}^{\mathrm{T}}\boldsymbol{\omega}_{ei}-\boldsymbol{s}_i^{\mathrm{T}}[K_{si}\mathrm{sgn}(\boldsymbol{s}_i)-\boldsymbol{\Sigma}_i]\\&-\boldsymbol{s}_i^{\mathrm{T}}\sum_{j=1}^{n}[K_{ij}^{i}\boldsymbol{s}_i-K_{ij}^{j}\boldsymbol{s}_j(t-\tau_{ij})]\\=&-\rho K_{pi}\boldsymbol{q}_{ei}^{\mathrm{T}}\boldsymbol{q}_{ei}-K_{di}\boldsymbol{\omega}_{ei}^{\mathrm{T}}\boldsymbol{\omega}_{ei}+\boldsymbol{q}_{ei}^{\mathrm{T}}\boldsymbol{Z}_1\boldsymbol{\omega}_{ei}+\boldsymbol{q}_{ei}^{\mathrm{T}}\boldsymbol{Z}_2\boldsymbol{\zeta}_i+\boldsymbol{\omega}_{ei}^{\mathrm{T}}\boldsymbol{Z}_3\boldsymbol{\zeta}_i-\boldsymbol{\omega}_{ei}^{\mathrm{T}}\boldsymbol{Z}_4\boldsymbol{\omega}_{ei}\\&+\frac{1}{2}\rho\boldsymbol{\omega}_{ei}^{\mathrm{T}}(q_{0ei}\boldsymbol{I}+\boldsymbol{q}_{ei}^{\times})\boldsymbol{J}_{0i}^{*}\boldsymbol{\omega}_{ei}+\boldsymbol{\zeta}_i^{\mathrm{T}}\boldsymbol{P}_i\boldsymbol{B}_i\boldsymbol{C}_{bd}\boldsymbol{\omega}_d+\boldsymbol{\zeta}_i^{\mathrm{T}}\boldsymbol{P}_i\boldsymbol{A}_i\boldsymbol{\zeta}_i\\&-\boldsymbol{s}_i^{\mathrm{T}}[K_{si}\mathrm{sgn}(\boldsymbol{s}_i)-\boldsymbol{\Sigma}_i]-\boldsymbol{s}_i^{\mathrm{T}}\sum_{j=1}^{n}[K_{ij}^{i}\boldsymbol{s}_i-K_{ij}^{j}\boldsymbol{s}_j(t-\tau_{ij})]\end{aligned} \tag{5-55}$$

由此，Lyapunov 函数 V 相对时间的一阶导数为

$$\dot{V} \leqslant \sum_{i=1}^{n} \left\{ -\boldsymbol{\xi}_i^{\mathrm{T}} \boldsymbol{D}_i \boldsymbol{\xi}_i - \sum_{k=1}^{3} [K_{si} - (\Sigma_i)_k] \left| (\boldsymbol{s}_i)_k \right| + \gamma_i \boldsymbol{\xi}_i^{\mathrm{T}} (\boldsymbol{P}_i \boldsymbol{A}_i) \boldsymbol{\xi}_i \right\}$$
$$- \sum_{i=1}^{n} \sum_{j=1}^{n} \left\{ \boldsymbol{\delta}_{ij}^{\mathrm{T}} \boldsymbol{\delta}_{ij} + \left[\beta_{ij}(1 - \dot{\tau}_{ij}) - \frac{(k_j^{\ i})^2}{4(k_i^{\ i} - \beta_{ij})} \right] \boldsymbol{s}_j^{\mathrm{T}}(t - \tau_{ij}) \boldsymbol{s}_j(t - \tau_{ij}) \right\}$$
(5－56)

其中，$\|\boldsymbol{\omega}_r\| \leqslant \gamma$，$\boldsymbol{D}_i = \begin{bmatrix} \boldsymbol{D}_{11} & \boldsymbol{D}_{12} & \boldsymbol{D}_{13} \\ \boldsymbol{D}_{21} & \boldsymbol{D}_{22} & \boldsymbol{D}_{23} \\ \boldsymbol{D}_{31} & \boldsymbol{D}_{32} & \boldsymbol{D}_{33} \end{bmatrix}$，$\boldsymbol{D}_{11} = \rho \cdot K_{pi}$，$\boldsymbol{D}_{12} = \boldsymbol{D}_{21} = -\frac{1}{2}\alpha_{\max}(\boldsymbol{Z}_1)$，$\boldsymbol{D}_{13} = \boldsymbol{D}_{31} = -\frac{1}{2}\alpha_{\max}(\boldsymbol{Z}_2)$，$\boldsymbol{D}_{22} = K_{di} + \alpha_{\min}(\boldsymbol{M}_i) - \frac{1}{2}\rho\alpha_{\max}(\boldsymbol{J}_{0i}^*)$，$\boldsymbol{D}_{33} = \frac{1}{2}\alpha_{\min}(\boldsymbol{Q}_i)$，$\boldsymbol{D}_{23} = \boldsymbol{D}_{32} = -\frac{1}{2}\alpha_{\max}(\boldsymbol{Z}_3)$，

$$\delta = \sqrt{K_{ij}^{\ i} - \beta_{ij}}\, \boldsymbol{s}_i - \frac{K_{ij}^{\ j}}{2\sqrt{K_{ij}^{\ i} - \beta_{ij}}} \boldsymbol{s}_j(t - \tau_{ij}) \tag{5－57}$$

如果$4\beta_{ij}(K_{ij}^{\ i} - \beta_{ij})(1 - \dot{\tau}_{ij}) > (K_{ij}^{\ j})^2$，并且$(K_{ij}^{\ i} - \beta_{ij}) > 0$，那么

$$\dot{V} \leqslant \sum_{i=1}^{n} \left\{ -\boldsymbol{\xi}_i^{\mathrm{T}} \boldsymbol{D}_i \boldsymbol{\xi}_i - \sum_{k=1}^{3} [K_{si} - (\Sigma_i)_k] \left| (\boldsymbol{s}_i)_k \right| + \gamma_i \boldsymbol{\xi}_i^{\mathrm{T}} (\boldsymbol{P}_i \boldsymbol{A}_i) \boldsymbol{\xi}_i \right\}$$
(5－58)

根据定理2－1可知，存在合适的参数ρ，K_{pi}和K_{di}使得矩阵$\boldsymbol{D}$正定，并且由于期望角速度和角加速度均是有界的，因此可以选择合适的参数K_{si}使得$[K_{si} - (\Sigma_i)_k] > 0$。这时式（5－58）可以进一步推导为

$$\begin{aligned}
\dot{V} &\leqslant \sum_{i=1}^{n} [-\boldsymbol{D}_i \|\boldsymbol{\xi}_i\|^2 + \gamma_i \alpha_{\max}(\boldsymbol{P}_i \boldsymbol{A}_i) \|\boldsymbol{\xi}_i\|] \\
&\leqslant \sum_{i=1}^{n} [-\alpha_{\min}(\boldsymbol{D}_i) \|\boldsymbol{\xi}_i\|^2 + \gamma_i \alpha_{\max}(\boldsymbol{P}_i \boldsymbol{A}_i) \|\boldsymbol{\xi}_i\|] \\
&\leqslant \sum_{i=1}^{n} [-(1 - v_i)\alpha_{\min}(\boldsymbol{D}_i) \|\boldsymbol{\xi}_i\|^2 - v_i \alpha_{\min}(\boldsymbol{D}_i) \|\boldsymbol{\xi}_i\|^2 + \gamma_i \alpha_{\max}(\boldsymbol{P}_i \boldsymbol{A}_i) \|\boldsymbol{\xi}_i\|] \\
&\leqslant \sum_{i=1}^{n} \left[-(1 - v_i)\alpha_{\min}(\boldsymbol{D}_i) \|\boldsymbol{\xi}_i\|^2 - v_i \alpha_{\min}(\boldsymbol{D}_i) \|\boldsymbol{\xi}_i\| \left(\|\boldsymbol{\xi}_i\| - \frac{\gamma_i \alpha_{\max}(\boldsymbol{P}_i \boldsymbol{A}_i)}{v_i \alpha_{\min}(\boldsymbol{D}_i)} \right) \right]
\end{aligned}$$
(5－59)

当$\|\boldsymbol{\xi}_i\| \geqslant \frac{\gamma_i \alpha_{\max}(\boldsymbol{P}_i \boldsymbol{A}_i)}{v_i \alpha_{\min}(\boldsymbol{D}_i)}$时，有$\dot{V} \leqslant \sum_{i=1}^{n} [-(1 - v_i)\alpha_{\min}(\boldsymbol{D}_i) \|\boldsymbol{\xi}_i\|^2]$，由此

可知

$$\|\boldsymbol{\xi}_i\| \leqslant \sqrt{\frac{\alpha_{\max}(\boldsymbol{\Theta}_{i2})}{\alpha_{\min}(\boldsymbol{\Theta}_{i1})}} \cdot \frac{\gamma_i \alpha_{\max}(\boldsymbol{P}_i \boldsymbol{A}_i)}{v_i \alpha_{\min}(\boldsymbol{D}_i)} \tag{5-60}$$

因此，$\boldsymbol{\xi}_i = [\|\boldsymbol{q}_{ei}\|, \|\boldsymbol{\omega}_{ei}\|, \|\boldsymbol{\zeta}_i\|]^{\mathrm{T}}$ 是终值有界的。

基于上面的结果，接下来考虑 Lyapunov 函数

$$\begin{aligned}\hat{V} &= \sum_{i=1}^{n} \hat{V}_i + V_\beta \\ &= 2(K_{pi} + \rho K_{di})(1 - q_{0ei}) + \frac{1}{2}\boldsymbol{\omega}_{ei}^{\mathrm{T}} \boldsymbol{J}_{0i}^{*} \boldsymbol{\omega}_{ei} + \rho\, \boldsymbol{q}_{ei}^{\mathrm{T}} \boldsymbol{J}_{0i}^{*} \boldsymbol{\omega}_{ei} \\ &\quad + \sum_{i=1}^{n}\sum_{j=1}^{n}\int_{t-\tau_{ij}}^{t} \beta_{ij}\, \boldsymbol{s}_i^{\mathrm{T}} \boldsymbol{s}_i \mathrm{d}x \end{aligned} \tag{5-61}$$

计算 $\hat{V}$ 相对时间的一阶导数，有

$$\begin{aligned}\dot{\hat{V}} &= 2(K_{pi} + \rho K_{di})(-\dot{q}_{0ei}) + \boldsymbol{\omega}_{ei}^{\mathrm{T}} \boldsymbol{J}_{0i}^{*} \dot{\boldsymbol{\omega}}_{ei} + \rho\, \dot{\boldsymbol{q}}_{ei}^{\mathrm{T}} \boldsymbol{J}_{0i}^{*} \boldsymbol{\omega}_{ei} + \rho\, \boldsymbol{q}_{ei}^{\mathrm{T}} \boldsymbol{J}_{0i}^{*} \dot{\boldsymbol{\omega}}_{ei} \\ &= (K_{pi} + \rho K_{di}) \boldsymbol{q}_{ei}^{\mathrm{T}} \cdot \boldsymbol{\omega}_{ei} + \boldsymbol{\omega}_{ei}^{\mathrm{T}}[-\boldsymbol{\omega}_{ei}^{\times} \boldsymbol{J}_{0i}^{*} \boldsymbol{\omega}_{ei} - \boldsymbol{\omega}_{ei}^{\times} \boldsymbol{J}_{0i}^{*} \boldsymbol{C}_{bd} \boldsymbol{\omega}_d - \boldsymbol{\omega}_{ei}^{\times} \boldsymbol{H}_i \boldsymbol{\zeta}_i \\ &\quad - \boldsymbol{M}_i \boldsymbol{\omega}_{ei} - (\boldsymbol{C}_{bd} \boldsymbol{\omega}_d)^{\times} \boldsymbol{J}_{0i}^{*} \boldsymbol{\omega}_{ei} + \boldsymbol{J}_{0i}^{*} \boldsymbol{\omega}_{ei}^{\times} \boldsymbol{C}_{bd} \boldsymbol{\omega}_d - (\boldsymbol{C}_{bd} \boldsymbol{\omega}_d)^{\times} \boldsymbol{H}_i \boldsymbol{\zeta}_i + \boldsymbol{L}_i \boldsymbol{\zeta}_i \\ &\quad - (\boldsymbol{C}_{bd} \boldsymbol{\omega}_d)^{\times} \boldsymbol{J}_{0i}^{*} \boldsymbol{C}_{bd} \boldsymbol{\omega}_d - \boldsymbol{M}_i \boldsymbol{C}_{bd} \boldsymbol{\omega}_d - \boldsymbol{J}_{0i}^{*} \boldsymbol{C}_{bd} \dot{\boldsymbol{\omega}}_d + \boldsymbol{u}_i + \tilde{\boldsymbol{d}}_i] \\ &\quad + \rho\, \boldsymbol{q}_{ei}^{\mathrm{T}}[(\boldsymbol{J}_{0i}^{*} \boldsymbol{C}_{bd} \boldsymbol{\omega}_d)^{\times} \boldsymbol{\omega}_{ei} - (\boldsymbol{C}_{bd} \boldsymbol{\omega}_d)^{\times} \boldsymbol{J}_{0i}^{*} \boldsymbol{\omega}_{ei} - \boldsymbol{M}_i \boldsymbol{\omega}_e - \boldsymbol{J}_{0i}^{*} (\boldsymbol{C}_{bd} \boldsymbol{\omega}_d)^{\times} \boldsymbol{\omega}_{ei} \\ &\quad + \boldsymbol{L}_i \zeta_i - (\boldsymbol{C}_{bd} \boldsymbol{\omega}_d)^{\times} \boldsymbol{H}_i \zeta_i - \boldsymbol{\omega}_{ei}^{\times} \boldsymbol{H}_i \zeta_i + \hat{\boldsymbol{d}}_i - \boldsymbol{M}_i \boldsymbol{C}_{bd} \boldsymbol{\omega}_d - \boldsymbol{J}_{0i}^{*} \boldsymbol{C}_{bd} \dot{\boldsymbol{\omega}}_d \\ &\quad - (\boldsymbol{C}_{bd} \boldsymbol{\omega}_d)^{\times} \boldsymbol{J}_{0i}^{*} \boldsymbol{C}_{bd} \boldsymbol{\omega}_d - \boldsymbol{\omega}_{ei}^{\times} \boldsymbol{J}_{0i}^{*} \boldsymbol{\omega}_{ei} + \boldsymbol{u}_i] + \frac{\rho}{2} \boldsymbol{\omega}_{ei}^{\mathrm{T}} (q_{0ei} \boldsymbol{I} - \boldsymbol{q}_{ei}^{\times}) \boldsymbol{J}_{0i}^{*} \boldsymbol{\omega}_{ei} \end{aligned} \tag{5-62}$$

定义下列符号

$$\begin{aligned}\boldsymbol{Z}_5 &= \rho[(\boldsymbol{J}_{0i}^{*} \boldsymbol{C}_{bd} \boldsymbol{\omega}_d)^{\times} - (\boldsymbol{C}_{bd} \boldsymbol{\omega}_d)^{\times} \boldsymbol{J}_{0i}^{*} - \boldsymbol{M}_i - \boldsymbol{J}_{0i}^{*} (\boldsymbol{C}_{bd} \boldsymbol{\omega}_d)^{\times} + \boldsymbol{H}_i \boldsymbol{\zeta}_i^{\times}] \\ \boldsymbol{Z}_6 &= -[\boldsymbol{C}_{bd} \boldsymbol{\omega}_d]^{\times} \boldsymbol{H}_i \zeta_i + \boldsymbol{L}_i \zeta_i - \boldsymbol{M}_i \boldsymbol{C}_{bd} \boldsymbol{\omega}_d - [\boldsymbol{C}_{bd} \boldsymbol{\omega}_d]^{\times} \boldsymbol{J}_{0i}^{*} \boldsymbol{C}_{bd} \boldsymbol{\omega}_d \\ &\quad - \boldsymbol{J}_{0i}^{*} \boldsymbol{C}_{bd} \dot{\boldsymbol{\omega}}_d + \tilde{\boldsymbol{d}}_i \end{aligned} \tag{5-63}$$

可将式（5-62）整理为

$$
\begin{aligned}
\dot{\hat{V}} = & (K_{pi}+\rho K_{di})\boldsymbol{q}_{ei}^{\mathrm{T}}\cdot\boldsymbol{\omega}_{ei}+(\boldsymbol{\omega}_{ei}^{\mathrm{T}}+\rho\boldsymbol{q}_{ei}^{\mathrm{T}})[\boldsymbol{u}_i-(\boldsymbol{C}_{bd}\boldsymbol{\omega}_d)^{\times}\boldsymbol{H}_i\boldsymbol{\zeta}_i+\boldsymbol{L}_i\boldsymbol{\zeta}_i-\boldsymbol{M}_i\boldsymbol{C}_{bd}\boldsymbol{\omega}_d \\
& -(\boldsymbol{C}_{bd}\boldsymbol{\omega}_d)^{\times}\boldsymbol{J}_{0i}^{*}\boldsymbol{C}_{bd}\boldsymbol{\omega}_d-\boldsymbol{J}_0^{*}\boldsymbol{C}_{bd}\dot{\boldsymbol{\omega}}_d+\tilde{\boldsymbol{d}}_i]+\frac{\rho}{2}\boldsymbol{\omega}_{ei}^{\mathrm{T}}(q_{0ei}\boldsymbol{I}+\boldsymbol{q}_{ei}^{\times})\boldsymbol{J}_{0i}^{*}\boldsymbol{\omega}_{ei} \\
& -\boldsymbol{\omega}_{ei}^{\mathrm{T}}[(\boldsymbol{C}_{bd}\boldsymbol{\omega}_d)^{\times}\boldsymbol{J}_{0i}^{*}+\boldsymbol{M}_i+\boldsymbol{J}_{0i}^{*}(\boldsymbol{C}_{bd}\boldsymbol{\omega}_d)^{\times}]\boldsymbol{\omega}_{ei}+\rho\boldsymbol{q}_{ei}^{\mathrm{T}}[(\boldsymbol{J}_{0i}^{*}\boldsymbol{C}_{bd}\boldsymbol{\omega}_d)^{\times} \\
& -(\boldsymbol{C}_{bd}\boldsymbol{\omega}_d)^{\times}\boldsymbol{J}_{0i}^{*}-\boldsymbol{M}_i-\boldsymbol{J}_{0i}^{*}(\boldsymbol{C}_{bd}\boldsymbol{\omega}_d)^{\times}+\boldsymbol{H}_i\boldsymbol{\zeta}_i^{\times}]\boldsymbol{\omega}_{ei} \\
= & (K_{pi}+\rho K_{di})\boldsymbol{q}_{ei}^{\mathrm{T}}\cdot\boldsymbol{\omega}_{ei}+(\boldsymbol{\omega}_{ei}^{\mathrm{T}}+\rho\boldsymbol{q}_{ei}^{\mathrm{T}})(\boldsymbol{u}_i-\boldsymbol{Z}_6)-\boldsymbol{\omega}_{ei}^{\mathrm{T}}\boldsymbol{Z}_4\boldsymbol{\omega}_{ei} \\
& +\frac{\rho}{2}\boldsymbol{\omega}_{ei}^{\mathrm{T}}(q_{0ei}\boldsymbol{I}+\boldsymbol{q}_{ei}^{\times})\boldsymbol{J}_{0i}^{*}\boldsymbol{\omega}_{ei}+\rho\boldsymbol{q}_{ei}^{\mathrm{T}}\boldsymbol{Z}_5\boldsymbol{\omega}_{ei}
\end{aligned} \tag{5-64}
$$

将控制器代入上式并计算 $\hat{V}$ 相对时间的一阶导数，有

$$
\begin{aligned}
\dot{\hat{V}} = & \sum_{i=1}^{n}\Big\{(K_{pi}+\rho K_{di})\boldsymbol{q}_{ei}^{\mathrm{T}}\cdot\boldsymbol{\omega}_{ei}-\rho K_{pi}\boldsymbol{q}_{ei}^{\mathrm{T}}\boldsymbol{q}_{ei} \\
& -K_{di}\boldsymbol{\omega}_{ei}^{\mathrm{T}}\boldsymbol{\omega}_{ei}-\boldsymbol{s}_i^{\mathrm{T}}[K_{si}\mathrm{sgn}(\boldsymbol{s}_i)-\boldsymbol{Z}_6]+\frac{\rho}{2}\boldsymbol{\omega}_{ei}^{\mathrm{T}}(q_{0ei}\boldsymbol{I}+\boldsymbol{q}_{ei}^{\times})\boldsymbol{J}_{0i}^{*}\boldsymbol{\omega}_{ei} \\
& +\rho\boldsymbol{q}_{ei}^{\mathrm{T}}\boldsymbol{Z}_5\boldsymbol{\omega}_{ei}-\boldsymbol{\omega}_{ei}^{\mathrm{T}}\boldsymbol{Z}_4\boldsymbol{\omega}_{ei}-\boldsymbol{s}_i^{\mathrm{T}}\sum_{j=1}^{n}[K_{ij}^{i}\boldsymbol{s}_i-K_{ij}^{j}\boldsymbol{s}_j(t-\tau_{ij})]\Big\} \\
& +\sum_{i=1}^{n}\sum_{j=1}^{n}\beta_{ij}[\boldsymbol{s}_i^{\mathrm{T}}\boldsymbol{s}_i-\boldsymbol{s}_j^{\mathrm{T}}(t-\tau_{ij})\boldsymbol{s}_j(t-\tau_{ij})] \\
\leqslant & \sum_{i=1}^{n}\Big\{-\rho K_{pi}\|\boldsymbol{q}_{ei}\|^2-K_{di}\|\boldsymbol{\omega}_{ei}\|^2-\alpha_{\min}(\boldsymbol{Z}_4)\|\boldsymbol{\omega}_{ei}\|^2+\frac{\alpha_{\max}(\boldsymbol{J}_{0i}^{*})\|\boldsymbol{\omega}_{ei}\|^2}{2} \\
& +\alpha_{\max}(\boldsymbol{Z}_5)\|\boldsymbol{q}_{ei}\|^2\|\boldsymbol{\omega}_{ei}\|^2-\sum_{k=1}^{3}[K_{si}-|(\boldsymbol{Z}_6)_k|]|(\boldsymbol{s}_i)_k|\Big\}
\end{aligned} \tag{5-65}
$$

前面已经证明了系统状态 $\boldsymbol{\xi}_i=[\|\boldsymbol{q}_{ei}\|,\|\boldsymbol{\omega}_{ei}\|,\|\boldsymbol{\zeta}_i\|]^{\mathrm{T}}$ 是有界的，因此 $\boldsymbol{Z}_6$ 是有界的，当 $[K_{si}-|(\boldsymbol{Z}_6)_k|]>0$ 时，下式成立

$$
\dot{\hat{V}}\leqslant\sum_{i=1}^{n}\Big\{-\hat{\boldsymbol{\xi}}_i^{\mathrm{T}}\boldsymbol{\varPi}_i\hat{\boldsymbol{\xi}}_i-\sum_{k=1}^{3}[K_{si}-|(\boldsymbol{Z}_6)_k|]|(\boldsymbol{s}_i)_k|\Big\} \tag{5-66}
$$

其中，$\hat{\boldsymbol{\xi}}_i=(\|\boldsymbol{q}_{ei}\|,\|\boldsymbol{\omega}_{ei}\|)^{\mathrm{T}}$，

$$
\boldsymbol{\varPi}_i=\begin{bmatrix}\rho K_{pi} & -\dfrac{\alpha_{\max}(\boldsymbol{Z}_5)}{2} \\ -\dfrac{\alpha_{\max}(\boldsymbol{Z}_5)}{2} & K_{di}+\alpha_{\min}(\boldsymbol{Z}_4)-\dfrac{\alpha_{\max}(\boldsymbol{J}_{0i}^{*})}{2}\end{bmatrix} \tag{5-67}
$$

因此，只要选择合适的控制参数，使矩阵 Π_i 正定，并且由于 $\boldsymbol{Z}_6$ 有界，则可以选择 $K_{si} > \|\boldsymbol{Z}_6\|$，于是可知 $\dot{V}$ 是负定的，可知当 $t \to \infty$ 时，$\lim_{t\to\infty}(\boldsymbol{q}_{ei},\boldsymbol{\omega}_{ei}) \to 0$ 成立。进一步地，根据式（5－3）可知矩阵 A 为 Hurwitz 矩阵，因此，当 $\lim_{t\to\infty}\boldsymbol{\omega}_i \to 0$ 时，$\lim_{t\to\infty}\boldsymbol{\zeta}_i \to 0$ 。

注 5－6　从前面的分析过程可以看出，所提出的控制器能够在外界参考姿态信息为一般时变信号的情况下实现挠性航天器编队的姿态协同。从控制器的设计中可知，控制器仅利用了姿态信息 $(\boldsymbol{q}_{ei},\boldsymbol{\omega}_{ei})$ ，并没有利用挠性附件的模态信息 $\boldsymbol{\zeta}_i$ 。在证明了姿态信息 $\lim_{t\to\infty}(\boldsymbol{q}_{ei},\boldsymbol{\omega}_{ei}) \to 0$ 后，根据式（5－3）以及矩阵 A 为 Hurwitz 矩阵，进一步推导出 $\lim_{t\to\infty}\boldsymbol{\zeta}_i \to 0$ ，因此所设计的协同控制方法并不能够主动地对挠性附件的振动进行抑制，而只是一种被动控制方法。

5.3　有限时间姿态协同控制方法

5.3.1　问题描述与控制目标

仍然考虑航天器编队是由 n 个带有挠性附件的航天器构成，存在外界期望参考姿态，并假设外界参考姿态信息为常值。为方便分析，采用欧拉角的形式描述航天器的姿态运动，即

$$\dot{\boldsymbol{\vartheta}} = \begin{bmatrix}\dot{\varphi}\\ \dot{\theta}\\ \dot{\psi}\end{bmatrix} = \boldsymbol{M}(\boldsymbol{\vartheta})\cdot\boldsymbol{\omega} = \begin{bmatrix}1 & \tan\theta\sin\varphi & \tan\theta\cos\varphi\\ 0 & \cos\varphi & -\sin\varphi\\ 0 & \sin\varphi\sec\theta & \cos\varphi\sec\theta\end{bmatrix}\begin{bmatrix}\omega_x\\ \omega_y\\ \omega_z\end{bmatrix} \tag{5-68}$$

在不考虑外界干扰与转动惯量不确定性的情况下，结合式（5－68）和式（2－51）将系统方程写成拉格朗日形式，有

$$\boldsymbol{J}^*\ddot{\boldsymbol{\vartheta}}_e + \boldsymbol{C}^*\dot{\boldsymbol{\vartheta}}_e + \boldsymbol{f} = \boldsymbol{K}^{\mathrm{T}}\boldsymbol{u} \tag{5-69}$$

其中，$\boldsymbol{K} = \boldsymbol{M}(\boldsymbol{\vartheta})^{-1}$ ，$\boldsymbol{C}^* = -\boldsymbol{K}^{\mathrm{T}}\boldsymbol{J}\boldsymbol{K}\dot{\boldsymbol{K}}^{-1}\boldsymbol{K} - \boldsymbol{K}^{\mathrm{T}}[\boldsymbol{J}\boldsymbol{K}\dot{\boldsymbol{\vartheta}}_e]^{\times}\boldsymbol{K}$ ，$\boldsymbol{f} = \boldsymbol{K}^{\mathrm{T}}\boldsymbol{\delta}^{\mathrm{T}}\ddot{\boldsymbol{\eta}} + \boldsymbol{K}^{\mathrm{T}}[\boldsymbol{K}\dot{\boldsymbol{\vartheta}}_e]^{\times}\dot{\boldsymbol{\eta}}^{\mathrm{T}}\boldsymbol{\delta}$ ，$\boldsymbol{J}^* = \boldsymbol{K}^{\mathrm{T}}\boldsymbol{J}\boldsymbol{K}$ ，$\boldsymbol{\vartheta} = [\varphi \quad \theta \quad \psi]^{\mathrm{T}}$ 。

基于上述模型，考虑星间通信延迟的影响，那么挠性航天器编队的姿态协同控制问题可以表述为：为编队中的每个航天器设计合适的协同控制律

$\boldsymbol{u}_i$，使得在通信存在延迟的情况下，编队中航天器的姿态能够在有限时间内收敛于期望姿态并保持一定的相对姿态控制精度，即存在有限的时间 T，当 $t \to T$ 时，$\{\boldsymbol{\vartheta}_1 \to \boldsymbol{\vartheta}_2 \to \cdots \to \boldsymbol{\vartheta}_n \to \boldsymbol{\vartheta}_d, \boldsymbol{\omega}_1 \to \boldsymbol{\omega}_2 \to \cdots \to \boldsymbol{\omega}_n \to 0\}$。

5.3.2 有限时间协同控制器设计

为解决上述问题，提出如下的控制器

$$\boldsymbol{u}_i = \boldsymbol{u}_i^{sk} + \boldsymbol{u}_i^{fk} \tag{5-70}$$

其中

$$\boldsymbol{u}_i^{sk} = [(\boldsymbol{J}_i^*)^{-1}\boldsymbol{K}_i^{\mathrm{T}}]^{-1}\Big\{(\boldsymbol{J}_i^*)^{-1}\boldsymbol{C}_i^*\dot{\boldsymbol{\vartheta}}_{ei} - \lambda\frac{\mathrm{d}}{\mathrm{d}t}[\boldsymbol{\Gamma}^{\frac{a}{b}}(\boldsymbol{\vartheta}_{ei})] - \hat{\boldsymbol{J}}_i\boldsymbol{\delta}_i\dot{\boldsymbol{K}}_i\dot{\boldsymbol{\vartheta}}_{ei} - k\mathrm{sgn}(\boldsymbol{s}_i)\Big\} \tag{5-71}$$

为绝对运动控制项；

$$\boldsymbol{u}_i^{fk} = -k_{ij}^{\ i}[(\boldsymbol{J}_i^*)^{-1}\boldsymbol{K}_i^{\mathrm{T}}]^{-1}\sum_{j=1}^{n}\left(\boldsymbol{s}_i - o_{ij}\frac{k_{ij}^{\ j}}{k_{ij}^{\ i}}\boldsymbol{s}_j(\boldsymbol{\tau}_{ij}) + o_{ij}k_i^s\varphi_j\mathrm{sgn}(\boldsymbol{s}_i)\right) \tag{5-72}$$

为相对运动控制项。

其中

$$\boldsymbol{s}_i = \dot{\boldsymbol{\vartheta}}_{ei} + \lambda\boldsymbol{\Gamma}^{\frac{a}{b}}(\boldsymbol{\vartheta}_{ei}),\ \boldsymbol{s}_j(\boldsymbol{\tau}_{ij}) = \dot{\boldsymbol{\vartheta}}_{ej}(\boldsymbol{\tau}_{ij}) + \lambda\boldsymbol{\Gamma}^{\frac{a}{b}}(\boldsymbol{\vartheta}_{ej}(\boldsymbol{\tau}_{ij})) \tag{5-73}$$

为终端滑模平面；$\hat{\boldsymbol{J}}_i = (\boldsymbol{J}_i^*)^{-1}\boldsymbol{K}_i^{\mathrm{T}}\boldsymbol{\delta}_i^{\mathrm{T}}$；控制参数 λ 和 k 均为正的常数；a 与 b 为正的奇数且满足 $b > a$；k_{ij}^i 和 k_{ij}^j 为权重系数；k_i^s 为一个正的常数，且定义 $k_{ij}^{\ s} = k_{ij}^{\ i}\cdot k_i^s$；$o_{ij} = 0,1$ 为一个二进制变量，用以描述 i 成员与 j 成员的连接情况；$\boldsymbol{\varphi}_j$ 定义为

$$\boldsymbol{\varphi}_j = \|\boldsymbol{s}_j(\boldsymbol{\tau}_{ij})\|^{\frac{1}{2}} \tag{5-74}$$

定理 5-4 针对如式（2-52）和式（5-69）所述的编队系统，控制器式（5-70）能够实现挠性航天器编队姿态在有限时间内协同。

证明 考虑如下非负标量函数

$$\begin{aligned} V &= V_f + V_d \\ &= \sum_{i=1}^{n}\frac{1}{2}\boldsymbol{s}_i^{\mathrm{T}}\boldsymbol{s}_i + \sum_{i=1}^{n}\sum_{j=1}^{n}\int_{t-\tau_{ji}}^{t}\beta_{ij}\boldsymbol{s}_i^{\mathrm{T}}\boldsymbol{s}_i\mathrm{d}x \end{aligned} \tag{5-75}$$

计算 V_f 相对时间的一阶导数，有

$$
\begin{aligned}
\dot{V}_f &= \sum_{i=1}^{n} \boldsymbol{s}_i^{\mathrm{T}} \dot{\boldsymbol{s}}_i \\
&= \sum_{i=1}^{n} \boldsymbol{s}_i^{\mathrm{T}} (\boldsymbol{J}_i^*)^{-1} \left[\boldsymbol{J}_i^* \ddot{\boldsymbol{\vartheta}}_{ei} + \lambda \boldsymbol{J}_i^* \frac{\mathrm{d}}{\mathrm{d}t} \boldsymbol{\Gamma}^{\frac{a}{b}} (\boldsymbol{\vartheta}_{ei}) \right] \\
&= \sum_{i=1}^{n} \boldsymbol{s}_i^{\mathrm{T}} \left[(\boldsymbol{J}_i^*)^{-1} \boldsymbol{K}_i^{\mathrm{T}} \boldsymbol{u}_i - (\boldsymbol{J}_i^*)^{-1} \boldsymbol{K}_i^{\mathrm{T}} \boldsymbol{\delta}_i^{\mathrm{T}} \ddot{\boldsymbol{\eta}}_i - (\boldsymbol{J}_i^*)^{-1} \boldsymbol{C}_i^* \dot{\boldsymbol{\vartheta}}_{ei} \right. \\
&\quad \left. - (\boldsymbol{J}_i^*)^{-1} \boldsymbol{K}_i^{\mathrm{T}} \left[\boldsymbol{K}_i \dot{\boldsymbol{\vartheta}}_{ei} \right]^{\times} \boldsymbol{\delta}_i^{\mathrm{T}} \dot{\boldsymbol{\eta}}_i + \lambda \frac{\mathrm{d}}{\mathrm{d}t} \boldsymbol{\Gamma}^{\frac{a}{b}} (\boldsymbol{\vartheta}_{ei}) \right]
\end{aligned}
\tag{5-76}
$$

结合控制器式（5-70），得

$$
\begin{aligned}
\dot{V}_f = \sum_{i=1}^{n} \boldsymbol{s}_i^{\mathrm{T}} \Big\{ & -\hat{\boldsymbol{J}}_i \ddot{\boldsymbol{\eta}}_i - (\boldsymbol{J}_i^*)^{-1} \boldsymbol{K}_i^{\mathrm{T}} (\boldsymbol{K}_i \dot{\boldsymbol{\vartheta}}_{ei})^{\times} \boldsymbol{\delta}_i^{\mathrm{T}} \dot{\boldsymbol{\eta}}_i - \hat{\boldsymbol{J}}_i \boldsymbol{\delta}_i \dot{\boldsymbol{K}}_i \dot{\boldsymbol{\vartheta}}_{ei} - k\,\mathrm{sgn}(\boldsymbol{s}_i) \\
& - k_{ij}^{\,i} \sum_{j=1}^{n} \left[\boldsymbol{s}_i - o_{ij} \frac{k_{ij}^{\,j}}{k_{ij}^{\,i}} \boldsymbol{s}_j(\tau_{ij}) + o_{ij} k_i^s \boldsymbol{\varphi}_j \mathrm{sgn}(\boldsymbol{s}_i) \right] \Big\}
\end{aligned}
\tag{5-77}
$$

再结合式（2-52），有

$$
\begin{aligned}
\dot{V}_f &= \sum_{i=1}^{n} \boldsymbol{s}_i^{\mathrm{T}} \Big\{ -\hat{\boldsymbol{J}}_i \left(-\boldsymbol{\delta}_i^{\mathrm{T}} \dot{\boldsymbol{\omega}}_i - \boldsymbol{C}_i \dot{\boldsymbol{\eta}}_i - \boldsymbol{K}_i \boldsymbol{\eta}_i \right) - (\boldsymbol{J}_i^*)^{-1} \boldsymbol{K}_i^{\mathrm{T}} (\boldsymbol{K}_i \dot{\boldsymbol{\vartheta}}_{ei})^{\times} \boldsymbol{\delta}_i^{\mathrm{T}} \dot{\boldsymbol{\eta}}_i \\
&\quad - \hat{\boldsymbol{J}}_i \boldsymbol{\delta}_i \dot{\boldsymbol{K}}_i \dot{\boldsymbol{\vartheta}}_{ei} - k\,\mathrm{sgn}(\boldsymbol{s}_i) - k_{ij}^{\,i} \sum_{j=1}^{n} \left[\boldsymbol{s}_i - o_{ij} \frac{k_{ij}^{\,j}}{k_{ij}^{\,i}} \boldsymbol{s}_j(\tau_{ij}) + o_{ij} k_i^{\mathrm{s}} \boldsymbol{\varphi}_j \mathrm{sgn}(\boldsymbol{s}_i) \right] \Big\} \\
&= \sum_{i=1}^{n} \boldsymbol{s}_i^{\mathrm{T}} \left\{ \boldsymbol{\Psi}_i - k\,\mathrm{sgn}(\boldsymbol{s}_i) - k_{ij}^{\,i} \sum_{j=1}^{n} \left[\boldsymbol{s}_i - o_{ij} \frac{k_{ij}^{\,j}}{k_{ij}^{\,i}} \boldsymbol{s}_j(\tau_{ij}) + o_{ij} k_i^s \boldsymbol{\varphi}_j \mathrm{sgn}(\boldsymbol{s}_i) \right] \right\}
\end{aligned}
\tag{5-78}
$$

其中，$\boldsymbol{\Psi}_i = \hat{\boldsymbol{J}}_i \boldsymbol{\delta}_i^{\mathrm{T}} \boldsymbol{K}_i \ddot{\boldsymbol{\vartheta}}_{ei} + \hat{\boldsymbol{J}}_i \boldsymbol{K}_i \boldsymbol{\eta}_i$。根据定理 5-3 中的分析可知，$\eta$ 是有界函数，因此，可以假设 $\boldsymbol{\Psi}_i$ 是范数有界的。如果选择系数 k 满足 $k \geqslant |(\boldsymbol{\Psi}_i)_j|$，$j = 1, 2, 3$，那么 V 相对时间的一阶导数如下式所示

$$
\begin{aligned}
\dot{V} &= \dot{V}_f + \dot{V}_d \\
&= \sum_{i=1}^{n} \boldsymbol{s}_i^{\mathrm{T}} \left\{ \boldsymbol{\Psi}_i - k\operatorname{sgn}(\boldsymbol{s}_i) - k_{ij}{}^{i} \sum_{j=1}^{n} \left[\boldsymbol{s}_i - o_{ij} \frac{k_{ij}{}^{j}}{k_{ij}{}^{i}} \boldsymbol{s}_j(\tau_{ij}) + o_{ij} k_i^s \boldsymbol{\varphi}_j \operatorname{sgn}(\boldsymbol{s}_i) \right] \right\} \\
&\quad + \sum_{i=1}^{n} \sum_{j=1}^{n} \beta_{ij} [\boldsymbol{s}_i^{\mathrm{T}} \boldsymbol{s}_i - (1 - \dot{\tau}_{ij}) \boldsymbol{s}_j^{\mathrm{T}}(\tau_{ij}) \boldsymbol{s}_j(\tau_{ij})] \\
&= - \sum_{i=1}^{n} \sum_{m=1}^{3} [k - (\boldsymbol{\Psi}_i)_m] | (\boldsymbol{s}_i)_m | - k_{ij}{}^{i} \sum_{i=1}^{n} \boldsymbol{s}_i^{\mathrm{T}} \sum_{j=1}^{n} [\boldsymbol{s}_i - o_{ij} \frac{k_{ij}{}^{j}}{k_{ij}{}^{i}} \boldsymbol{s}_j(\tau_{ij}) + o_{ij} k_i^s \boldsymbol{\varphi}_j \operatorname{sgn}(\boldsymbol{s}_i)] \\
&\qquad + \sum_{i=1}^{n} \sum_{j=1}^{n} \beta_{ij} [\boldsymbol{s}_i^{\mathrm{T}} \boldsymbol{s}_i - (1 - \dot{\tau}_{ij}) \boldsymbol{s}_j^{\mathrm{T}}(\tau_{ij}) \boldsymbol{s}_j(\tau_{ij})]
\end{aligned} \tag{5-79}
$$

定义符号

$$
\delta_{ij} = \sqrt{k_{ij}{}^{i} - \beta_{ij}}\, \boldsymbol{s}_i - \frac{k_{ij}{}^{j}}{2\sqrt{k_{ij}{}^{i} - \beta_{ij}}} \boldsymbol{s}_j(\tau_{ij}) \tag{5-80}
$$

$$
\chi_{ij} = \beta_{ij}(1 - \dot{\tau}_{ij}) - \frac{(k_{ij}{}^{j})^2}{4(k_{ij}{}^{i} - \beta_{ij})} \tag{5-81}
$$

如果权重系数 k_{ij}^i 和 k_{ij}^j 满足 $k_{ij}{}^{i} > \beta_{ij}$ 且 $4(1 - \dot{\tau}_{ij})(k_{ij}{}^{i} - \beta_{ij})\beta_{ij} \geqslant (k_{ij}{}^{j})^2$，那么式（5－79）可以进一步整理为

$$
\begin{aligned}
\dot{V} &\leqslant - \sum_{i=1}^{n} [(k - \| \boldsymbol{\Psi}_i \|) \| \boldsymbol{s}_i \| + \sum_{j=1}^{n} o_{ij} k_{ij}{}^{s} \varphi_j | (\boldsymbol{s}_i)_k |] \\
&\quad - \sum_{i=1}^{n} \sum_{j=1}^{n} [\delta_{ij}^{\mathrm{T}} \delta_{ij} + \chi_{ij} \boldsymbol{s}_j^{\mathrm{T}}(\tau_{ij}) \boldsymbol{s}_j(\tau_{ij})] \\
&\leqslant - \sum_{i=1}^{n} (k - \| \boldsymbol{\Psi}_i \|) \| \boldsymbol{s}_i \| - \sum_{i=1}^{n} \sum_{j=1}^{n} o_{ij} k_{ij}{}^{s} \varphi_j \| \boldsymbol{s}_i \|
\end{aligned} \tag{5-82}
$$

定义

$$
V_s = \sum_{i=1}^{n} \sum_{j=1}^{n} o_{ij} k_{ij}{}^{s} \varphi_j \| \boldsymbol{s}_i \| \tag{5-83}
$$

可知

$$
\begin{aligned}
\dot{V}_f &\leqslant - \sum_{i=1}^{n} (k - \| \boldsymbol{\Psi}_i \|) \| \boldsymbol{s}_i \| - V_s - \dot{V}_d \\
&= - \sum_{i=1}^{n} (k - \| \boldsymbol{\Psi}_i \|) \| \boldsymbol{s}_i \| - (V_s + \dot{V}_d)
\end{aligned} \tag{5-84}
$$

根据之前的分析可知，相对于扩张向量 $(r_1 = 1, r_2 = 1)$，V_s 是 $\kappa = 3/2$

阶齐次的，而 $\dot{V}_d$ 是 $\kappa = 2$ 次齐次的（推导过程这里不再赘述），因此，$(V_s + \dot{V}_d)$ 是正定的。式（5-84）可以进一步推导为

$$\dot{V}_f \leqslant -\sum_{i=1}^{n}(k - \|\boldsymbol{\Psi}_i\|)\|\boldsymbol{s}_i\| \leqslant -\varepsilon V_f^{\frac{1}{2}} \tag{5-85}$$

对上式两边同时积分可以得出，$V_f \equiv 0$ 能够在有限时间内到达。再根据 V_f 的表达式可知，$\boldsymbol{s}_i \equiv 0$，$i = 1,2,\cdots,n$，能够在有限时间内到达。于是

$$\dot{\boldsymbol{\vartheta}}_{ei} = -\lambda \boldsymbol{\vartheta}_{ei}^{\frac{a}{b}} \tag{5-86}$$

进一步定义标量函数

$$V_1 = \frac{1}{2}\boldsymbol{\vartheta}_{ei}^{\mathrm{T}}\boldsymbol{\vartheta}_{ei} \tag{5-87}$$

计算其一阶导数，得

$$\begin{aligned}\dot{V}_1 &= \boldsymbol{\vartheta}_{ei}^{\mathrm{T}}\dot{\boldsymbol{\vartheta}}_{ei}\\ &= \boldsymbol{\vartheta}_{ei}^{\mathrm{T}}(-\lambda \boldsymbol{\vartheta}_{ei}^{\frac{a}{b}})\\ &\leqslant -2^{\frac{1+\varepsilon}{2}}\lambda V_1^{\frac{1+\varepsilon}{2}}\end{aligned} \tag{5-88}$$

其中，$\varepsilon = \dfrac{a}{b}$。因此，可以得到 $\boldsymbol{\vartheta}_{ei} \equiv 0$ 在有限时间内到达，根据式（5-68）和式（5-86）可知，$\boldsymbol{\vartheta}_{ei}$ 与 $\boldsymbol{\omega}_{ei}$ 均在有限时间内收敛。

注 5-7　可以看出，控制器式（5-70）中采用的滑模平面为传统的终端滑模形式，可以将控制器修改为如下形式

$$\hat{\boldsymbol{u}}_i = \hat{\boldsymbol{u}}_i^{sk} + \hat{\boldsymbol{u}}_i^{fk} \tag{5-89}$$

其中

$$\begin{aligned}\boldsymbol{u}_i^{sk} = {}& [(\boldsymbol{J}_i^*)^{-1}\boldsymbol{K}_i^{\mathrm{T}}]^{-1}\Big\{(\boldsymbol{J}_i^*)^{-1}\boldsymbol{C}_i^*\dot{\boldsymbol{\vartheta}}_{ei} - \lambda\dot{\boldsymbol{\vartheta}}_e - \beta\frac{\mathrm{d}}{\mathrm{d}t}[\boldsymbol{\Gamma}^{\frac{a}{b}}(\boldsymbol{\vartheta}_{ei})]\\ &- \hat{\boldsymbol{J}}_i\boldsymbol{\delta}_i\dot{\boldsymbol{K}}_i\dot{\boldsymbol{\vartheta}}_{ei} - k\mathrm{sgn}(\boldsymbol{s}_i)\Big\}\end{aligned} \tag{5-90}$$

$$\boldsymbol{u}_i^{fk} = -k_{ij}^i[(\boldsymbol{J}_i^*)^{-1}\boldsymbol{K}_i^{\mathrm{T}}]^{-1}\sum_{j=1}^{n}\left[\boldsymbol{s}_i - o_{ij}\frac{k_{ij}^{\ j}}{k_{ij}^{\ i}}\boldsymbol{s}_j(\tau_{ij}) + o_{ij}k_i^s\varphi_j\mathrm{sgn}(\boldsymbol{s}_i)\right] \tag{5-91}$$

并且 $\boldsymbol{s}_i = \dot{\boldsymbol{\vartheta}}_{ei} + \lambda\boldsymbol{\vartheta}_{ei} + \beta\boldsymbol{\Gamma}^{\frac{a}{b}}(\boldsymbol{\vartheta}_{ei})$。这时滑模平面具有快速滑模形式，相比于控制器式（5-70），可通过分别计算系统状态在滑模平面上的收敛时间并对比得知，该控制器收敛速度更快，具体的分析过程这里不再赘述。

5.4 仿真验证及结果分析

本节将对所提出的挠性航天器编队姿态协同控制器的有效性进行数值仿真验证与分析。仿真算例主要针对期望姿态为常值的控制器式（5-26）、期望姿态为时变信号的控制器式（5-45）和有限时间控制器式（5-70）。假设一个挠性航天器编队由四个航天器构成，各航天器的模型参数选取如下

$$\boldsymbol{J}_1^* = \begin{pmatrix} 350 & 3 & 4 \\ 3 & 280 & 10 \\ 4 & 10 & 190 \end{pmatrix} \mathrm{kg \cdot m^2} \quad \boldsymbol{J}_2^* = \begin{pmatrix} 380 & 2 & 4 \\ 2 & 290 & 6 \\ 4 & 6 & 160 \end{pmatrix} \mathrm{kg \cdot m^2}$$

$$\boldsymbol{J}_3^* = \begin{pmatrix} 330 & 5 & 1 \\ 5 & 290 & 8 \\ 1 & 8 & 200 \end{pmatrix} \mathrm{kg \cdot m^2} \quad \boldsymbol{J}_4^* = \begin{pmatrix} 310 & 6 & 7 \\ 6 & 300 & 2 \\ 7 & 2 & 170 \end{pmatrix} \mathrm{kg \cdot m^2}$$

仅考虑挠性附件的前四阶挠性振动模态，各航天器中心刚体与挠性附件的耦合矩阵选择如下（单位为 $\mathrm{kg^{\frac{1}{2}} \cdot m}$）

$$\boldsymbol{\delta}_1 = \begin{pmatrix} 6.45637 & 1.27814 & 2.15629 \\ -1.25619 & 0.91756 & -1.67264 \\ 1.11687 & 2.48901 & -0.83674 \\ 1.23637 & -2.6581 & -1.12503 \end{pmatrix}$$

$$\boldsymbol{\delta}_2 = \begin{pmatrix} 5.43378 & 2.34692 & 1.21417 \\ -1.85037 & 1.05873 & -2.94738 \\ 1.97364 & 2.5721 & -1.26375 \\ 1.57265 & -1.5862 & -2.58364 \end{pmatrix}$$

$$\boldsymbol{\delta}_3 = \begin{pmatrix} 2.57365 & 1.45863 & 0.58364 \\ 0.34867 & -2.4836 & -1.38946 \\ 1.83645 & -1.45836 & 0.93476 \\ 2.49364 & -0.59835 & -1.49271 \end{pmatrix}$$

$$\boldsymbol{\delta}_4 = \begin{pmatrix} 4.28356 & 0.48936 & 1.13764 \\ -0.38364 & 1.23873 & -1.39645 \\ 1.29264 & 1.34927 & -2.38462 \\ -0.8263 & 1.38465 & -1.49236 \end{pmatrix}$$

各挠性附件的固有频率及阻尼系数相同，分别选择为

$$\begin{cases}\omega_{1i}=0.7681,\omega_{2i}=1.1038,\omega_{3i}=1.8733,\omega_{4i}=2.5496\\ \vartheta_{1i}=0.005607,\vartheta_{2i}=0.00862,\vartheta_{3i}=0.01283,\vartheta_{4i}=0.02516\end{cases}\quad i=1,2,3,4$$

编队中各航天器的初始状态参数为

$$\boldsymbol{\zeta}_1(0)=\mathbf{0}_{8\times1};\ \boldsymbol{\omega}_1(0)=(0\quad 0\quad 0)^{\mathrm{T}}\mathrm{rad/s};$$

$$\bar{\boldsymbol{q}}_1(0)=(0.3\quad 0.2\quad 0.3\quad 0.8832)^{\mathrm{T}}$$

$$\boldsymbol{\zeta}_2(0)=\mathbf{0}_{8\times1};\ \boldsymbol{\omega}_2(0)=(0\quad 0\quad 0)^{\mathrm{T}}\mathrm{rad/s};$$

$$\bar{\boldsymbol{q}}_2(0)=(-0.2\quad 0.1\quad -0.1\quad 0.9695)^{\mathrm{T}}$$

$$\boldsymbol{\zeta}_3(0)=\mathbf{0}_{8\times1};\ \boldsymbol{\omega}_3(0)=(0\quad 0\quad 0)^{\mathrm{T}}\mathrm{rad/s};$$

$$\bar{\boldsymbol{q}}_3(0)=(-0.4\quad 0.2\quad -0.1\quad 0.8888)^{\mathrm{T}}$$

$$\boldsymbol{\zeta}_4(0)=\mathbf{0}_{8\times1};\ \boldsymbol{\omega}_4(0)=(0\quad 0\quad 0)^{\mathrm{T}}\mathrm{rad/s};$$

$$\bar{\boldsymbol{q}}_4(0)=(0.3\quad -0.5\quad 0.1\quad 0.8062)^{\mathrm{T}}$$

各航天器间通信延迟选择为如下时变信号的形式

$$T_{12}+0.2=T_{21}=0.9+0.3\sin(t/10)$$

$$T_{13}-0.1=T_{31}=1.5+0.7\sin(t/14)$$

$$T_{14}+0.2=T_{41}=1.2+0.4\sin(t/14)$$

$$T_{23}+0.2=T_{32}=0.6+0.6\sin(t/8)$$

$$T_{24}-0.1=T_{42}=0.8+0.3\sin(t/12)$$

$$T_{34}-0.1=T_{43}=1.2+0.4\sin(t/7)$$

描述成员之间连接情况的二进制变量 o_{ij} 的选择如表 5－1 所示。

表 5－1　星间通信情况

S/C 1	S/C 2	S/C 3	S/C 4
$o^{12}(t)$	$o^{13}(t)=o^{12}(t+1)$	$o^{14}(t)=o^{12}(t+2.8)$	
$o^{21}(t)=o^{12}(t+1.5)$		$o^{23}(t)=o^{12}(t+0.5)$	$o^{24}(t)=o^{12}(t+2.5)$
$o^{31}(t)=o^{12}(t+0.9)$	$o^{32}(t)=o^{12}(t+4.9)$		$o^{34}(t)=o^{12}(t+5.6)$
$o^{41}(t)=o^{12}(t+3.7)$	$o^{42}(t)=o^{12}(t+6)$	$o^{43}(t)=o^{12}(t+5)$	

其中，$o_{12}(t)=\begin{cases}1,\mathrm{mod}(t,8)\leqslant 4\\ 0,\mathrm{mod}(t,8)>4\end{cases}$。

在仿真中考虑干扰力矩 $\boldsymbol{d}_i=\boldsymbol{d}_i^c+\boldsymbol{d}_i^v$ ，其中，$\boldsymbol{d}_i^c$ 为干扰力矩中的常值部分，$\boldsymbol{d}_i^v$ 为干扰力矩中的变化部分。每个航天器受到的干扰力矩都不相同，并且选择较大的干扰力矩如下所示

$$\boldsymbol{d}_1^c=(0.12\quad -0.18\quad 0.12)^{\mathrm{T}}\mathrm{N}\cdot\mathrm{m}$$

$$\boldsymbol{d}_2^c=(0.1\quad 0.14\quad -0.17)^{\mathrm{T}}\mathrm{N}\cdot\mathrm{m}$$

$$\boldsymbol{d}_3^c=(-0.13\quad 0.16\quad -0.1)^{\mathrm{T}}\mathrm{N}\cdot\mathrm{m}$$

$$\boldsymbol{d}_4^c=(0.15\quad -0.14\quad -0.13)^{\mathrm{T}}\mathrm{N}\cdot\mathrm{m}$$

$$\boldsymbol{d}_i^v=\frac{1}{5}\left((\boldsymbol{d}_i^c)_1\sin\left(\frac{t}{12}\right)\quad(\boldsymbol{d}_i^c)_2\cos\left(\frac{t}{15}\right)\quad(\boldsymbol{d}_i^c)_3\sin\left(\frac{t}{10}\right)\cos\left(\frac{t}{15}\right)\right)^{\mathrm{T}},$$

$$i=1,2,3,4$$

控制力矩满足 $|(\boldsymbol{u}_i)_k|\leqslant 10\mathrm{N}\cdot\mathrm{m}$，$k=1,2,3$ 。

首先考虑控制器式（5－26）。编队的期望参考姿态为常值，并且期望姿态角速度为0，即 $\bar{\boldsymbol{q}}_d=(0.7\quad -0.5\quad 0.5\quad 0.1)^{\mathrm{T}}$，$\boldsymbol{\omega}_d=(0\quad 0\quad 0)^{\mathrm{T}}$ 。控制参数 $K_{pi}=20$ ，$K_{di}=100$ ，$K_{si}=1.2$ ，权重系数 $K_{ij}^i=22$ 和 $K_{ij}^j=10$ 。为了避免“抖颤”问题，仿真中采用边界层厚度为0.001的饱和函数代替控制器中的符号函数项。仿真结果如图5－1至图5－5所示。图5－1和图5－2分别展示了编队中各航天器的绝对误差四元数和相对误差四元数变化曲线。基于各成员的绝对姿态误差和相对姿态误差，分别给出编队姿态的绝对误差衡量标准 Θ_a 和相对误差衡量标准 Θ_r ，计算方法如下

$$\Theta_a=\sqrt{\frac{1}{n}\sum_{i=1}^{n}\theta_{ei}^2}\tag{5-92}$$

$$\Theta_r=\sqrt{\frac{1}{n(n-1)}\sum_{i=1}^{n}\sum_{j=1}^{n}\theta_{ij}^2}\tag{5-93}$$

其中，$n=4$ 表示编队中航天器的数量；θ_{ei} 是用欧拉角表示的第 i 个航天器的绝对姿态误差；θ_{ij} 是用欧拉角表示的第 i 个成员和第 j 个成员间的相对姿态。Θ_a 和 Θ_r 的变化曲线如图5－3所示。各航天器挠性附件振动模态响应曲线如图5－4所示。图5－5为作用于各航天器上的控制力矩。

从图5－1至图5－3可以看出，在控制器式（5－26）的作用下，编队系统能够实现姿态协同控制，编队中各航天器的绝对姿态误差和相对姿态误差都能够在45 s左右收敛，其精度均优于0.04°，并且可以看出，由于系统是渐进收敛的，控制精度也随时间的推移不断提高。从图5－4可以看出，挠性附件振动较小，并且模态变量随时间逐渐趋近于零。由于采用饱和函数，在系统状态到达零点附近时，控制力矩没有产生“抖颤”的问题，如图

5－5 所示。仿真结果表明，所设计的控制器能够在常值期望状态下实现挠性航天器编队的姿态协同控制。

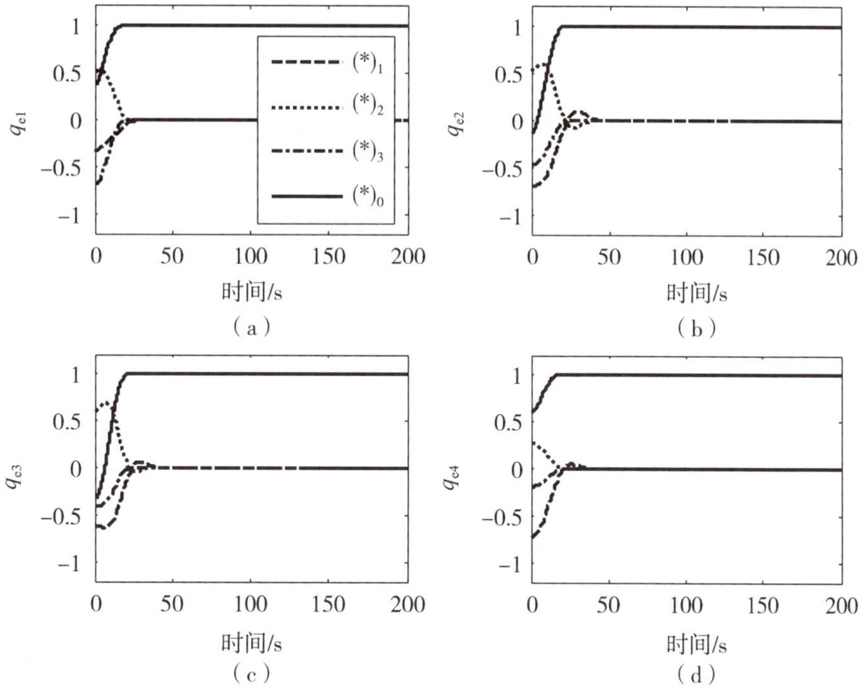

图 5－1　控制器式（5－26）的绝对姿态误差四元数

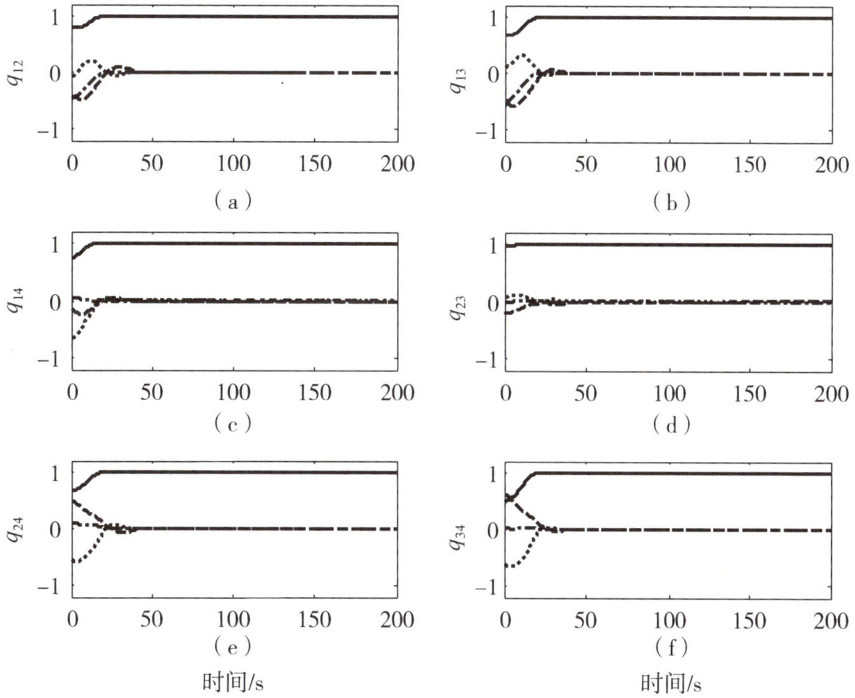

图 5－2　控制器式（5－26）的相对姿态误差四元数

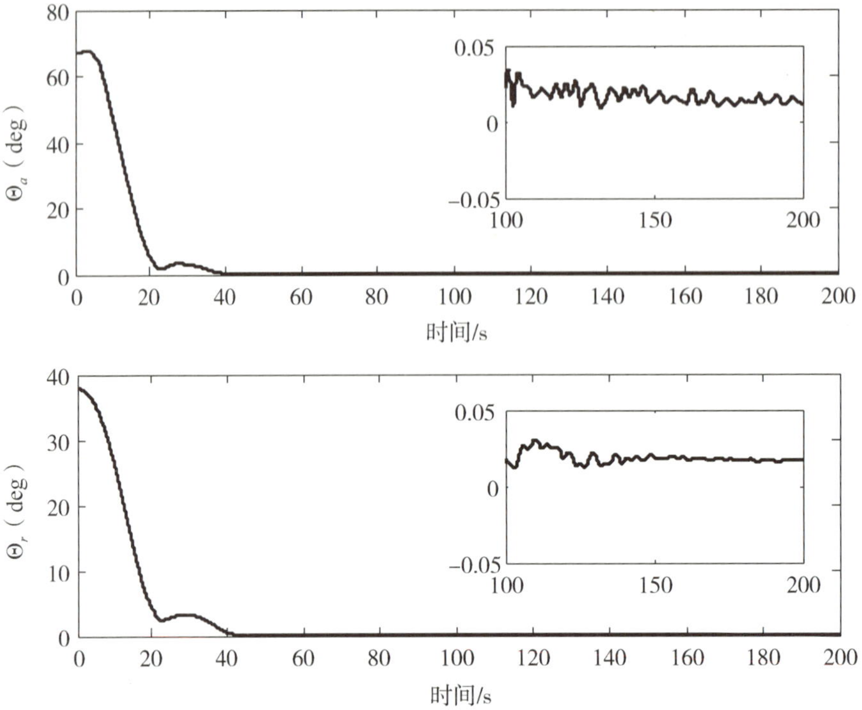

图 5-3 控制器式（5-26）的绝对姿态误差和相对姿态误差

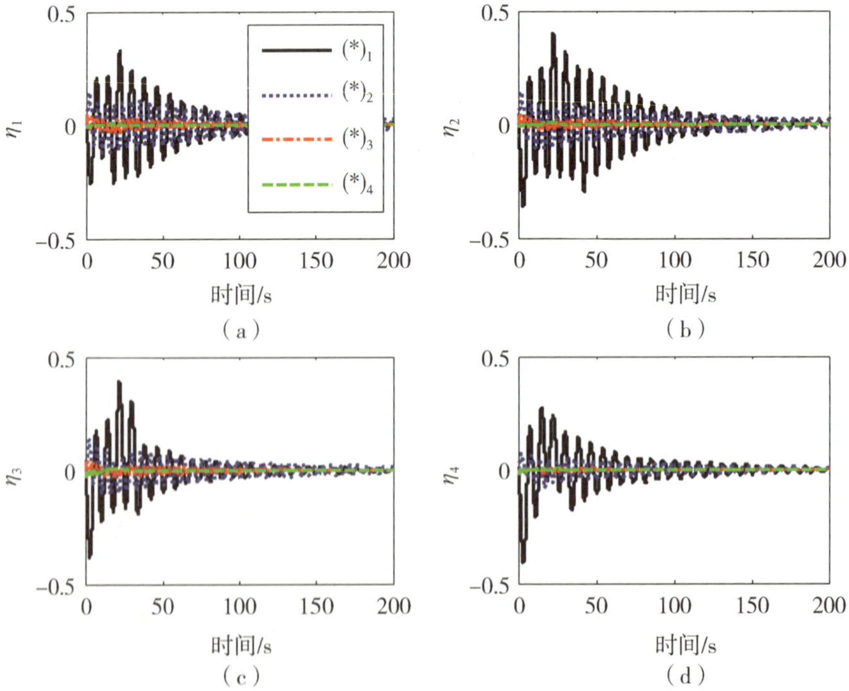

图 5-4 控制器式（5-26）的模态变量响应曲线

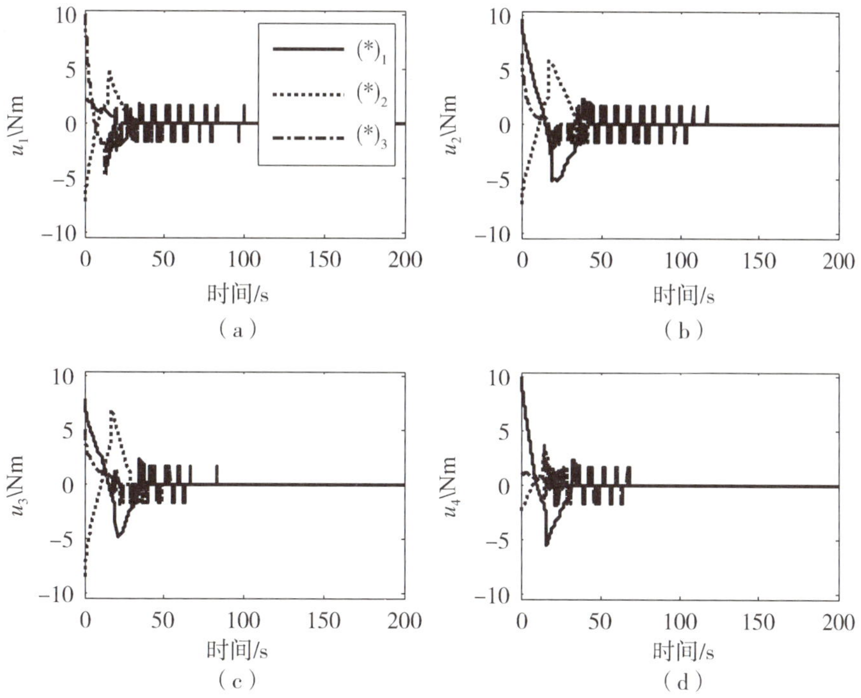

图 5－5　控制器式（5－26）的控制力矩

接下来考察控制器式（5－45）。期望参考姿态为一般时变信号，期望姿态初值为

$$\bar{\boldsymbol{q}}_d(0) = (0.7 \quad -0.5 \quad 0.5 \quad 0.1)^{\mathrm{T}},$$

$$\boldsymbol{\omega}_d = \left(0.1\cos\left(\frac{t}{40}\right) \quad -0.1\sin\left(\frac{t}{50}\right) \quad -0.1\cos\left(\frac{t}{60}\right)\right)^{\mathrm{T}}$$

为期望角速度。考虑到期望姿态是动态的，因此选取较大的控制参数，为 $K_{pi}=600$，$K_{di}=1800$，$K_{si}=5$，权重系数为 $K_{ij}^{i}=400$ 和 $K_{ij}^{j}=180$，并用式（5－39）代替控制器中的符号函数项。仿真结果如图 5－6 至图 5－10 所示。图 5－6 至图 5－8 分别展示了编队中各航天器的绝对运动控制与相对运动控制误差。各航天器挠性附件振动模态响应曲线如图 5－9 所示。图 5－10 为作用于各航天器上控制力矩的曲线。从图 5－6 至图 5－8 可以看出，编队系统的姿态在控制器式（5－45）的作用下均能够较快速地收敛至平衡点附近，编队中航天器的绝对姿态误差和相对姿态误差都能够在 40 s 左右收敛，绝对运动控制精度优于 0.05°，相对运动控制精度优于 0.04°，并且控制精度也随时间的推移不断提高。从图 5－9 可以看出，由于期望姿态是时变的，因此在姿态机动的初始阶段挠性附件产生了一定程度的振动，然后模态变量随时间的增加而逐渐减小。由于采用式（5－39）代替了控制器中的符号函数，从图 5－10 可以看出控制力矩并没有出现“抖颤”的现象，但由于时变的期

望姿态和挠性附件的振动，控制力矩并没有像图 5 - 5 那样稳定在零值附近。

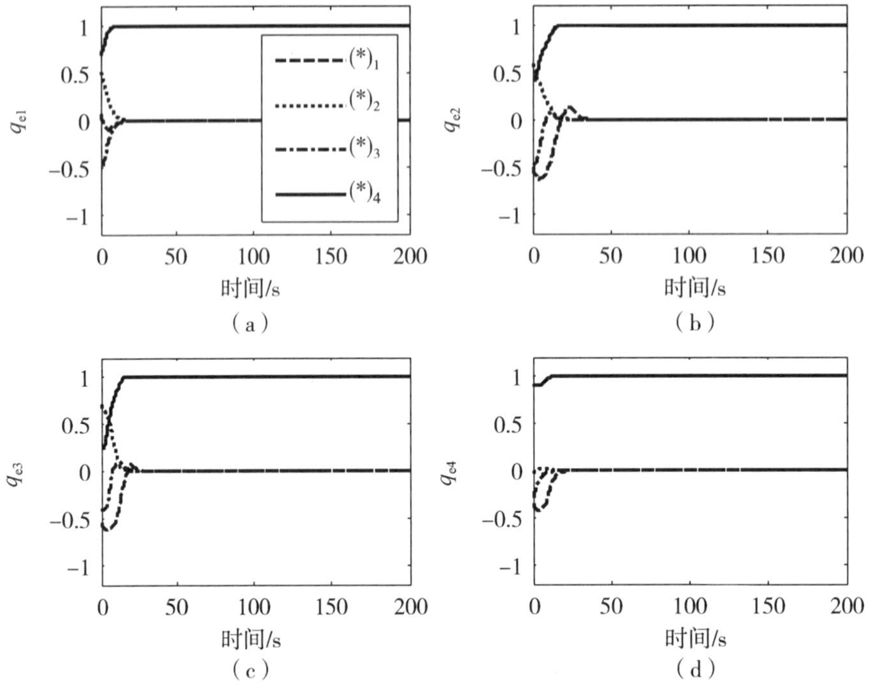

图 5 - 6　控制器式（5 - 45）作用下的绝对姿态误差四元数

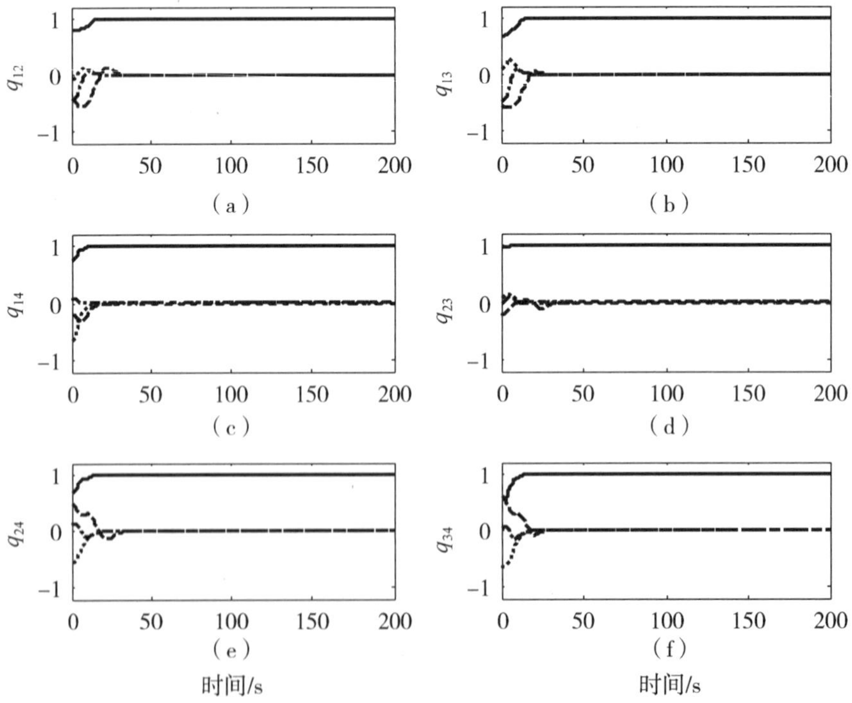

图 5 - 7　控制器式（5 - 45）作用下的相对姿态误差四元数

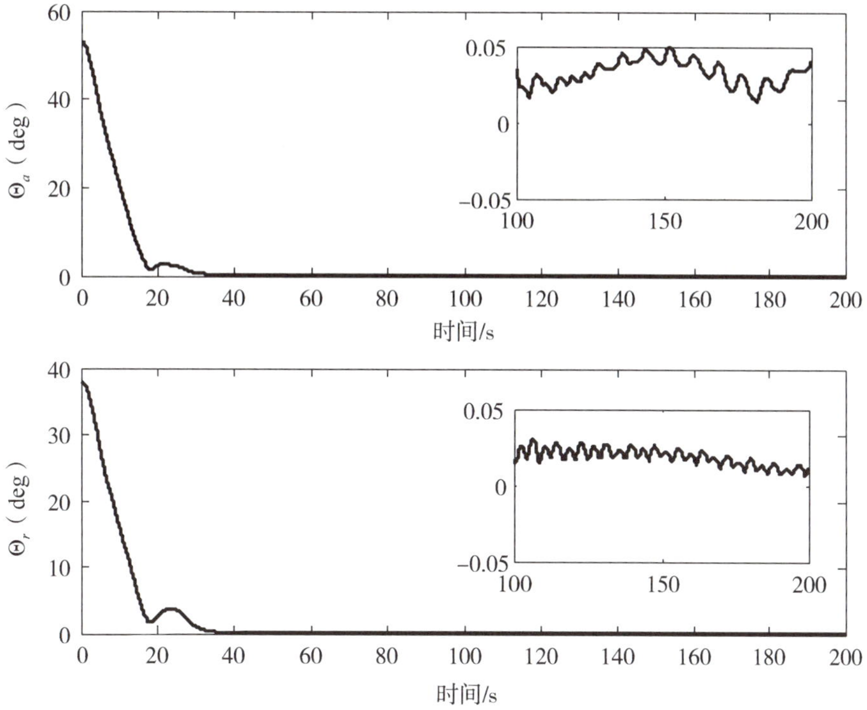

图 5－8　控制器式（5－45）作用下的绝对姿态误差和相对姿态误差

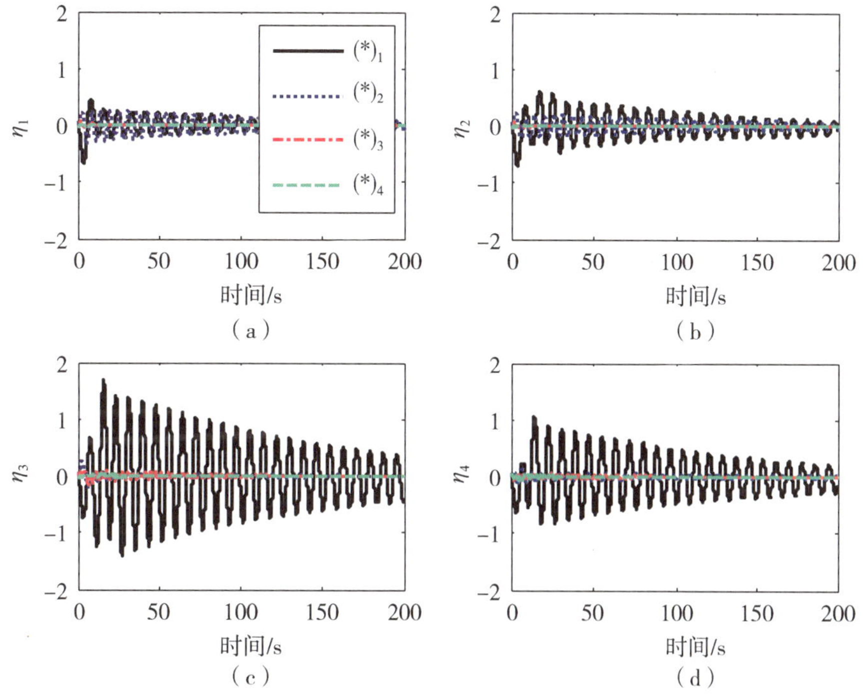

图 5－9　控制器式（5－45）作用下的模态变量响应曲线

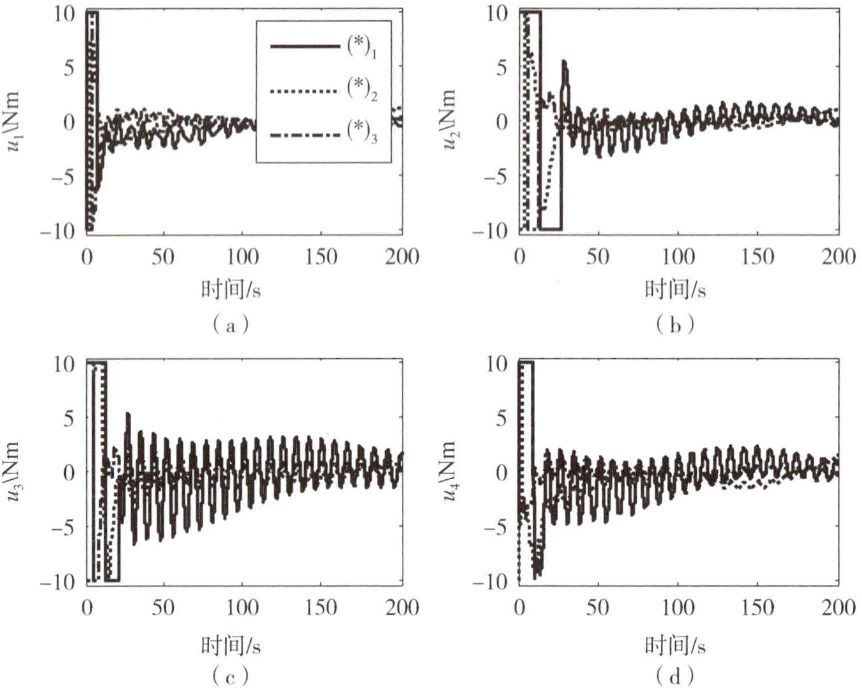

图 5-10　控制器式（5-45）作用下的控制力矩

最后考察控制器式（5-70）。编队的期望参考姿态为常值，且期望姿态角速度为 0，设定为 $\bar{q}_d = (0.7 \quad -0.5 \quad 0.5 \quad 0.1)^{\mathrm{T}}$，$\boldsymbol{\omega}_d = (0 \quad 0 \quad 0)^{\mathrm{T}}$，控制参数 $\lambda = 0.6$，$k = 4.6$，$a = 7$，$b = 9$，权重系数 $K_{ij}^i = 20$ 和 $K_{ij}^j = 16$。仿真结果如图 5-11 至图 5-15 所示。图 5-11 至图 5-13 分别展示了编队中各航天器的绝对运动控制误差、相对运动控制误差以及误差度量标准的变化曲线。从图可以看出，在有限时间控制器式（5-70）的作用下，编队中各航天器的姿态均能够快速地收敛至期望参考姿态，绝对姿态误差和相对姿态误差在 30 s 左右收敛，并且绝对运动控制精度优于 0.005°，相对运动控制精度优于 0.003°。相比较于之前的仿真结果可以看出，有限时间控制器的控制精度有较大幅度的提高，同时由于终端滑模中分数幂项的作用，系统状态在平衡点附近时会迅速收敛至平衡点。图 5-9 所展示的是各航天器挠性附件振动模态响应曲线，从图可以看出，挠性附件的振动保持在一个较小的范围内，但相比于之前的结果，振动的抑制效果并不明显，这是由作用在航天器上的控制力矩引起的。图 5-10 为作用于各航天器上控制力矩的曲线，可以看出，由于符号函数的存在，控制力矩出现了较为明显的“抖颤”现象，当系统状态到达平衡点附件时，符号函数在 ±1 之间迅速切换导致控制力矩在 $\pm k$ 即 ±4.6 Nm 之间产生“抖颤”现象，这种较高的控制功率保证了高精度的姿态控制，但同时也带来了挠性附件的振动问题。

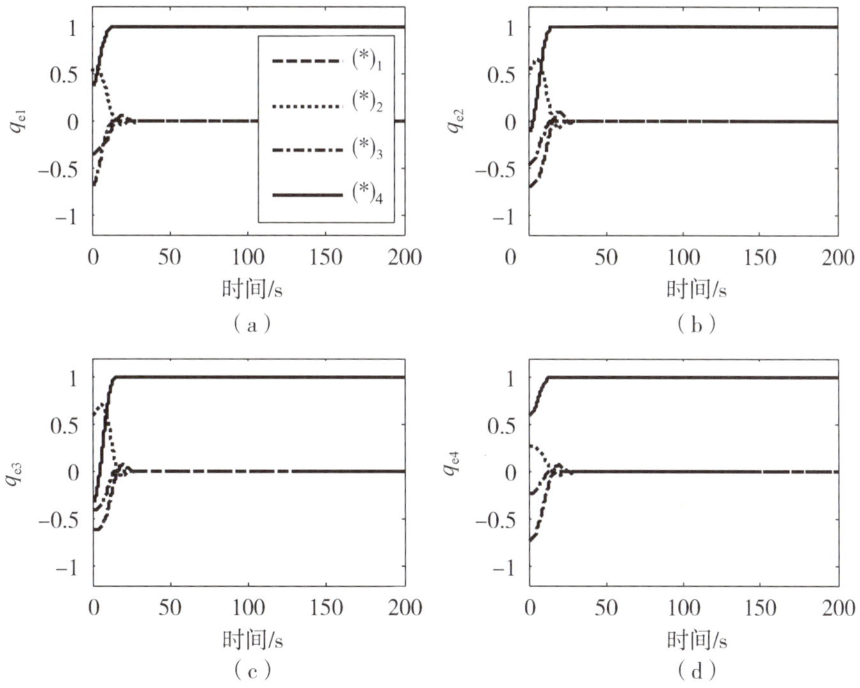

图 5－11　控制器式（5－70）作用下的绝对姿态误差四元数

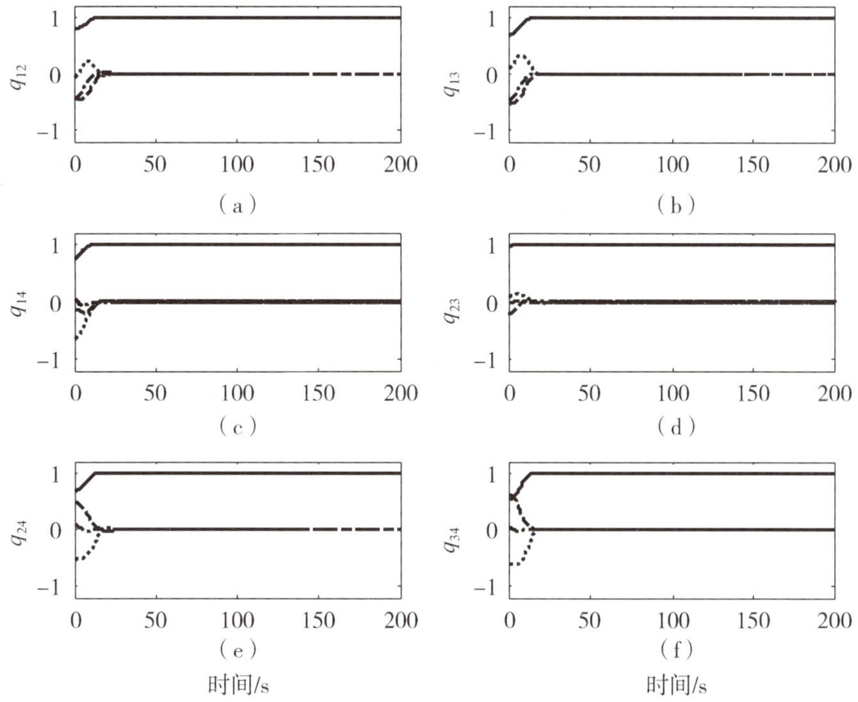

图 5－12　控制器式（5－70）作用下的相对姿态误差四元数

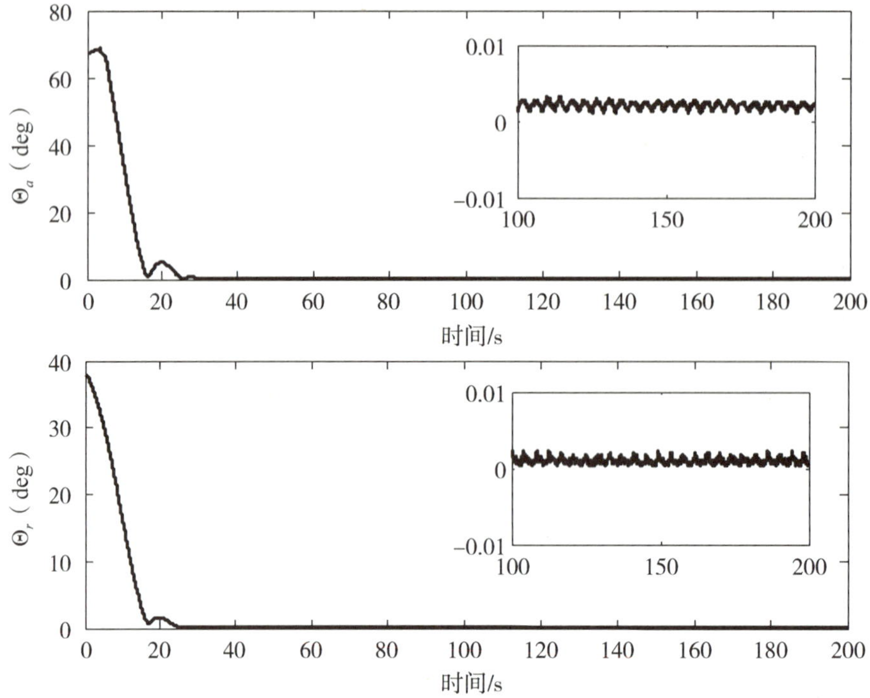

图 5-13　控制器式（5-70）作用下的绝对姿态误差和相对姿态误差

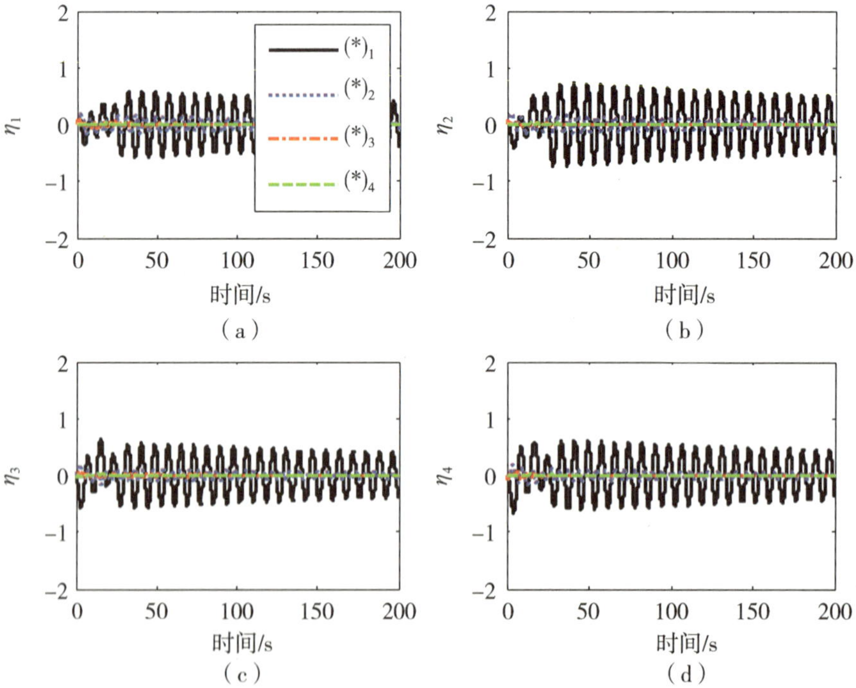

图 5-14　控制器式（5-70）作用下的模态变量响应曲线

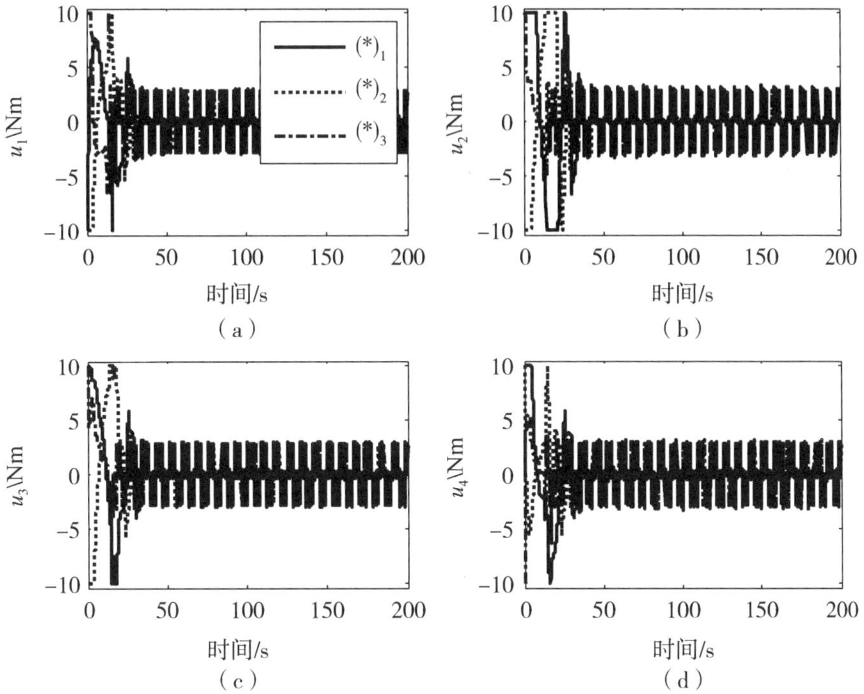

图 5－15　控制器式（5－70）作用下的控制力矩

参考文献

[1] 丁世宏，李世华. 有限时间控制问题综述 [J]. 控制与决策，2011，26 (2)：1 - 10.

[2] 高为炳. 非线性控制系统的绝对稳定性及稳定度 [J]. 自动化学报，1965，3 (1)：1 - 12.

[3] 洪奕光，程代展. 非线性系统的分析与控制 [M]. 北京：科学出版社，2005.

[4] 胡庆雷，马广富. 带有输入非线性的挠性航天器姿态机动变结构控制 [J]. 宇航学报，2006，27 (4)：630 - 634.

[5] 胡庆雷. 挠性航天器姿态机动的主动振动控制 [D]. 哈尔滨：哈尔滨工业大学，2006.

[6] 靳尔东，孙兆伟. 挠性航天器的非线性 PID 和 PI 姿态控制器设计 [J]. 控制理论与应用，2009，26 (5)：540 - 545.

[7] 李华义，张迎春，强文义，等. 编队 InSAR 相对姿态控制 [J]. 宇航学报，2007，28 (2)：338 - 343.

[8] 李俊峰，徐敏，STEYN W H. 低轨道航天器姿态跟踪机动控制研究 [J]. 清华大学学报（自然科学版），2001，41 (2)：102 - 104.

[9] 刘冰. 自治系统的不稳定定理及其应用 [J]. 数学研究与评论，1988，8 (1)：79 - 83.

[10] 刘金琨. 滑模变结构控制 MATLAB 仿真 [M]. 北京：清华大学出版社，2005.

[11] 刘金琨，孙富春. 滑模变结构控制理论及其算法研究进展 [J]. 控制理论与应用，2007，24 (3)：407 - 418.

[12] 刘鲁华，汤国建，余梦伦. 采用终端滑模控制实现交会对接逼近段姿态跟踪 [J]. 国防科技大学学报，2008，30 (2)：16 - 21.

[13] 刘暾，赵钧. 空间飞行器动力学 [M]. 哈尔滨：哈尔滨工业大学出版社，2003.

[14] 孟云鹤，李连军，戴金海. 星载 SAR 干涉测量中伴随卫星编队构型保持与姿态控制的协同 [J]. 系统仿真学报，2006，18 (9)：2604 - 2608.

[15] 宋斌，李传江，马广富．航天器姿态机动的鲁棒自适应控制器设计［J］．宇航学报，2008，29（1）：121－125.
[16] 苏罗鹏，李俊峰，高云峰．微型编队飞行相对姿态控制［J］．清华大学学报（自然科学版），2003，43（5）：683－689.
[17] 屠善澄．卫星姿态动力学与控制［M］．北京：中国宇航出版社，2001.
[18] 王峰．在轨服务航天器对目标逼近过程动力学与控制研究［D］．哈尔滨：哈尔滨工业大学，2009.
[19] 韦娟，袁建平．编队飞行小卫星相对姿态控制研究［J］．航天控制，2002（4）：16－20，32.
[20] 雪丹，曹喜滨．大型卫星编队的分布式协同姿态控制［J］．航天控制，2005，23（1）：27－50.
[21] 尤政，李滨，董哲．日地系统拉格朗日点航天器编队飞行现状与关键技术［J］．中国航天，2005（7）：27－31.
[22] 张锦绣．分布式 SAR 卫星系统构型研究及其性能分析［D］．哈尔滨：哈尔滨工业大学，2006.
[23] 张玉锟．卫星编队飞行的动力学与控制研究［D］．长沙：国防科技大学，2002.
[24] 张治国，李俊峰，宝音贺西．卫星编队飞行指向跟踪姿态控制［J］．清华大学学报（自然科学版），2006，46（11）：1914－1917.
[25] BEARD R W, LAWTON J, Hadaegh F Y. A coordination architecture for formation control [J]. IEEE Transactions on Control Systems Technology, 2001, 9 (6): 777－790.
[26] BRISTOW J, FOLTA D, HARTMAN K. A Formation flying technology vision [C]. AIAA Space 2000 Conference and Exposition, Long Beach, CA, 2000.
[27] HORN R A, JOHNSON C R. Matrix analysis [M]. Cambridge: Cambridge University Press, 1985: 472－473.
[28] HU Q L, MA G F. Variable structure control and active vibration suppression of flexible spacecraft during attitude maneuver [J]. Aerospace Science and Technology, 2005, 9 (4): 307－317.
[29] JOSHI S M, KELKAR A G, WEN J T Y. Robust attitude stabilization of spacecraft using nonlinear quaternion feedback [J]. IEEE Transactions on Automatic Control, 1995, 40 (10): 1800－1803.
[30] LAWTON J, YONG B, BEARD R. Synchronized multiple spacecraft rota-

tions [J]. Automatica, 2002, 38 (8): 1359 - 1364.

[31] LIANG H, SUN Z, WANG J. Robust decentralized attitude control of spacecraft formations under time-varying topologies, model uncertainties and disturbances [J]. ACTA Astronautica, 2012, 81: 445 - 455.

[32] LIU S, XIE L, ZHANG H. Distributed consensus for multi-agent systems with delays and noises in transmission channels [J]. Automatica, 2011, 47: 920 - 934.

[33] LI Z X, WANG B L. Robust attitude tracking control of spacecraft in the presence of disturbances [J]. Journal of Guidance Control and Dynamics, 2007, 30 (4): 1156 - 1159.

[34] LO S C, CHEN S P. Smooth sliding-mode control for spacecraft attitude tracking maneuvers [J]. Journal of Guidance Control and Dynamics, 1995, 18 (6): 1345 - 1349.

[35] MCINNES C R. Autonomous ring formation for a planar constellation of satellites [J]. Journal of Guidance, Control, and Dynamics, 1995, 18 (5): 1215 - 1217.

[36] PAN H Z, KAPILA V. Adaptive nonlinear control for spacecraft formation flying with coupled translation and attitude dynamics [C]. Proceedings of the IEEE Conference on Decision and Control, Florida, USA, 2001: 2057 - 2062.

[37] DE QUEIROZ M S, KAPILA V, YAN Q. Adaptive nonlinear control of multiple spacecraft formation flying [J]. Journal of Guidance, Control, and Dynamics, 2000, 23 (3): 385 - 390.

[38] REN W, BEARD R W. Decentralized scheme for spacecraft formation flying via the virtual structure approach [J]. Journal of Guidance, Control and Dynamics, 2004, 27 (1): 73 - 82.

[39] SARLETTE A, SEPULCHRE R, LEONARD N E. Autonomous rigid body attitude synchronization [J]. Automatica, 2009, 45: 572 - 577.

[40] SHAN J J, LIU H T. Close-formation flight control with motion synchronization [J]. Journal of Guidance, Control, and Dynamics, 2005, 28 (6): 1316 - 1320.

[41] SLOTINE J E, LI W P. Applied nonlinear control [M]. Beijing: China Machine Press, 2004: 127 - 321.

[42] SUN D. Position synchronization of multiple motion axes with adaptive cou-

pling control [J]. Automatica, 2003, 39 (6): 997 - 1005.
[43] VANDYKE M C, HALL C D. Decentralized coordinated attitude control within a formation of spacecraft [J]. Journal of Guidance, Control, and Dynamics, 2006, 29 (5): 1101 - 1109.
[44] WANG P K C, HADAEGH F Y. Coordination and control of multiple microspacecraft moving in formation [J]. The Journal of the Astronautical Sciences, 1996, 44 (3): 315 - 355.
[45] WANG P K C, HADAEGH F Y, LAU K. Synchronized formation rotation and attitude control of multiple free-flying spacecraft [J]. Journal of Guidance, Control, and Dynamics, 1999, 22 (1): 28 - 35.
[46] WANG P K C. Navigation strategies for multiple autonomous mobile robots moving in formation [J]. Journal of Robot System, 1991, 8 (2): 177 - 195.
[47] WANG P K C, YEH J, HADAEGH F Y. Synchronized rotation of multiple autonomous spacecraft with rule-based controls: experimental study [J]. Journal of Guidance, Control, and Dynamics, 2001, 24 (2): 352 - 359.
[48] YU W, CHEN G, CAO M. Some necessary and sufficient conditions for second-order consensus in multi-agent dynamical systems [J]. Automatica, 2010, 46: 1089 - 1095.
[49] ZHANG B, SONG S. Decentralized coordinated control for multiple spacecraft formation maneuvers [J]. ACTA Astronautica, 2012, 74: 79 - 97.